DATA ANALYST'S BIBLE

数据分析师养成宝典

程显毅　曲平　李牧◎编著

机械工业出版社
CHINA MACHINE PRESS

在数据为主导的今天，对于一种已经成型的模型，"怎么用"通常不是问题，用个软件或者编几行程序就能得到结果了，问题一般都出在模型"什么时候用"和"用完了，然后呢"。本书就集中讨论后面两件事情。

本书共 27 章，分为业务理解篇（第 1~4 章）、指标设计篇（第 5~7 章）、数据建模篇（第 8~16 章）、价值展现篇（第 17~19 章）和实战进阶篇（第 20~27 章）。业务理解篇的目的是让读者建立正确的思维观，理解数据，熟悉业务；指标设计篇学习把数据转换为专家数据的一些技巧；数据建模篇以 R 语言为计算平台实施数据分析全过程；价值展现篇主要讨论如何撰写有价值的数据分析报告；实战进阶篇通过对 8 个经典案例的分析，使读者能够把学到的思维方法、实施工具应用到解决实际问题中，把数据变成价值。

本书可供数据科学相关技术人员阅读，也可作为高等院校数据科学相关专业的教材或培训教材，以及数据分析爱好者的参考读物。

图书在版编目（CIP）数据

数据分析师养成宝典/程显毅，曲平，李牧编著.—北京：机械工业出版社，2018.3（2019.1 重印）
ISBN 978-7-111-59510-6

Ⅰ.①数… Ⅱ.①程… ②曲… ③李… Ⅲ.①数据处理
Ⅳ.①TP274

中国版本图书馆 CIP 数据核字（2018）第 059214 号

机械工业出版社（北京市百万庄大街 22 号　邮政编码　100037）
策划编辑：汤　枫　　责任编辑：汤　枫
责任校对：张艳霞　　责任印制：孙　炜

北京中兴印刷有限公司印刷

2019 年 1 月第 1 版·第 2 次印刷
184mm×260mm·19.75 印张·480 千字
3001-4900 册
标准书号：ISBN 978-7-111-59510-6
定价：69.00 元

如何使用本书

随着大数据时代的到来，企业管理者对数据价值的重视程度越来越高，他们渴望从企业内部数据、外部数据中获得更多的信息财富，并以此为依据，帮助自己做出正确的战略决策。如今在数据分析师的岗位上，大多数员工都是非统计专业出身，远远达不到专业数据分析要求，如何能够快速找到突破口，帮助对数据分析有兴趣的人员全面掌握数据分析技巧，基于此，本书旨在帮助读者解决如下困惑：

学习前的困惑	学习后将收获什么
零基础入门数据分析领域	只要有数据思维，数据分析任你摆布
不会编程	只要有想法，R 语言帮你搞定
对行业业务流程不了解	项目实际操作从业务思路到落地技能全掌握
不会写数据分析报告	掌握了前三项技能，写数据分析报告是小意思

全书分为 5 篇：业务理解篇、指标设计篇、数据建模篇、价值展现篇和实战进阶篇，从数据到价值的演化如下图所示。

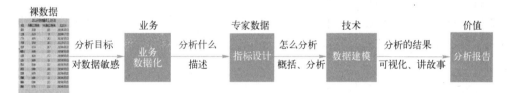

业务数据化是把数据变为价值的先决条件，目的是建立正确的思维观，理解数据，熟悉业务；对数据描述、概括和分析是把数据变为价值的核心，是一个数据分析项目的实施过程；数据分析报告是数据价值的最终形态，好的数据分析报告是企业决策的重要依据，专业的数据分析报告能体现你的职场价值。

如果把整个数据分析过程比作开饭店，业务数据化相当于菜谱，虽然是纸上谈兵，但也是不可缺少的一环；描述、概括和分析相当于烧菜的厨艺，这是开饭店的先决条件，菜烧得好可以品尝，不能保证盈利；撰写数据分析报告相当于开饭店的理由，关键是说清楚如何让饭店盈利？盈利多少？菜谱、厨艺、开饭店理由三者相辅相成，缺少任何一环，盈利的目标都难以达成。

本书的特点如下：

1. 落地实用

全书分为 5 篇，共 27 章，每一章的内容都从实际业务出发，书中所提供的思维方法、分析框架、数据指标设计与操作步骤都可以直接运用到工作当中。

2. 重道轻术

"术"是数据分析方法和工具，"道"强调了如何对数据敏感，如何把数据分析工作融入商业思考，弥补许多人只懂理论脱离实践的不足。

3. 零距离接触行业前沿

本书以 R 语言为计算平台，无论你是什么专业，无论你是否有编程基础，无论你是否学过统计，要想成为一名数据分析师，本书能帮到你。

4. 体系完整

近年来，数据分析师可谓是大数据时代最热门的职业，相关的资料五花八门，让读者无所适从。从学科体系来看，无非包括三个层次：理论、工具和技巧。但由于数据分析的特殊性，依赖于思维和业务，所以，市场上成体系的书籍并不多见，大多是讲理论和工具，本书试图在数据分析完整的体系上做些探索。

在本书的编写过程，得到了许多人的支持，再次表示感谢：

感谢南通大学-南通智能信息技术联合研究中心给予的资金资助。

感谢硅湖职业技术学院在培训、实验方面所给予的支持。

感谢南通大学教材建设资金资助。

感谢我的学生沈佳杰、谢璐、胡海涛、姚泽峰、周春瑜、孙丽丽、杨琴和赵丽敏在资料整理方面所做的贡献。

其次，感谢我的妻子和儿女们，正是你们的鼓励和支持，我才会走到今天，你们的鼓励和陪伴永远是我前进的动力。

最后，特别要感谢我的母亲和已故的父亲，感谢你们的养育之恩。仅以此书献给健在的母亲，希望母亲健康，健康，更健康。

数据分析领域发展迅猛，对许多问题作者并未做深入研究，一些有价值的新内容也来不及收入本书。加上作者知识水平和实践经验有限，书中难免存在不足之处，敬请读者批评指正。

程显毅

目　录

第 0 章　说在前面的话

俗话说"内行看门道，外行看热闹"。我们每天都在接触各式各样的数据，这些数据在一般人眼中就是数字而已，但在数据分析师看来，它们蕴含着取之不尽、用之不竭的宝藏。数据来源形式多样，数据质量参差不齐，数据分析师的工作就是对这些数据进行分析整理，从中分析出有价值的结论与规律。

0.1　大数据分析案例

（1）大数据反腐倡廉

大数据不仅是反腐倡廉的"术"，而且是最直接最有效的"术"，比指望官员主动申报自己所有财产要靠谱得多。

首先，需要建立一张全国人口信息表（注意，是"一张"包含 13 亿多条记录的大数据）；然后，建立一张全国官员信息表，根据全国人口信息表，再建立起一张全国官员社会关系表。

要注意，建立官员社会关系表，就要用到本书讲的数据分析，从全国人口信息表中，挖掘出官员的各种社会关系。

有了全国官员信息表和官员社会关系表，这只是第一步，对他们的行为进行监控，才是关键，也就是大数据技术中的"用户行为分析"。

比如，可以监控官员及其社会关系的存取款、信用卡消费、股票基金、信托投资、出入境记录等，以银行为例，从银行系统中实时或近实时地获取官员及其社会关系的存取款记录、信用卡消费记录，并建立分析系统，从中发现官员贪腐的蛛丝马迹。

当这些监控分析系统运作建立起来以后，最高人民检察院、中纪委的同志们，就可以安心地在监控室里，看着大屏幕，静静等待系统发出的预警信息。

必须要指出的是，上述技术都是成熟的、可行的。

（2）大数据与房价

我国住建部建立的全国联网的个人房产信息，其实这就是一张大数据表，住建部完全可以建立两张表：全国居民个人房产信息表（以居民为索引）、全国房产信息登记表（以房产为索引），相互校验，相信一定可以发现不少问题。

重要的是，在（1）中提到的社会关系的分析手段，在这里仍然必不可少，至少要分析出以直系亲属为单位共同拥有的房产。

（3）大数据与智慧农业

为了解决全国各地各类农产品滞销的问题，可以建立一个全国性的农产品种植销售一体化的大数据平台，农民通过手机终端，就可以从这个大数据平台中看到全国每种农产品的种植面积，也需要上报自己的种植面积。

同时，如（1）和（2）中所述，最关键的是，这个大数据平台需要根据统计出的每种农产品的历年销售情况和区域，给出当年的销售预测，这样，就可以较好地向农民预警，避免农民一窝蜂地跟风种植"热销"农产品。

此外，经销商也可以从这个平台上看到农产品的种植情况和区域。

凡此种种，大数据分析就是用来消除信息孤岛，消除信息不对称带来的种种弊端。

0.2 数据分析

数据分析指的是将数据转化为价值的一个完整过程。作为一个完整过程，数据分析应该有很多环节。用看病来类比数据分析，是一个不错的例子，如图 0.1 所示。

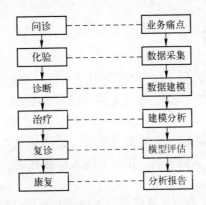

图 0.1　数据分析过程与看病过程类比

为了理解数据分析，首先要弄清楚数据分析与其他相关概念的区别。数据分析还没有公认的定义，百度的解释是：数据分析是指用适当的统计分析方法对收集来的大量数据进行分析，提取有用信息和形成结论而对数据加以详细研究和概括总结的过程。

在使用中，数据分析可帮助人们做出判断，以便采取适当行动。

下面用宾州大学知名的 Dennis Lin 教授提到过的一个例子，显示数据分析与我们到底有多么紧密相关。这是一封大数据情书，信中写道：

亲爱的齐：

我们的感情，一年来正沿着健康的道路蓬勃发展。这主要表现在：

1）我们共通信 121 封，平均 3.01 天一封。其中你给我的信 51 封，占 42.1%；我给你的信 70 封，占 57.9%。每封信平均 1502 字，最长的达 5215 字，最短的也有 624 字。

2）约会共 98 次，平均 3.7 天一次。其中你主动约我 38 次，占 38.7%；我主动约你 60 次，占 61.3%。每次约会平均 3.8 小时，最长达 6.4 小时，最短的也有 1.6 小时。

3）我到你家看望你父母 38 次，平均每 9.4 天一次，你到我家看望我父母 36 次，平均 10 天一次。

以上充分证明一年来的交往我们形成了恋爱的共识，我们爱情的主流是互相了解、互相关心、互相帮助的，是平等的、互利的。

这封情书就是一个现实生活中利用数据进行分析的范例，如果情书通篇只谈我有多么爱

2

你，往往是一封空洞的书信。但是如果在情书中加入量化的数据，能够大大增加情书的说服力。

为了理解数据分析，接下来比较一下与数据分析相关的概念。

0.2.1 数据分析不同于信息化系统

信息化是以现代通信、网络、数据库技术为基础，将所研究对象的各要素汇总至数据库，供特定人群生活、工作、学习、辅助决策等和人类息息相关的各种行为相结合的一种技术，使用该技术后，可以极大地提高各种行为的效率，为推动人类社会进步提供极大的技术支持。

数据分析与信息化系统对比见表 0.1。

表 0.1 数据分析与信息化系统对比

指　　　标	数 据 分 析	信息化系统
目的	把数据转化为价值	规范管理信息流
核心	数据思维	业务
驱动	数据	用户
人类文明的阶段	第四阶段（数据科学）	第三阶段（计算科学）
对业务的理解	数据业务化	业务数据化

0.2.2 数据分析不同于统计分析

统计分析是指运用统计方法及与分析对象有关的知识，从定量与定性的结合上进行的研究活动。它是继统计设计、统计调查、统计整理之后的一项十分重要的工作，是在前几个阶段工作的基础上通过分析达到对研究对象更深刻的认识。它又是在一定的选题下，集分析方案的设计、资料的搜集和整理而展开的研究活动。系统、完善的资料是统计分析的必要条件。

运用统计方法、定量与定性的结合是统计分析的重要特征。随着统计方法的普及，不仅统计工作者可以搞统计分析，各行各业的工作者都可以运用统计方法进行统计分析，只将统计工作者参与的分析活动称为统计分析的说法是不正确的。提供高质量、准确而又及时的统计数据和高层次、有一定深度、广度的统计分析报告是统计分析的产品。从一定意义上讲，提供高水平的统计分析报告是统计数据经过深加工的最终产品，这里的深加工指数据挖掘方法。

统计分析还是就数据分析数据，还不能讲数据的故事。数据分析与统计分析对比见表 0.2。

表 0.2 数据分析与统计分析对比

指　　　标	数 据 分 析	统 计 分 析
方法	统计+机器学习	纯统计
报告	讲故事	报表式

指　标	数　据　分　析	统　计　分　析
结果	价值	信息
执行与反馈	干完活后需要用数据监测是否达到既定目标？如果达到了，关键因素是什么？如果没达到，问题出在哪里？	活干完即结束，没有反馈

0.2.3　数据分析不同于数据挖掘

在许多时候，数据分析和数据挖掘常常一起出现，许多人容易把这两个概念搞混淆。

所谓数据挖掘（Data Mining，DM）是指从大量不完全的、有噪声的、模糊的、随机的数据中，提取隐含在其中的、有用的信息和知识的过程。其表现形式为概念、规则、模式等。数据挖掘的结果是数据分析报告的素材，挖掘得越深，数据故事讲得就越精彩。数据挖掘技术是做数据分析达人的基本功。

数据分析与数据挖掘对比见表0.3

表0.3　数据分析与数据挖掘对比

指　　标	数　据　分　析	数　据　挖　掘
重心	偏向业务	偏向于算法
字面理解	对已有对象的全面描述、刻画、梳理后得出结论	对对象的剖析、分解、透视，发现不为人知的价值
比喻	分析沙子结构，用图	用铲子，挖沙子，看看沙子里埋的东西
目的性	极强，指导决策	找关系、做分类、搞聚类
数据来源	各种渠道	数据库
时效性	像一把枪，指哪打哪	搞武器研究，前期投入高，时间跨度长

在企业运转过程中，数据分析和数据挖掘的需求持续不断，两者相辅相成，不可或缺，同等重要。

0.2.4　数据分析不同于数据管理

随着计算机技术的发展，数据管理经历了人工管理、文件系统和数据库系统三个发展阶段。在数据库系统中所建立的数据结构，更充分地描述了数据间的内在联系，便于数据修改、更新与扩充，同时保证了数据的独立性、可靠性、安全性与完整性，减少了数据冗余，提高了数据共享程度及数据管理效率。

数据管理只依赖于数据本身，与业务场景、思维习惯无关。数据管理是一种技能，而数据分析是一种艺术。

数据管理的数据源一般要求数据是结构化的，数据分析的数据源可以是结构化、半结构化和非结构化的。

数据分析不同于数据管理，数据分析输入的是数据，输出是用于决策的数据分析报表，而数据管理输入的是数据，输出的还是数据。

0.2.5　数据分析不同于商业智能

数据分析只是一种工具（一种系统化分析问题的方式），可以很简单，也可以很复杂。

商业智能则是一种产品/服务，这个产品/服务是利用计算机和编程技术自动化一些商业过程的行为。

举例子：水果店老板利用商业智能做出来的报表或仪表盘观测自己商店的人流量、购买量、购买时间，及时调整自己的库存和销售节奏。

过去人们做生意，依靠的是直觉和经验。现在在计算机的帮助下，可以利用数据分析减少试错，减少错误决策带来的成本，明白生意好的因由。而商业智能将这一切尽可能地自动化和简化。

商业智能常常被理解为企业内部现有数据转化为指导商业决策的平台或系统。类似于 ERP、CRM 等系统一样的企业级信息化应用。常见的系统有 Business Object、Cognos 和 Hyperon 等。

从企业分工的角度来讲，通常商业智能部（BI）会涵盖大数据产品、数据分析和数据仓库 3 个部分。所以，数据分析仅仅是 BI 中的一个部分。

数据分析应用于各个部门，通常更多是零散的应用和局部的应用；BI 通常是企业级的应用，更宏观。

数据分析通常针对某个问题，运用一定的方法进行分析、归纳、演绎并得出结论；商业智能更多侧重于流程化、规范化和智能化的应用。

数据分析的工具包括 R、SAS 等挖掘工具，也包括 Webtrekk、GA 等统计分析工具，更包含 Excel 等初级工具，只要能实现分析都可以使用；BI 通常包括 SAP、Oracle、甲骨文等大型公司提供的工具，一般小工具都不能应用。

0.2.6 数据分析的内容

数据分析的内容可根据业务需求有所侧重，图 0.2 给出了分析内容的 9 个方面。

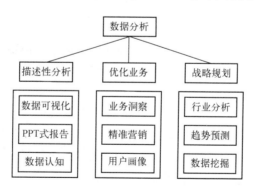

图 0.2 数据分析目标的深度示意图

（1）数据可视化

数据分析不使用图表是难以想象的，数据可视化的作用、技术、工具可参考第 18 章。

下面以客户咨询情况分析为例，说明可视化的必要性：

"在 1205692 件客户咨询中，咨询话音基本业务 423058 次，占咨询总量的 35.09%；咨询新业务 367978 次，占咨询总量的 30.52%；咨询终端 2635 次，占咨询总量的 0.22%；咨询服务及营业网点 99109 次，占咨询总量的 8.22%；咨询网络 26896 次，占咨询总量的

2.23%；咨询卡类业务 7792 次，占咨询总量的 0.65%；咨询计费原则 4636 次，占咨询总量的 0.38%；咨询营销活动 211312 次，占咨询总量的 17.53%；咨询其他业务 62276 次，占咨询总量的 5.16%。"

上面的文字描述可以用图 0.3 表示。

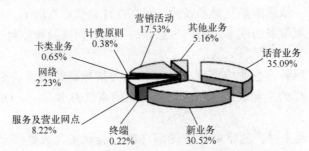

图 0.3　客户咨询情况分析可视化示例

（2）PPT 式报告

在程序员的世界里，讲究 "No more talk，Show me the code"，在数据分析师世界里，讲究 "Show me the report"。PPT 式报告是了解情况的最简形式，好的数据分析报告是企业决策的重要依据，专业的数据分析报告能体现分析师的职场价值。具体细节参见 0.4.4 节和第 17 章。

（3）数据认知

当拿到一个数据集时，你通常会怎么做？你脑子里好不容易蹦出的那个答案正确吗？这个问题或许能让不少人尴尬。分析与探索是对数据的认知，将遵循如下顺序：数据源质量→数据类型→数据集质量→平均水平→数据分布→量变关系→多维交叉。细节参考 7.2 节和 7.3 节。

（4）业务洞察

业务洞察可以为组织提供快速的评估和路线图，帮助组织识别机遇和规划转型路径以实现其分析举措和目标。业务分析可以通过分析，帮助组织开启实现价值和竞争优势的新途径。

（5）精准营销

精准营销大致意思就是充分利用各种新式媒体，将营销信息推送到比较准确的受众群体中，从而既节省营销成本，又能起到最大化的营销效果。这里的新式媒体，一般意义上指的是除报纸、杂志、广播、电视之外的媒体。

（6）用户画像

用户画像是对现实世界中 "用户" 的 "数学建模"。

一方面是描述用户，没有说人，是说明它跟业务密切相关，它是从业务中抽象出来的，因此来源于现实，高于现实。

另一方面，用户画像是一种模型，是通过分析挖掘用户尽可能多的数据信息得到的，它是从数据中来，但对数据做过了抽象，比数据要高，后面所有用户画像的内容都是基于这个展开的。比如月光族，这个是挖掘分析出来的，不是说原来的数据中包含月光族这个标签。

（7）行业分析

行业是由许多同类企业构成的群体。如果只进行企业分析，虽然可以知道某个企业的经营和财务状况，但不能知道其他同类企业的状况，无法通过比较知道企业在同行业中的位置。而这在充满着高度竞争的现代经济中是非常重要的。另外，行业所处生命周期的位置制约着或决定着企业的生存和发展。

（8）趋势预测

趋势是指市场运动的方向，有三个方向：上升方向、下降方向和水平方向。

趋势的类型（规模）分为：

主要趋势（一年以上）；

次要趋势（三个星期到数月）；

短暂趋势（两三个星期）。

（9）数据挖掘

数据挖掘一般是指从大量的数据中通过算法搜索隐藏于其中信息的过程。数据挖掘通常与计算机科学有关，并通过统计、在线分析处理、情报检索、机器学习、专家系统（依靠过去的经验法则）和模式识别等诸多方法来实现上述目标。细节可参考第8~16章。

0.3 数据分析师

0.3.1 什么是数据分析师

数据分析师是一个随着大数据兴起而崛起的新兴的工作岗位，是专门从事行业数据搜集、整理、分析，并依据数据制作业务报告、提供决策、管理数据资产、评估和预测的专业人员。

很多人并不知道数据分析师在做什么？从下面数据分析师和其家人的一段对话就可对这一岗位有所了解。

家人："数据分析？分析什么东西？"

我："哪里有数据，哪里就有我们，什么都可以分析。"

家人："是软件工程师吗？会编程吗？"

我："……不是，不太会。"

家人："那是管理层吗？"

我："还……还不到那个级别。"

家人："那是商务人员？做市场或销售？"

我："……也不是，不过我们辅助他们作决策。"

家人："决策不都是老板说了算吗？你们到底做什么？"

"小陈，你能给我发一个去年一年的汽车品牌页面的访问量吗？最好是以国家、行业、公司规模作为纬度的，浏览量和UV（Unique Visitor，指访问某个站点或点击某条新闻的不同IP地址的人数）都要。"在数据分析师眼中，这样的场景早已司空见惯。

数据分析，被很多部门漏看了"分析"二字，"分析"的本质是对数据敏感。

对数据足够敏感的公司的优势在于，运营过程中产生大量数据，这些数据可以通过一些手段转化为决策的动力。

产品、营销、销售等部门，都会有不同的需求。例如，产品经理最关心的，是 AB 测试的数据，用以决定产品的效果；营销团队，在乎营销渠道反馈与结果的数据，以便设计下一个营销战略；销售则关心用户的购买率、保留以及追加销售时机等。数据可以直接为其提供服务。

数据分析师到底在做什么呢？

把数据整理地干干净净、整整齐齐，这仅仅是第一步，很多时候，商务部门人员无法直接理解表格数据。那么数据分析师需要把数据通过浅显易懂的图表形式展现出来，如饼状图、曲线图、柱状图等，并给出结论和建议。

相比产品、技术、财务、人力等各个职能明确的部门而言，数据分析师的工作不局限于某一个领域，它更像一个内部咨询机构，它的工作贯穿于公司的业务之中，需要解决每一个部门，乃至高管们提出的分析需求与战略问题。

很多即将步入职场的年轻人也许都想试一试，成为一名看上去高大上的数据分析师，然而心中却不免有一些疑问：

数据分析师对于学历要求是不是很高？

是不是只有统计学、数学专业的人才能做数据分析师？

我是一个文科生，能做数据分析师吗？

我是一个没有工作经验的应届毕业生，能做数据分析师吗？

……

本书会给你答案：

零基础玩转数据分析，皆有可能。

0.3.2 基本要求

数据分析师的基本要求如图 0.4 所示。

从图 0.4 可知，正确的思维习惯、对数据敏感程度，是成为数据分析师的先决条件，其次才是你的"硬件"条件。

1）懂业务。从事数据分析工作的前提就是需要懂业务，即熟悉行业知识、公司业务及流程，最好有自己独到的见解，若脱离行业认知和公司业务背景，分析的结果只会是脱了线的风筝，没有太大的使用价值。业务知识是架起理论和实际应用的桥梁。

假如你在互联网公司工作，却连 PV（Page View，即页面浏览量或点击量，通常是衡量一个网络新闻频道或网站甚至一条网络新闻的主要指标）、UV 为何物都不做功课，未免太粗心了吧。

2）懂管理。数据分析师所面临的工作通常都是以项目形式展开的，数据分析师对自己所参与的项目需要承担对进度、成本和质量的控制。如果不熟悉管理理论，就很难搭建数据分析的框架，对后续的数据分析结论也很难提出有指导意义的分析建议。

3）懂分析。即掌握数据分析基本原理与一些有效的数据分析方法，并能灵活运用到实践工作中，以便有效的开展数据分析。基本的分析方法有对比分析法、分组分析法、交叉分析法、结构分析法、漏斗图分析法、综合评价分析法、因素分析法和矩阵关联分析法等。高级的分析方法有相关分析法、回归分析法、聚类分析法、判别分析法、主成分分析法、因子分析法、对应分析法和时间序列等。方法没有好坏，只要能切实地解决问题就是好方法。

4）懂工具。掌握了数据分析方法仅仅是能够明白理论，而数据分析相关工具就是将数据分析方法应用于现实工作的工具。面对越来越庞大的数据，我们不能依靠计算器进行分析，必须依靠强大的数据分析工具来完成数据分析工作。数据分析师最常用的工具有 Excel、SQL Server、SPSS、SAS 和 R 等，本书将以 R 作为数据分析的平台。

5）懂设计。懂设计是指运用图表有效表达数据分析师的分析观点，使分析结果一目了然，增加了报告的可读性。图表的设计是门大学问，如图形的选择、版式的设计、颜色的搭配等，都需要掌握一定的设计原则。良好的审美和一定的设计技巧能够让数据分析师在运用图表分析观点时如虎添翼。

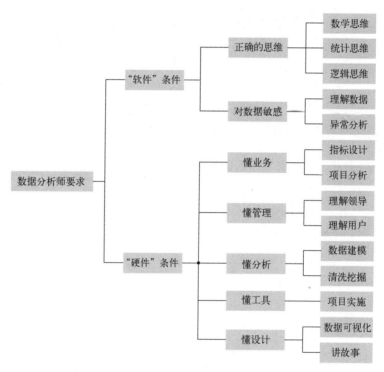

图 0.4 数据分析师基本要求

数据分析师最终表现出来的作品就是一份分析报告，由于数据分析师上面的 5 个特征，对数据每个人的理解都不一样，所以，最终的分析报告也不追求一个模式，这就是数据分析师的魅力，个人的价值取决于你对数据的敏感程度。

除此之外，数据分析师还要具备以下素养：

1）态度严谨负责。态度严谨负责即要求一名合格的数据分析师客观评价企业发展过程中存在的问题，为决策层提供有效的参考依据。

2）好奇心强烈。好奇心强烈指数据分析师要积极主动地发现和挖掘隐藏在数据内部的真相。

3）协调沟通。对于初级数据分析师，了解业务、寻找数据、讲解报告，都需要和不同部门的人打交道，因此沟通能力很重要。对于高级数据分析师，需要开始独立带项目，或者和产品做一些合作，因此除了沟通能力以外，还需要一些项目协调能力。

4）快速学习。无论做数据分析的哪个方向，初级还是高级，都需要有快速学习的能力，学业务逻辑、学行业知识、学技术工具、学分析框架……一个优秀分析师要通过快速学习，站在更高的角度来看问题，为整个研究领域带来价值。

图0.5比较了初级数据分析师、高级数据分析师和数据挖掘工程师之间的能力需求。

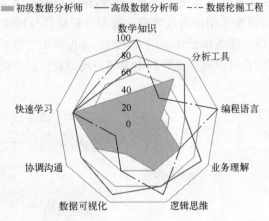

图0.5　数据分析师能力需求雷达图

图0.6列出了数据分析师必须了解的一些关键词。

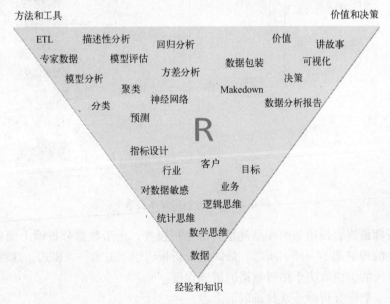

图0.6　数据分析师必须了解的一些关键词

0.4　数据分析过程

数据分析过程本质上是：

1）将数据与实际业务进行结合，深入了解业务背景，明确需求。

2）将数据信息化、可视化。

3) 转化为生产力，帮助企业获利。

图 0.7 给出一个数据分析过程。

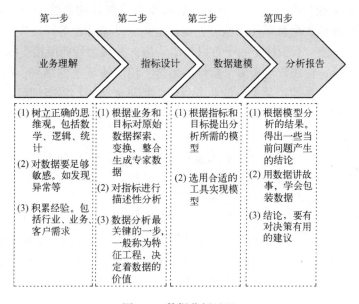

图 0.7　数据分析过程

0.4.1　业务理解

业务理解就是识别信息需求，识别信息需求是确保数据分析过程有效性的首要条件，可以为数据分析提供清晰的目标。识别信息需求是管理者的职责，管理者应根据决策和过程控制的需求，提出对数据分析的需求。识别信息需求要对数据敏感，树立正确的思维观，熟悉行业业务流程，主要目的是理解数据，解决分析什么问题。

经常有人提出这样一个问题：有一个非常有趣的数据，请问应该如何分析这些数据呢？

这个问题无法回答。因为同一组数据，不同的业务目标，会产生完全不同的分析方案，所以在不清晰业务目标的情况下，是没有办法回答这个问题的。

此时我们要反问另外一个问题：你的业务目标是什么？

在这个问题没有得到清晰回答之前，所有的数据分析都是无效的！这就是为什么说：数据分析的第一步，不是分析数据，而是梳理业务目标！

什么叫作梳理业务目标？就是：如果能说得清楚 Y 和 X，就认为业务目标是定义清晰的，否则就不是。

Y 是因变量。它是一个指标，用于刻画我们最关注的一个结果。如果研究客户流失，那么 Y 就是流失与否；如果关心客户花费，那么 Y 就是消费能力；如果关心客户细分，那么 Y 就是品牌的选择。

总而言之，你最关心什么，Y 就应该是什么。这个事情看似简单，其实很难。例如，Y 是客户是否流失，但是，怎么定义流失呢？

就移动公司而言，有的客户流失，非常容易界定，因为他到营业网点销号了，这个很清晰。但是，更多的用户采用的方式是：停止使用，不销号。从移动运营商的角度来看，只能看到这个用户最近不活跃了，但是不容易确定他是否真的流失了，或者有其他原因（例如，短期出国）。

那么怎么定义 Y 呢？在这方面，整个行业都没有特别好的办法。一个可以接受的做法是：如果一个用户连续 3 个月不使用服务，也不缴费，那就视作等同流失。这个定义得到的 Y 并不是最好的，但是，至少这是一个可以付诸实施，并且为行业所接受的 Y。

X 就是解释变量。它常常代表多个指标的集合，用于解释 Y 的结果。例如，Y 是之前定义的客户是否流失，这是我们最关心的业务目标。接下来，人们渴望理解：为什么有的客户就流失了呢？而有的客户就没有呢？背后有没有系统性的规律？有没有什么因素或者特征可以解释 Y？

例如，性别与流失（也就是 Y）有关系吗？是否女性用户更加忠诚？如果这个猜测是有道理的，那么，性别就应该是 X 的一个分量。类似地，我们也可以思考：年龄有关系吗？消费习惯有关系吗？当前使用的产品有关系吗？等等。

这些思考能够帮助我们极大地丰富 X，使它包含诸如性别、年龄、消费和产品等众多信息。如果说 Y 具体定义了我们的业务目标，那么 X 就决定了我们对业务目标理解的深度和广度。对于 X 的设计，需要创意，需要对业务有深刻的理解，以及天马行空的想象力。

总之，数据分析的第一步，不是分析数据，而是把业务问题定义清晰。判断的标准是：Y 和 X 是否定义清晰。

0.4.2 指标设计

在实际工作中，业务问题定义永远都是模糊笼统的，如什么样的推荐者能够带来高（或者低）价值客户？但是，指标却是具体的。怎样把一个抽象的目标具体化？谁来起到桥梁的作用？那就是指标设计。好的指标设计能够把抽象目标具体化，而且具有直接的管理实践含义。

指标设计，首先要进行描述性统计分析：当数据刚取得时，可能杂乱无章，看不出规律，通过作图、造表、用各种形式的方程拟合、计算某些特征量等手段探索规律性的可能形式，即往什么方向和用何种方式去寻找和揭示隐含在数据中的规律性。

指标设计的核心任务是把原始数据转换为专家数据，使数据分析项目落地，包括对问题分解和对数据分解。

0.4.3 数据建模

有了专家数据就可以对数据建立模型。建立模型阶段主要是选择和应用各种建模技术，同时对它们的参数进行校准以达到最优值。在明确建模技术和算法后需要确定模型参数和输入变量。

在建模过程中，采用多种技术手段，挑选合适的变量参与建模。参与建模的变量太多会削弱主要业务属性的影响，并给理解分群结果带来困难；变量太少则不能全面覆盖需要考查的各方面属性，可能会遗漏一些重要的属性关系。输入变量的选择对建立满意的模型至关重要，应结合此次分析任务的目标，选择有重要业务意义并与数据挖掘目标密切相关的变量；被选择的变量应具备较好的数据质量，并且被选变量之间的相关性不宜太强。

不同的技术方案产生的模型结果有很大不同，而且模型结果的可理解性也存在较大差异。另外，对结果的分析和描述也很关键，不恰当的描述会造成误导。需要指出的是，不同的商业问题和不同的数据分布属性会影响模型建立与策略调整，而且在建模过程中还会使用多种近似算法来简化模型的优化过程。因此还需要业务专家参与调整策略的制定，以避免不适当的优化造成业务信息丢失。

建立模型是一个螺旋上升、不断优化的过程，在每一次聚类结束后，需要判断聚类结果在业务上是否有意义，其各群特征是否明显。如果结果不理想，则需要调整聚类模型，对模型进行优化，称为聚类优化。聚类优化可通过调整聚类个数及聚类变量输入来实现，也可以通过多次运行，选择满意的结果。

0.4.4 分析报告

数据分析报告是根据数据分析原理和方法，运用数据来反映、研究和分析某项事物的现状、问题、原因、本质和规律，并得出解决问题办法的一种分析应用文体。好的数据分析报告是企业决策的重要依据，专业的数据分析报告能体现你的职场价值。数据分析报告回答分析结果如何？对决策的作用是什么？

分析报告的构成如图 0.8 所示，包括标题、目录、正文、总结与建议。

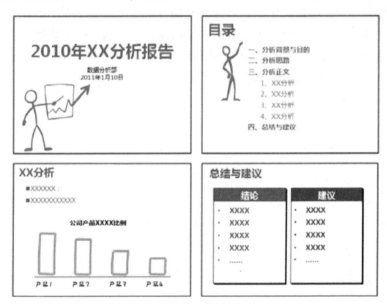

图 0.8 数据分析报告构成

业务理解篇

项目分析就是数据需求分析，是数据分析的第一步。项目分析可以简化为如下图所示：

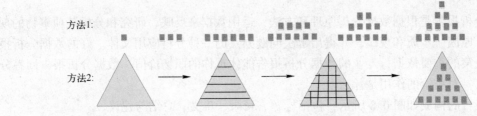

同样为了搭建一个金字塔，第 1 种处理问题的方法倾向于一个一个积累，从底层开始搭建，逐层完成；第 2 种处理问题的方法倾向于先搭建框架，然后把框架里的主要结构梳理清晰，最后再向这个完整的架构里填内容。本书将以第 2 种方式教读者如何完成项目分析，项目分析的第 2 种方式核心是对数据敏感。

第1章 正确的思维观

正确思维观是一种思维的能力，从广义角度，思维能力没有一个清晰的界定，而接下来的讨论，都是基于这样一个狭隘但清晰的定义展开的。那就是：将数据转化为价值的能力。或者，更加具体地讲，是从数据分析到商业价值的能力。这里有两个关键词：数据分析和商业价值。因为它的定义狭隘，所以相对清晰明了。

正确的思维观与数据敏感度有关，类似于情商，看不见摸不着的东西。简单来说，正确的思维观是一种通过数据手段解决问题的思维。

1.1 数据思维

在一个企业中，什么样的工作岗位需要数据思维能力？是否仅仅数据分析相关的岗位才需要数据思维能力？答案是否定的。

而事实上，是所有的岗位都需要数据思维能力。例如，董事长 CEO 要有清晰的数据战略，理解数据之于核心业务的意义所在；CFO 要懂数据资产的价值，甚至可以做到价值评估；运营要懂得如何通过数据改善业务；产品经理要洞察数据价值的产品表达形式；BD 要懂自家数据同伙伴数据的交换价值；销售要懂数据之于客户业务的可度量价值；营销要懂得如何通过数据让广告投放更加精准。由此看出，这些工作岗位，从高层到底层，横跨不同的业务职能部门，都需要数据思维能力。因此，需要数据思维能力的岗位不仅仅局限于数据分析相关的岗位，而是现代化企业的全部岗位。

大家也许会说，难不成要让所有人学习统计学？其实不然，因为：数据思维能力不是数据分析能力。数据分析能力是数据分析专业人员应该具备的能力，而这部分人必须学习统计学。但是，如前所述，数据思维能力是一种从数据分析到商业价值的洞察能力。要具备这种能力，需要的是对业务的深刻理解，以及将业务问题转化为数据可分析问题的能力。要具备这种能力，需要深刻学习回归分析的思想（不是模型）。

技能是容易掌握的，但是思维却是很难培养的。数据思维一方面体现在它的方向性，另一个重要特征是客观性。数据思维能够帮助你摒弃主观的偏见与看法。

在我们读过的历史类或战争类的小说中，谋士给统帅的策略一般会给出上策、中策和下策，而统帅经常会出于人道主义原则选择中策或者下策。越是厉害的谋士给出的策略出发点越是绝对理性，不考虑感性的情怀与仁慈，一切以成功为最终目的。数据分析师就要具有这种谋士的精神，客观与理性地解决问题。同样，只要统帅提出问题，谋士总能给出解决方案，虽然有些理想主义的情怀，但是能从一定意义上反映数据分析思维的两个方面：分析问题的思想和处理问题时的态度。

思维与技能作为数据分析思维的两个核心要素是衡量一个数据分析师水平的软指标，培养自己的数据思维与处理问题的技能需要在实践中不断完善和进步。

1.2　统计思维

1.2.1　统计学

相比于数学，统计学在日常生活中的应用要明显而又简单得多。我们日常生活中接触的求和、平均值、中位数、最大值等其实都是统计学的一部分，统计学有一个非常经典的理论叫回归分析，回归就是"返祖现象"模型。平均值是用来衡量回归标准的一种方法，数据围绕着这个平均值波动，并有向平均值靠拢的趋势即为回归，如图1.1所示。

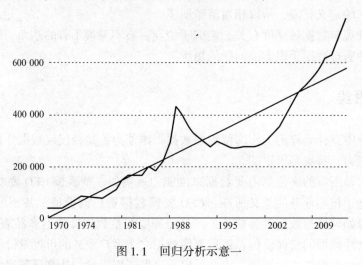

图1.1　回归分析示意一

从图1.1可以看到一条曲线围绕着一条直线上下波动，从某种意义上说，可以把这条直线理解为这条曲线的回归线，平均值的思想在某种程度上也来源于此。

图1.2　回归分析示意二

显而易见，图1.1和图1.2的一个显著不同就是波峰和波谷与平均线的距离一大一小，在统计学上用方差来解释这一差异，即

$$\sigma^2 = \frac{1}{n} \sum_{i=1}^{n} (x_i - \bar{x})^2$$

统计思维是通过统计学方法来表述数据的分布特征。已知一组试验（或观测）数据为

$$x_1, x_2, \cdots, x_n$$

它们可以是从所要研究的对象的全体（总体 X）中取出的，这 n 个观测值就构成一个样本。在某些简单的实际问题中，这 n 个观测值就是所要研究问题的全体。数据分析的任务就是要对这全部 n 个数据进行分析，提取数据中包含的有用信息。

数据作为信息的载体，当然要分析数据中包含的主要信息，即要分析数据的主要特征（指标）。也就是说，要研究数据的数字特征：数据的集中位置、分散程度、数据分布和数据相关等。

从思维科学角度看统计思维可归类为描述、概括和分析。这些词粗看起来似乎意思差不多，但有本质差别。

1.2.2 描述

描述就是对事物或对象的直接描写，是对事物的客观印象。如果把描述概念对应到数据上，可以理解为这堆数据"长什么样"，通过对数据的描述能够让人感悟到数据的真实长相。统计学描述数据使用的指标通常是如下统计量：平均数、众数、中位数、方差、极差和四分位点，这些指标就好像是数据的"鼻子""眼睛""嘴唇""眉毛"等。

（1）水平的度量（数据的"位置"）

1）均值——mean( )，即

$$\bar{x} = \frac{1}{n} \sum_{i=1}^{n} x_i \longrightarrow \boxed{\begin{array}{l} ① 消除了观测值的随机波动 \\ ② 易受极端值的影响 \end{array}}$$

2）中位数——median( )，即

$$m_e = \begin{cases} x_{((n+1)/2)}, & n为偶数 \\ \dfrac{x_{(n/2)} x_{(n/2+1)}}{2}, & n为奇数 \end{cases} \longrightarrow \boxed{\begin{array}{l} ① 排序后处于中间位置上的值 \\ ② 不受极端值影响 \end{array}}$$

其中 $x_{(i)}$ 是第 i 个顺序统计量的样本值，按升序排列为 $x_{(1)} \le x_{(2)} \le \cdots \le x_{(n)}$。

在 R 语言中，sore( ) 给出样本的次序统计量的观察值。

sore(x)：数据按升序排列，decreasing = TRUE 为降序。

sore(x,na)：有缺失值的数据，不处理缺失数据。

sore(x,na. last = T)：排序保留缺失数据，排在最后。

sore(x,na. last = F)：排序保留缺失数据，排在最前。

与 sore(x) 相关的函数：

order( ) 给出排序后的下标。

rank( ) 给出样本的秩统计量。

【例 1.1】排序，次序统计量的样本值，最大值、中位数下标。

set. seed(1)；z = sample(1:100,9)；z#设置种子，在 1~100 中任取 9 个数，比较与 sample(1:100,9,rep = T) 和去掉 set. seed(1) 的不同。

　　[1] 27 37 57 89 20 86 97 62 58

　　sort(z)

```
［1］20 27 37 57 58 62 86 89 97
sort(z, decreasing=TRUE)
［1］ 97 89 86 62 58 57 37 27 20
order(z)
［1］ 5 1 2 3 9 8 6 4 7
z[order(z)]
［1］27 37 57 89 20 86 97 62 58
which(z==max(z))#给出最大值下标,等价于which.max
［1］7
which(z==median(z))#给出中位数下标
［1］9
```

3) 众数——which(table(x)==max(table(x)))。

众数即一组数据中出现次数最多的变量值，记为 m_o，如图 1.3 所示。

① 适合于数据量较多时使用
② 不受极端值的影响
③ 一组数据可能没有众数或有几个众数

图 1.3 众数示意

均值、中位数和众数分布的关系如图 1.4 所示。

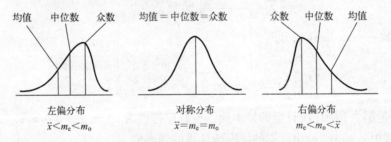

均值　中位数　众数　　均值=中位数=众数　　众数　中位数　均值

左偏分布　　　　　　对称分布　　　　　　右偏分布
$\bar{x} < m_e < m_o$　　　　$\bar{x} = m_e = m_o$　　　　$m_e < m_o < \bar{x}$

图 1.4 均值、中位数和众数分布的关系

① 均值是观测值的重心：对称分布或接近对称分布时代表性较好。
② 中位数是观测值的中心：数据分布偏斜程度较大时代表性较好。
③ 众数是观测值的重点：偏斜程度较大且有明显峰值时代表性较好。

4) 分位数——quantile( )，即

$$m_p = \begin{cases} x_{(\lfloor np \rfloor + 1)}, & np\text{为非整数} \\ \dfrac{x_{(np)} + x_{(np+1)}}{2}, & np\text{为整数} \end{cases} \longrightarrow \boxed{p\text{分位数}}$$

1st Qu. $Q_1 = m_{0.25}$ ⟶ 上四分位数

3st Qu. $Q_3 = m_{0.75}$ ⟶ 下四分位数

quantile(x)：给出 0%、25%、50%、75%、100%分位数。

quantile(x,prob=seq(0,1,0.2),na.rm=TRUE)：给出 0%、20%、40%、60%、80%、

100%分位数，且可处理缺失值。

quantile(x,(0.25,0.75))：给出 25%、75%分位数。

5）最大值——max( )。

6）最小值——min( )。

最小值、分位数、中位数和最大值关系如图 1.5 所示。

7）描述统计量——summary( )。

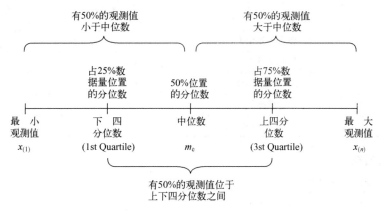

图 1.5　分位数示意

（2）差异的度量（数据的"尺度"）

1）方差——var( )，即

$$s^2 = \frac{1}{n-1}\sum_{i=1}^{n}(x_i - \overline{x})^2$$

2）标准差——sd( )，即

$$s = \sqrt{\frac{1}{n-1}\sum_{i=1}^{n}(x_i - \overline{x})^2}$$

3）变异系数——CV = 100×sd( )/mean( )

变异系数是对数据相对离散程度的测度；消除了数据水平高低和计量单位的影响；用于对不同组别数据离散程度的比较。

4）样本矫正平方和——CSS<-sum((x-mean(x))^2)。

5）样本未矫正平方和——USS<-sum(x^2),USS。

6）极差——rang = max(x) - min(x)。

极差是离散程度的最简单测度值；易受极端值影响；且未考虑数据的分布。

7）标准误差——SE. mean<-sd(x)/n^0.5。

8）异常（离群）值。

异常值：

$$x>上四分位数+1.5×(上四分位数-下四分位数)$$

$$x<下四分位数-1.5×(上四分位数-下四分位数)$$

离群值：

$$x>上四分位数+3×(上四分位数-四百分位数)$$

$$x<\text{下四分位数}-3\times(\text{上四分位数}-\text{四百分位数})$$

（3）频数

R 语言中常用频数、频率表即列联表函数，具体见表 1.1。

表 1.1　R 语言中常用频数、频率表即列联表函数

命　令	解　释
table()	样本的频数表，多类别因子的 k 维频数表（列联表）
xtabs(formula,data)	根据公式或数据框或矩阵创建一个列联表
prop. table(table)	频数表转化为频率（百分比）
margin. table(table,)	边际频数表
addmargin(table,)	边际累加频数表
prop. table(table,)	边际频率表
ftable(table)	紧凑多维频数表

1）离散值数据。

b<-read. table("某地区毕业生调查 . txt",header=T)

table(b[,4]) 　　　#花费时间频数表

0	1	2	3	4	5	6	7	8	9	10	12
15	363	244	167	63	22	71	3	1	2	1	1

2）定性或分类数据。

table(b[,6],b[,7]) 　#"学校层次"与"是否找到工作"频数表

	硕士	本科	专科
找到工作	99	380	212
没找到工作	90	132	42

3）连续值数据分组。

s<-factor(cut(b[,3], breaks = 0+20*(0:7)))

table(s)

s

(0,20]	(20,40]	(40,60]	(60,80]	(80,100]
485	365	91	5	7

通过这些统计量很容易认识这堆数，直接看数字就感受不到这些信息。不仅如此，我们常常面临的数据是成千上万，如果把这些数字全部列出来很难看出什么特征，而通过上述指标能让这些庞大繁杂的数据一目了然，虽视数据却也知道数据长什么样，这就是描述。

如果把数据比作一个三维物体，则求和与计数用来衡量它的长宽高，平均数用来衡量它的密度，中位数用来衡量它的几何中心，最大值与最小值用来衡量它的突出和凹陷，方差用来衡量它是否均匀……上面几个统计量称为描述性统计变量。

1.2.3　概括

概括是形成概念的过程，把大脑中所描述的对象中的某些指标抽离出来并形成一种认识，就好像对一个人"气质"的概括，"气质"是基于这个人的"谈吐""衣着""姿势""表情"

等指标综合在一起，然后基于历史对"气质"这样的概念得出结论，"气质"是不可以依靠眼睛感受直接获取，而是需要收集这个人的细节描述信息，形成对这个人的整体印象。

如果将概括这样的概念引入到数据分析中，最常见的就是分布。

例如，我们抛 10000 次均匀的骰子，记录每次的点数，会得到这样一组数据：

$2,5,1,6,3,\cdots,4,6,1$

计算 1~6 出现的概率，X 表示点数，P 表示概率，会发现：

$P(X=1) \approx 1/6$

$P(X=2) \approx 1/6$

$P(X=3) \approx 1/6$

$P(X=4) \approx 1/6$

$P(X=5) \approx 1/6$

$P(X=6) \approx 1/6$

于是，可以说点数 X 服从均匀分布（图 1.6）。

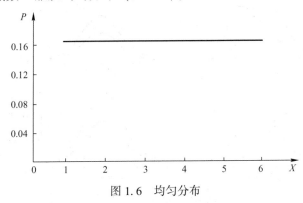

图 1.6　均匀分布

同样，正态分布可以理解为趋向于中间点的分布（图 1.7）。

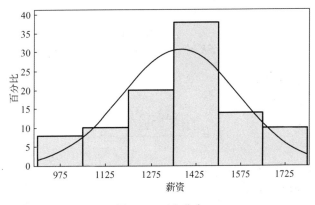

图 1.7　正态分布

概括的意义在于用一两个简单的概念就能传递出大量的信息，就好像说某某姑娘"御姐范""萝莉范"。我们说数据服从正态分布是从数据的描述性指标中抽取均值和方差作为关键元素，结合已经掌握的经验知识给予数据有关概括：均值为 μ，方差为 σ_2；对统计稍有了解的人根据这些数值就基本了解了这组数据的特征。所以说，概括是在描述的基础上抽离出来的概念。

到这里，基本可以看到，描述与概括的意义了。在庞大繁杂的数据中，我们需要一些指标来了解数据，掌握数据的特点，熟悉数据的结构，才能为下一步的分析做准备。

图 1.8 给出了一维数据分布的特征，图 1.9 给出了分布形态的度量。

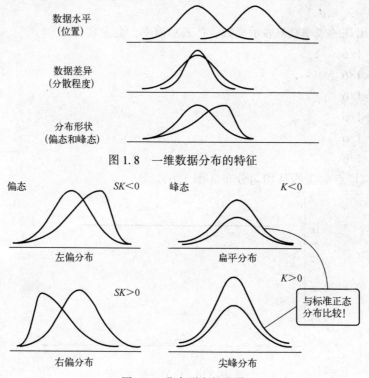

图 1.8　一维数据分布的特征

图 1.9　分布形态的度量

1）偏度系数——skewness( )，即

$$SK = \frac{\sum_{i=1}^{n} (x_i - \bar{x})^3}{ns_n^3}$$

2）峰度系数——kurtosis( )，即

$$K = \frac{\sum_{i=1}^{n} (x_i - \bar{x})^4}{ns_n^4} - 3$$

需加载包：fBasics、Pastecs、psych 等。

多维数据的特征分析：

3）样本协方差矩阵——cov( )，即

$$\text{cov}(\boldsymbol{x}) = \begin{bmatrix} s_{11} & s_{12} & \cdots \\ s_{21} & s_{22} & \cdots \\ \vdots & \vdots & \\ s_{p1} & s_{p2} & \cdots \end{bmatrix} = \frac{1}{n-1}(\boldsymbol{x}-\bar{\boldsymbol{x}})^{\mathrm{T}}(\boldsymbol{x}-\bar{\boldsymbol{x}})$$

22

$$s_{jk} = \frac{1}{n-1} \sum_{i=1}^{n} (x_{ij} - \bar{x}_j)(x_{ik} - \bar{x}_k), j = 1, 2, \cdots, p, k = 1, 2, \cdots, p$$

4) 数据的中心化——scale(x, center = T)，即

$$y_{ij} = x_{ij} - \bar{x}_j$$

5) 数据的中心化和标准化——scale(x, center = T, scale = T)，即

$$z_{ij} = \frac{x_{ix} - \bar{x}_j}{s_j}$$

其中，$s_j^2 = \frac{1}{n-1} \sum_{i=1}^{n} (x_{ij} - \bar{x}_j)^2$。

R 语言中常用的描述分布的函数见表 1.2。

表 1.2　R 语言中常用的描述分布的函数

命　令	解　释
pie(x)	饼图
boxplot(x)	箱形图
polygon(x, y)	绘多边形
hist(x, breaks = " ", freq = T,)	频率直方图（分组组距、频率（数）、标题、坐标、填充色等）
barplot(x)	x 的条形图
density(x, ⋯)	直方图上核密度估计曲线
ecdf(x)	经验分布函数
stem(x)	茎叶图
plot(x, y, ⋯)	散点图
par(mfrow = c(,))	根据向量 $c(,)$ 按行分割图形
par(mfcol = c(,))	根据向量 $c(,)$ 按列分割图形
stars(x)	星图

具体操作见指标设计篇。

1.2.4　分析

分析就是将研究对象的整体分为各个部分、方面、因素和层次，并加以考查的认知活动，也可以通俗地解释为发现隐藏在数据中的"模式"和"规则"。

分析的有效性建立在这样一个共识上：一切结果都是有原因的。

通过描述获取数据的细节，通过概括得到数据的结构，通过分析得到想要的结论。分析区别于描述和概括的一个非常重要的特征就是以目标为前提，以结果为导向。

假设采集到 B 地 1000 名 20 岁男性的身高：

1.69、1.77、1.81、1.74、2.76、⋯、1.80、1.74、1.68、1.75

采集到 A 地 1000 名 20 岁男性的身高：

1.70、1.75、1.82、1.75、1.76、⋯、1.81、1.75、1.69、1.78

放在一起得到 2000 个观测值的矩阵，若要知道 A 地男生身高与 B 地男生身高的差异情况，怎么分析呢？

均值 $\mu_1 = \mu_2$

方差 $\sigma_1 = \sigma_2$

比较数据分布

T-test 检验

……

从中可以看到数据的描述和概括在分析中起到的作用，同时还有单独的统计方法 T-test 检验，如果描述与概括是向其他人呈现一组数据，那么分析就是从描述与概括中抽离出能够实现目标的元素：A 地男生的身高要高于 B 地男生。

图 1.10 解释了统计思维相互关系。

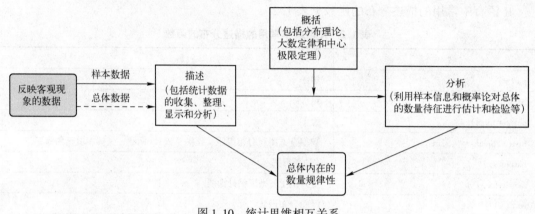

图 1.10　统计思维相互关系

1.3　逻辑思维

逻辑思维，又称抽象思维，是人的理性认识阶段，人运用概念、判断、推理等思维类型反映事物本质与规律的认识过程。它是人的认识的高级阶段，即理性认识阶段。

逻辑思维是一种确定的，而不是模棱两可的；前后一贯的，而不是自相矛盾的；有条理、有根据的思维。在逻辑思维中，要用到概念、判断、推理等思维形式和比较、分析、综合、抽象、概括等思维方法，而掌握和运用这些思维形式和方法的程度，也就是逻辑思维的能力。

辨别在前，推理在后，这是逻辑思维的核心。就像走路一样，在走第一步之前，必须是脚踏实地的，只有在走之前确认脚下有地，这样才可以走第一步。迈步子好比是推理，而在迈步子之前必须辨别是否脚踏实地。

逻辑思维具体包括以下几个方面。

1.3.1　上取/下钻思维

（1）上取

上取思维就是在看完数据之后，要站在更高的角度去看这些数据。站在更高的位置上，从更长远的观点来看，从组织、公司的角度来看，从更长的时间段（年、季度、月、周）来看 ，从全局来看，你会怎样理解这些意义呢？也许向上思维能让你更明白方向。

关键：建立长远目标、全局观念、整体概念、完整地分析数据，不做井底之蛙。

（2）下钻

下钻思维就是把事物切细了分析。数据是一个过程的结果反映，怎样通过看数据找到更多的原因，发现隐藏在现象背后的真相，需要把事物切细了分析。

原理：显微镜原理。

关键：知道数据的构成、分解数据的手段、对分解后的数据的重要程度的了解。

实际情况：哪些数据需要分解分析？

1.3.2　求同/求异思维

（1）求同

当一堆数据摆在我们面前时，表现出各异的形态，然而我们却要在种种的表象背后，找出其共同规律。

关键：找到共性的东西进行分析，要客观。

实际情况：现在的整体数据表现出什么问题？是否有规律可行？

（2）求异

每一个数据都有相似之处，同时，也要看到它们不同的地方，特殊的地方。

关键：对实际情况的了解，对日常情况的积累，对个体情况的了解，对个体主观因素的分析。

实际情况：你了解你的下属员工吗？如何帮助她们分析问题，从自身找到解决方案。

1.3.3　抽离/联合思维

（1）抽离

当你从一个旁观者的角度不思考看待数据时，往往能发现那些经常让我们迷失方向的细枝末节，这并没有太多的意义，我们迷失方向，忘记了自己的价值，同时深受情绪困扰。这时，用抽离思维或许能够帮助到你。

关键：多种分析方法，多角度看问题，不要钻牛角尖，多学习别人的好方法，学会集思广益，发散性思维。

实际情况：你的学习能力和方法有效吗？

（2）联合

面对很多数据需要我们能站在当事人的角度去思考和分析，这样才会理解人、事、物。

关键：了解当事人的情况，学会换位思考。

实际情况：你了解你周边的情况吗？你了解你周围的人吗？

1.3.4　离开/接近思维

（1）离开

通过数据分析，你发现自己处在一个不太有利的地位，那么，此时就要用离开思维去想办法，离开困境。

关键：学会自我调节，自我放松。

实际情况：遇到难解的结，你怎么办？

（2）接近

要达成目标，实现销售增长，这时候需要用接近思维来帮助你。

关键：多接触要解决的问题，花时间分析，你要的是方案，不是问题。

实际情况：你在做选择题还是问答题？责任点在哪？

1.3.5 层次思维

问题发现是第一步，要怎样分析问题，找到真正的原因，那么就应该熟练地运用理解层次。

关键：你需要熟悉客观环境、员工的能力、行为的规律、他需要什么。

实际情况：你能够分析到哪一步？

问题结构是由现状、直接原因以及最终原因构成的。针对直接原因进行的分析叫作初步问题分析，针对最终原因进行的分析叫作深层次问题分析（图1.11）。

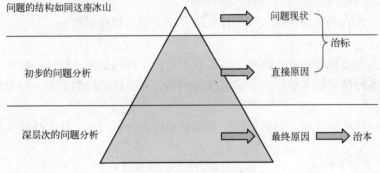

图 1.11 问题的展开方式

第2章 理解数据

同样是一个数字，在数据敏感的人眼中与对数据不敏感的人眼中是完全不一样的。如果公司年收入8000万元，在数据敏感的人眼中看到的不仅仅是这个数字，还包括数据背后隐藏的信息：8000万元是由哪几个业务收入构成，哪一个业务收入占主要部分，最高业务收入所对应的消费人群和地区又是哪些等。

所以，做数据分析，重点不在数据，而在数据敏感，就是能清楚数据异常背后的原因，这需要经验，也需要你的思考和执行力。

2.1 数据是什么

数据是什么？大部分人会含糊地回答说，数据是一种类似电子表格的东西，或者一大堆数字，有点技术背景的人会提及数据库或数据仓库。然而，这些回答只说明了获取数据的格式和数据的存储方式，并未说明数据的本质是什么，以及特定的数据集代表着什么。人们很容易陷入一种误区，当需要数据的时候，通常会得到一个计算机文件，很难把计算机输出的信息看作其他任何东西。然而，透过数据现象看本质，就能得到更多有意义的东西，就能讲一个故事。

近年来，随着物联网和大数据技术的成熟，人的行为可以简单地作为数据存储起来，如果能从这些存储的数据中推导出与用户购买行为相关的规则，那么将会颠覆商业世界里一直以来所遵循的某类经验，而在数据分析的指导下，将会打开新的商业局面。

举个日常生活的例子，理解数据是什么。大多数人会经常称体重，称重的时候，体重数值并没有多大意义（我们并不能说60 kg比较好，61 kg就糟糕了），然而，根据这些观测数据，可以完成以下事情：

1）根据自己的性别、年龄、身高等其他数据，推断理想的健康体重，并将其设定为目标值。

2）通过长期跟踪测量体重，测得体重随时间变化的观测数据，并将过去暴饮暴食等行为与体重变化联系起来，从而反省自己的行为。

3）通过收集拥有理想身材的人的运动和饮食生活等方面的数据，效仿他们的生活方式。

在商业领域里也是一样，人们通常会通过观测数据来推测出某种因果关系，再用这种因果关系预测未来。越来越多的企业为这种工作增设一个专门的职位，即数据分析师。

数据不仅仅是数字，它描绘了现实的世界，与照片捕捉了瞬间的情景一样，数据是现实世界的一个快照。

数据、信息、知识之间存在一定的区别和联系，如图2.1所示。

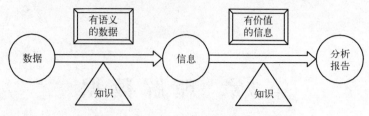

图 2.1　数据、信息、知识转化关系

从图 2.1 可知：

1）分析报告源于数据，而不是知识。知识在数据转化为信息的过程中发挥着支撑作用。在知识的作用下，数据的原有结构与功能发生了改变，并转化为有语义的数据，即信息。对信息进行综合就可以得到有价值的信息。

2）知识的利用具有普遍性，贯穿整个转化过程。从数据变成信息的过程需要知识，从信息变成分析报告的过程同样也需要知识。

把转化模型应用于实践，可以更加清楚地发现数据、信息与分析报告之间的转化关系，如图 2.2 所示。

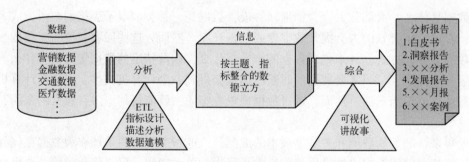

图 2.2　数据、信息、知识转化关系应用

2.2　数据所依存的背景

背景信息可以完全改变你对某一个数据集的看法，它能帮助你确定数据代表着什么以及如何解释。在确切了解了数据的含义之后，你的理解会帮你找出有趣的信息，从而带来有价值的可视化效果。

离开背景数据就毫无用处了，使用数据而不了解除数值本身之外的任何信息，就好比拿断章取义的片段作为文章的主要论点引用一样。这样做或许没有问题，但却可能完全误解说话人的意思。

首先必须了解何人、如何、何事、何时、何地以及何因，即元数据，或者说关于数据的数据，然后才能了解数据的本质是什么。

何人（Who）：相对于曾经歪曲事实、坏人名声的名人八卦网站，大报的引述会更有分量。类似地，相对于随机的在线调查，声誉好的信息源通常意味着更高的准确性。

如何（How）：人们常常会忽略方法论的内容，因为方法多数是复杂的且面向技术受众的，然而，大致了解怎样获取你感兴趣的数据还是值得的。

如果数据是你自己收集的，那就没问题，但如果数据由一个素昧平生的人提供，而你只是从网上获取到的，那如何知道它有多好呢？无条件相信，还是调查一下？我们不需要知道每种数据集背后精确的统计模型，但要小心小样本，样本小，误差率就高；同时也要小心不合适的假设，比如包含不一致或不相关信息的指数或排名。

有时候，人们创建指数来评估各国的生活质量，常把文化水平这样的指标作为一项因素。然而有的国家不一定有最新的信息，于是数据收集者干脆就使用十几年前的评估。于是问题就来了，因为只有当十年前的识字率与今天相当，这样的指数才有意义，但事实却未必如此（很可能不是）。

何事（What）：最终目的是要知道自己的数据是关于什么的，围绕在数字周围的信息是什么。你可以跟学科专家交流、阅读论文及相关文件。

在统计学课程中，通常会学习到一些分析方法，例如假设检验、回归分析和建模，因为此时的目标是学习数学和概念。这是脱离现实的，当我们接触到现实世界的数据，目标便转移到信息收集上来了，关注点从"这些数字包含了什么"转移到了"这些数据代表现实中的什么事情？数据合理吗？它又是如何与其他数据关联的"等上面。

用相同的方法对待所有的数据集，用千篇一律的方法和工具处理所有数据集，这是一种严重的错误。

何时（When）：数据大都以某种方式与时间关联。数据可能是一个时间序列，或者是特定时期的一组快照。不论是哪一种，都必须清楚知道数据是什么时候采集的。几十年前的评估与现在的不能等同。这看似显而易见，但由于只能得到旧数据，于是很多人便把旧数据当成现在的对付一下，这是一种常见的错误。事在变，人在变，地点也在变，数据自然也会变。

何地（Where）：正如事情会随着时间变化，数据也会随着城市和国家的不同而变化。例如，不要将来自少数几个国家的数据推及整个世界。同样的道理也适用于数字定位。来自Twitter 或 Facebook 之类网站的数据能够概括网站用户的行为，但未必适用于物理世界。

为何（Why）：最后必须了解收集数据的原因，通常这是为了检查一下数据是否存在偏颇。有时人们收集甚至捏造数据只是为了应付某项议程，应当警惕这种情况。

收集数据后的首要任务就是竭尽所能地了解自己的数据，这样数据分析和可视化会因此而增色，才能把自己知道的内容传达给读者。然而，拥有数据并不意味着应当做成图形并与他人分享。背景信息能帮助你为数据图形增添一个维度——一层信息，但有时背景信息意味着你需要对信息有所保留，因为那样做才是正确的。

最后再回到"数据到底代表什么"上来。数据是对现实生活的抽象表达，而现实生活是复杂的。但是，如果能收集到足够多的背景信息，那么至少也能知道该怎样努力去理解它。

2.3 数据维度

数据分类是帮助人们理解数据的另一个重要途径。图 2.3 给出了从三个维度分析数据特征的方法。

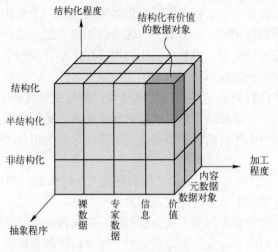

图 2.3 数据的维度

1）从数据的结构化程度看，可分为结构化数据、半结构化数据和非结构化数据，三者之间的区别见表 2.1。

表 2.1 结构化数据、半结构化数据和非结构化数据对比

类　型	含　义	本　质	举　例	技　术
结构化数据	直接可以用传统关系数据库存储和管理的数据	先有结构，后有管理	数字、符号	SQL
非结构化数据	无法用传统关系数据库存储和管理的数据	难以发现同一的结构	语音、图像	NOsql，NewSql，云技术
半结构化数据	经过转换用传统关系数据库存储和管理的数据	先有数据，后有结构	HTML、XML	RDF、OWL

在小数据时代，结构化数据处理占主要地位，随着大数据技术的成熟，处理非结构化数据是重点。

2）从数据的加工程度看，可分为裸数据、专家数据、信息和价值，四者之间的关系如图 2.4 所示。

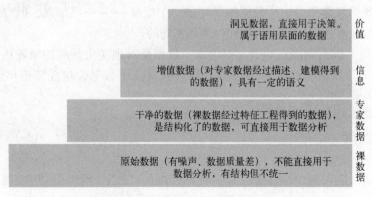

图 2.4　裸数据、专家数据、信息和价值之间的关系

这里强调一下，裸数据、专家数据、信息和价值是相对的，取决于分析目标和个人对数据的理解。专家数据的质量对数据分析的结果影响甚远，获取专家数据是整个数据分析过程中最困难、最耗时、最具挑战的环节，指标设计篇专门讨论专家数据生成的一些技术。

3）从数据的抽象程度看，可分为内容、元数据和数据对象，三者之间的关系如图2.5所示。

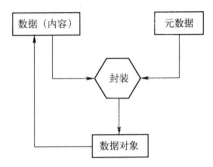

图2.5　内容、元数据和数据对象之间关系

内容可以是结构化数据、半结构化数据和非结构化数据；元数据是关于数据的组织、数据域及其关系的信息，简言之，元数据就是关于数据的数据，即关于数据的知识。元数据的基本特点主要有：

① 元数据是关于数据的结构化的数据，它不一定是数字形式的，可来自不同的资源。

② 元数据是与对象相关的数据，此数据使其潜在的用户不必先具备对这些对象的存在和特征的完整认识。

③ 元数据是对信息包裹（Information Package）的编码的描述。

④ 元数据包含用于描述信息对象的内容和位置的数据元素集，促进了网络环境中信息对象的发现和检索。

⑤ 元数据不仅对信息对象进行描述，还能够描述资源的使用环境、管理、加工、保存和使用等方面的情况。

⑥ 在信息对象或系统的生命周期中自然增加元数据。

⑦ 元数据常规定义中的"数据"是表示事务性质的符号，是进行各种统计、计算、科学研究、技术设计所依据的数值，或是数字化、公式化、代码化、图表化的信息。

元数据具有以下优点：

① 自描述。公共语言运行库模块和程序集是自描述的。模块的元数据包含与另一个模块进行交互所需的全部信息。元数据自动提供 COM 中接口定义语言（IDL）的功能，允许将一个文件同时用于定义和实现。运行库模块和程序集甚至不需要向操作系统注册。运行库使用的说明始终反映编译文件中的实际代码，从而提高应用程序的可靠性。

② 设计。元数据提供所有必需的有关已编译代码的信息，以供从用不同语言编写的 PE 文件中继承类。开发时可以创建用任何托管语言（任何面向公共语言运行库的语言）编写的任何类的实例，而不用担心显式封送处理或使用自定义的互用代码。

对数据内容与其元数据进行封装或关联后得到的更高层次的数据——数据对象。数据对象和数据内容是相对的，下层数据是上层数据对象的数据内容，上层数据内容是下层数据内容的数据对象。例如，在 R 语言中，factor 是字符数据的数据对象，同时又是 list 数据对象的数据内容。

2.4 数据敏感

数据分析应该是快乐的。但是现实中，对于很多从业者而言，数据分析是痛苦的。快乐都源于对数据敏感，来自于自己的无知。无知产生好奇，好奇心带来惊喜，惊喜带来快乐。举几个具体的例子。

1) 对车联网的无知，对车联网数据进行相关分析带给你的惊喜是：基于数据定义的急加速急刹车是如此有趣。

2) 对互联网征信的无知，对其数据挖掘告诉我，原来一个人的简历中就包含着信用信息，这是一个大大的惊喜。

3) 对广告行业的无知，刺激你去关心：广告费到底浪费在哪里？而搜索引擎营销的数据表明：搜索文本中，一个小小的空格，能够产生巨大的广告效果差异。

4) 对社交网络的无知，你会好奇，一个人的社交地位，会如何影响他的行为？基于 SNS 数据的数据表明，社交中处于重要位置的人，有可能更加忠诚。

这样的例子可以举出很多，对数据敏感不在数据，不在统计软件，不在分析方法，而在于自己的无知，以及无知所产生的好奇心！

数据敏感度是一个人对数据的主观感觉，能帮助你从众多数据中挑选出想要的数据，甄别出不一样的数据点。不妨做一个小测试，在空格内填补缺失的数据：

1,3,6,＿,15,21　　（答案:10）

1,3,7,＿,31,63　　（答案:15）

数字敏感度就是极短时间内看出空格应该填什么数字的能力。数据敏感度在数据分析中必不可少，不可或缺。如果对每天众多的数据报表缺乏敏感度，最后只能沦为做做"报表"。

既然数据敏感度如此重要，那么数据敏感度能否培养呢？

举一个例子：

表 2.2 所示为某公司 1 月 A~H 八个指标，请 1 分钟内观察表 2.2，找出 5 个异常。

一眼看去密密麻麻全是数字，看着一定很头晕，没有结合实际业务的数据实在枯燥无味。仔细观察可以发现这样几个问题：

1) A 与 B 列除了 1 月 19 日缺失，其他日期全都有数值。

2) C 与 D、E 与 F、G 与 H，两两组合要么同时缺失，要么同时有效。

3) 1 月 20 日到 1 月 31 日的数值与 1 月 1 日到 1 月 12 日的相同。

4) A 与 B、C 与 D、E 与 F、G 与 H 在 90% 情况下是相同的。

5) 1 月 14、的各项指标明显低于其他日期。

……

像上面的异常数据查找还可以很多，每个人从不同角度都可能有不同的发现，这里并没有标准答案。同样地，这里需要解释一下，异常数据并不是说这个数据不正常，由于业务的交叉性和相互影响，异常的性质有可能是规律的性质。就好像在啤酒和尿不湿的案例中每次啤酒的销量变好的时候尿不湿的销量也变好，当我们看到这两个产品的销量时，这种规律性也可以被称为异常变动数据。

表 2.2　某公司 1 月数据

日期	A	B	C	D	E	F	G	H
1月1日	39	39	3	3	30	30	1	1
1月2日	47	48	11	11	38	38	7	7
1月3日	42	44	6	6	41	43	5	5
1月4日	24	24			21	21		
1月5日	21	21	2	2	21	21	2	2
1月6日	19	19	15	15	13	13	12	12
1月7日	51	57	9	9	37	38	4	4
1月8日	44	45	25	25	28	29	19	19
1月9日	32	32	9	9	31	31	7	7
1月10日	34	34	2	2	25	25	2	2
1月11日	28	22			25	25		
1月12日	22	28	1	1	20	20	1	1
1月13日	14	14			14	14		
1月14日	10	10			3	3		
1月15日	27	27	9	9	25	25	6	6
1月16日	19	19	15	15	13	13	13	13
1月17日	28	28			27	27		
1月18日	13	13	7	7	12	12	6	6
1月19日			38	41			29	29
1月20日	39	39	3	3	30	30	1	1
1月21日	47	48	11	11	38	38	7	7
1月22日	42	44	6	6	41	43	5	5
1月23日	24	24			21	21		
1月24日	21	21	2	2	21	21	2	2
1月25日	19	19	15	15	13	13	12	12
1月26日	51	57	9	9	37	38	4	4
1月27日	44	45	25	25	28	29	19	19
1月28日	32	32	9	9	31	31	7	7
1月29日	34	34	2	2	25	25	2	2
1月30日	28	22			25	25		
1月31日	22	28	1	1	20	20	1	1

Sheet1

既然异常数据分析是从众多的数据中找出规律和不同，那件事情是不是人人可为，把数据拿过来看就好了？答案是否定的，这里涉及对数据敏感度的问题，什么是数据敏感度呢？数据敏感度可以类比一个人对音乐的感觉，有些人乐感好，什么歌一学就会唱，有些人乐感不好，学唱歌很困难。数据敏感度是一个人对数据的感觉，有些人对数据敏感度高，有些人对数据敏感度低。

任何人盯着表 2.2 一直看都会无所适从，其实这里也有替代的方案，那就是图表。图 2.6 显示了指标 A 的取值分布。

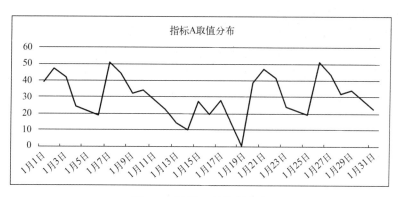

图 2.6　指标 A 的取值分布

很容易看出 1 月 7 日、1 月 14 日、1 月 19 日、1 月 26 日是异常还是随机波动？判断的依据一方面来自于对数据的敏感度，依照此项指标的历史波动范围，1 月 19 日的波动远超历史波动范围了。另一方面，更深一层次地使用六西格玛理论，计算这项指标历史正常波动均值 μ 和方差 σ，如果当天的数据波动超过了 $\mu \pm 3\sigma$，即可视当天数值为异常数值。

下面介绍一个统计学工具：控制图与控制线。控制图就是对生产过程的关键质量特性值进行测定、记录、评估并监测过程是否处于控制状态的一种图形方法。根据假设检验的原理构造一种图，用于监测生产过程是否处于控制状态。它是统计质量管理的一种重要手段和工具。

控制图上有三条平行于横轴的直线：中心线、上控制线和下控制线，并有按时间顺序抽取的样本统计量数值的描点序列。中心线、上控制线和下控制线统称为控制线，通常控制界限设定在±3标准差的位置。中心线是所控制的统计量的平均值，上下控制界限与中心线相距数倍标准差。若控制图中的描点落在上控制线和下控制线之外或描点在上控制线和下控制线之间的排列不随机，则表明过程异常，如图2.7所示。

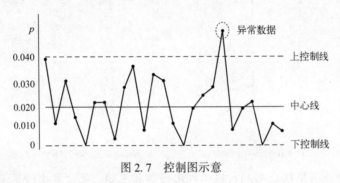

图2.7　控制图示意

提出疑问与发现问题和解决问题是极其重要的。对数据敏感的人，都具有善于提问题的能力，众所周知，提出一个好的问题，就意味着问题解决了一半。提问题的技巧高，可以发挥人的想象力。相反，有些问题提出来，反而挫伤了我们的想象力。

常规的提问包括：为什么（Why）；做什么（What）；何人做（Who）；何时（When）；何地（Where）；如何（How）；多少（How much）。

如果提问题中常有"假如……""如果……""是否……"这样的虚构，就是一种设问，设问需要更高的想象力。

对数据不敏感，看不出毛病是与平时不善于提问有密切关系的。对一个问题追根刨底，有可能发现新的知识和新的疑问。阻碍提问的因素，一是怕提问多，被别人看成什么也不懂；二是随着年龄和知识的增长，提问欲望渐渐淡薄。如果提问得不到答复和鼓励，反而遭人讥讽，结果在人的潜意识中就形成了这种看法：提问多、挑毛病是扰乱别人的行为，最好紧闭嘴唇，不看、不闻、不问，但是这恰恰阻碍了人的创造性的发挥。

2.5　数据质量

一般而言，可以把质量数据分析划分为6个阶段：

第1个阶段是只依靠经验，不考虑数据。很多发展还不错的中小企业实际上并不依赖数据，主要依靠人员的经验来处理生产中遇到的各种问题。这些中小企业往往很难扩大他们的市场，尤其是一旦资深员工退休或者辞职后，企业的质量往往出现大幅度的回撤。

第2个阶段是单看数字。正如0.2节中看到的情书例子，单看数字并不能够看清楚事情的本质，而如果解释数字不恰当的话，数字往往还会误导管理人员。

第 3 个阶段是开始整合数据，使用图表来解释数据。相比于数字，大部分人对图形更加敏感，如果使用合适的图表来解释数据，通常更能解释问题的本质。大部分企业能做到第 3 个阶段就已经很不错了，但更进一步的是第 4 个阶段。

第 4 个阶段是加入统计调查的数据，采用描述性的统计量来刻画数据。一个具体的例子是在工厂中主动去调查测量生产线中的良品率、停机率、产出比例等数据，这些数据只是用来描述生产过程的好与坏。

第 5 个阶段是通过具体取样数据，例如，如果遇到了若干个不良品，主动去测量不良品中的具体质量和特性，而不是通过计数的方式统计良品率，这样采样得到的数据相比于做加法的统计调查数据包含更多的信息量。

第 6 个阶段是利用统计推断，使用置信区间等统计方法来量化质量的好坏。通过统计预测的方法来实现质量的控制和预防不良品的出现等。大部分企业还没有到达第 6 阶段的层次。

在小数据时代，研究人员最困扰的问题往往是缺乏数据。但随着传感器、收集数据方法的进步，大量的测量数据自动地被计算机记录下来，如何保证这些数据的质量，主要有以下几个维度：

1）完整性（Completeness）。完整性用于度量哪些数据丢失了或者哪些数据不可用。

2）规范性（Conformity）。规范性用于度量哪些数据未按统一格式存储。

3）一致性（Consistency）。一致性用于度量哪些数据的值在信息含义上是冲突的。

4）准确性（Accuracy）。准确性用于度量哪些数据和信息是不正确的，或者数据是超期的。

5）唯一性（Uniqueness）。唯一性用于度量哪些数据是重复数据或者数据的哪些属性是重复的。

6）关联性（Integration）。关联性用于度量哪些关联的数据缺失或者未建立索引。

2.6　理解数据要注意的问题

不要把分析质量建立在数据丰富的基础上，实际工作中将会发现：

1）数据永远不够。

2）质量永远太差。

3）需求永远很急。

4）假设永远很多。

想办法利用手头数据，结合业务场景才是有效的办法。

2.6.1　不要对完美数据的盲目执着

当要做一个数据分析的时候，人们常常说："你怎么没有这个数据？你怎么没有那个数据？你要是有 XXX 数据就好了"。这就是对完美数据的盲目执着，这不是说我们不需要努力获得更多数据。而是说，我们必须了解，没有任何实际问题的数据是"完美"的。所有的实际问题都是在"不完美"数据的支撑下完成的。我们必须要习惯于同不完美数据和谐相处，要学会欣赏不完美数据的完美。不要执着于对完美数据的妄想，而要享受不完美数据带来的快乐。数据不完美的另一个原因是特征工程不到位。

2.6.2　小样本数据也能做数据分析

我们知道样本越随机、样本量越大，收集到的数据就越靠谱。但是，有的时候这并不容易做到。

如果没法获得大量样本，就只能通过观察来弥补不完美的数据；如果还无法控制这个数据收集的方式，实验性研究能让我们避免混淆因素的干扰，使统计结果更精确、更稳定。

（1）观察性研究

这个例子叫作"消失的弹孔"，这是在抽样技术里面一个比较著名的例子。在第二次世界大战期间，美军不希望自己的飞机被敌人的战斗机击落，因此，要为飞机披上装甲。但是装甲又会增加飞机的重量，飞机的机动性就会减弱，而且会更耗油。防御过度和防御不足都会带来问题！

所以他们想找到一个最优方案，在飞机的某些部位使用装甲。那么到底是哪些部位呢？军方发现，美军的飞机在欧洲上空与敌机交火后返回基地时，飞机上留有的弹孔分布得并不均匀，机身上的弹孔比引擎上的多。所以军方的结论是，应该把装甲放在弹孔多的机身部位。

最幸运的是，军官们拥有一个统计小组，小组组长叫作 Abraham Wald，也就是著名的Wald 检验的创造者。这个倔强的组长完全不同意军官们的方案，他认为需要加装甲的部位不应该是弹孔多的地方，而应该是弹孔少的地方，也就是引擎。后来美军将 Wald 的建议迅速付诸实施，挽救了众多的美军战机。

这也体现了本书一直在强调的让数据产生价值的理念。打赢战争不能仅靠天时地利人和，如果你被击落的飞机比对方少 5%，消耗的油料低 5%，补兵给养多 5%，付出成本仅为对方的 95%，那你就很可能成为胜利方。这个就是数据所产生的价值。

那 Wald 的高明的地方在什么地方呢？其实他的结论就基于一个理论：返航的飞机并不是能够代表所有飞机的随机样本。这个样本是有偏的，而且我们没有办法把它做到无偏。怎么办呢？

既然这是一个有偏的样本，那么它偏在哪儿呢？为什么会偏呢？理论上来讲，一架飞机飞在空中，它各部分中弹的概率应该大体是均等的，但是能够返航的飞机引擎罩上的弹孔却比其余部位少，那么那些失踪的弹孔去哪儿了？——没错，在那些未能返航飞机上。这说明什么？说明引擎如果中弹将是致命的，很可能被击中就坠落了，而机身被打得千疮百孔的情况下仍能返回基地。这充分说明了机身可以经受得住打击破坏，而引擎不行。

所以，即使样本是不合理的，我们还是可以利用收集到的不完美的数据通过分析得出正确的决策。其实这种"消失的弹孔"的现象，在现实生活中无处不在，在统计上称其为"幸存者偏差"。但并不是所有的人都会像 Wald 一样熟悉它，所以人们经常会凭直觉得到相反的结论。

（2）实验性研究

上面的例子是一个观察性研究，也就是说我们没有办法控制数据采集的方式，只能去观测结果。换句话说，有些数据并不是能够随机得到的。遇到这种情况，在分析的时候就需要想办法去处理这些不完美的数据。

而又有些时候，问题不出在无法随机，而出在预算有限，没条件得到很大的样本量。这在工科领域比较常见，尤其是那种做一次实验需要大型设备、消耗巨大的人力物力财力。这种情况应该怎么办呢？下面来看一个非常浅显的例子。

假设需要研发一种做运动鞋的新材料，看是否比旧的材料更耐磨损。又假设研发成本非常高，只能提供 4 双样品鞋，因此找来了 8 个孩子来试穿，4 双新材料 4 双旧材料。读者的第一反应是不是"这个样本量太小了"？

也许有人会将孩子分成两组，4 个穿新材料的鞋，4 个穿旧材料的鞋，让他们天天穿，穿俩月，然后测量磨损程度。如果磨损程度不一样，如何知道真的是新的材料耐磨损，还是分到新材料的那组孩子恰好比较不爱运动，所以没有经常地用鞋呢？也就是说，"材料"这个因素很可能与这个"孩子的活跃程度"有关。这就是样本太小所导致的潜在混淆因素，如果样本够大，就基本上不可能这么恰好了。

那么在样本容量无法扩大的前提下，有没有什么办法来消除掉这个混淆因素呢？我们可以给每一个孩子选一只脚穿新材料的鞋，另一只脚穿旧材料的鞋，这样每一组新旧材料的对比都是基于同一个孩子的，就不存在他喜不喜欢运动的问题了。这在统计上叫作"完全随机区组设计"。

这个例子和上一个"消失的弹孔"案例之间的区别在于：我们是有办法去设计整个实验，控制收集数据的方式，所以它不再是观察性研究，而是实验性研究。

在遇到这种问题的时候，可以从设计实验的阶段开始，在给定的预算条件下，看看怎么样得到的数据不会存在或者尽可能少地存在混淆因素，这是我们首要考虑的问题。

第3章 理 解 业 务

在 0.3.2 节中已经知道，好的数据分析师基本技能第一条就是"懂业务"。懂业务会增强对数据的敏感，在拿到数据后能够有自己的级别判断，不仅明白这个数字代表什么意义，还知道数字是高了还是低了，有没有出现异常值，以及增长是来源于行业大势好转还是公司产品的竞争优势等。

本章讨论对于一个原来没有接触过的新行业新业务系统切入的方法，当然首先是需要有一定的 IT 行业其他业务系统的工作经验，包括业务和技术两方面的积累，那么在这种情况下如何快速地切入一个新的业务系统，就需要注意相关的方式和方法方面的问题。

3.1 全局了解——业务模型

接触一个全新的业务系统，首先要搞清楚这个业务系统主要是支撑什么样的业务？而对于支撑的业务本身又有两个核心内容，即核心的业务流程是如何的？核心的业务对象模型是如何的？在了解清楚后就可以继续了解这个业务系统大致会有哪些核心的业务功能模块，业务模块之间的相互关系是如何的？以及如何衔接的？

有时候了解到这个层面可能还不够，还需要了解这个业务系统可能是支撑端到端业务流程或共享业务数据的一部分，那么还需要了解到这个业务系统或支撑的业务在端到端流程中所处的位置，该业务系统和上游业务、下游业务的关系，相互间的协同和接口。

业务系统支撑了什么样的业务？存储了哪些核心业务对象和数据？这是对一个业务模型最基础的全局理解。

3.2 动态了解——流程模型

在对业务模型有了一个全局的理解后，需要开始进一步考虑流程模型方面的内容。注意在这里指的流程模型不是指工作流或人工审批流模型，而是指业务流程模型。或者说了解业务系统本身在分析设计中所涉及的业务建模方面的内容。

一个业务流程模型需要解决的问题是，一个业务系统为何会存在这些业务模块，这些业务模块之间是如何进行协同来支撑业务流程的。任何业务模块都会有输入和输出，了解清楚业务模块的输入输出后就能够比较清楚业务模块之间是如何串接和集成来支撑上层核心业务的。

如果一个业务系统按 SOA 思想来建设，那么可能会看到有哪些上层的核心业务模块，核心的领域服务层和底层的数据模型层，核心的业务模块本身是如何调用核心领域服务来进行协同和衔接的。只有清楚了业务流程才可能理解清楚业务模块之间的协同和集成关系，否则将看到的是孤立的业务模块，业务模块和业务流程之间出现断点而无法真正清楚业务模块间如何协同来支撑业务的。

如果一个业务系统本身是流程型的业务系统，这些流程又大量以审批流为主，那么即使审批流定义再复杂，整个业务系统本身也是简单的，因为不存在上面所说的大量业务模块间协同情况。

3.3　静态了解——数据模型

一个业务系统的复杂往往体现在两个方面，一方面是本身业务模块间的协同和交互复杂，另一方面是底层的数据模型和关系复杂。在解决了第一个层面的动态分析问题后，就需要开始考虑第二个层面的数据模型。

任何业务流程，模块间动态的协同最终都将持久化到数据库中，成为数据库中的数据表和数据表之间的关联依赖关系、映射关系。业务系统在前面谈到过或者是以流程为中心的业务系统，或者是以数据为中心的业务系统，对于以数据为核心的业务系统必须理解底层的数据模型。这种数据模型的理解首先是要理解元模型结构，这种结构不是简单的单个数据对象，而是多个数据对象之间的关联关系、映射关系、层次关系等。正是由于数据之间有这些关系，而形成了一个复杂的数据网络。

对于数据模型的理解可从以下几个方面考虑：一种是单对象的结构，包括主从、层次等各种结构；然后才是对象和对象之间的关联依赖结构，如一对多、多对多结构等；对于较为复杂的业务系统，可能还会看到为了保证底层数据模型的可扩展性和灵活性，往往在数据模型层会根据面向对象的思路做进一步的抽象，那么在这种情况下还必须将面向对象的对象模型和面向结构的数据库模型共同来参考理解，以分析和了解清楚最终数据存储的方式、数据存储后最终呈现的方式。

3.4　动静结合——关键业务分析

对于新切入一个新的业务系统，如果能够理解到这一步，基本就对一个业务系统有比较全面的理解和认识。首先是了解业务流程和模块间协同，然后是了解数据模型和数据间关系，最后则是真正地根据核心业务来进一步理解在流程协同过程中最终数据的落地存储。由动态的业务流程驱动的最终静态数据的存储落地和关系的建立。只有这样流程和数据的分析最终才会融合为一个整体。

对于关键业务的分析将会看到，这些关键业务中需要理解清楚究竟涉及哪些模块的协同，在模块的协同过程中最终会产生哪些核心的数据，或者说会更改哪些核心数据的状态或数据间的关系。真正需要关注的往往不是单个数据对象中某些数据熟悉的变更和修改，而更多的是关注核心业务流程驱动下，数据对象状态的修改、数据对象间关联关系的修改、数据间映射模型的调整等。

对于一个完整的业务系统，按道理只要有基本的数据对象维护功能即可，但是要真正能够支撑业务，由于数据对象中的关键属性、关键依赖关系的变更，最终都是由上层的业务模块和流程来支撑的，那么就必须要真正地理解所有的核心业务流程最终对底层数据模型造成的影响。

3.5 数据业务化

数据分析必须非常注重相关的业务实践，这已经达成共识。但是，怎样才能把"业务实践"带入到数据分析过程中（数据业务化），却没有统一的认识。其中有一种看法就是：参加数据建模比赛（如 Kaggle）。毋庸置疑，数据建模比赛是一个非常优秀的平台，备受全球数据科学爱好者追捧，这些比赛所使用的数据都是非常棒的真实业务数据，有非常具体的实际应用价值，对数据分析技能培养帮助很多，但是，这不是"数据业务化"！

所谓"数据业务化"是要在真实的业务环境中，让数据产生可被产品化的商业价值。从这个角度看，"数据业务化"至少有三个关键环节：数据业务定义、数据分析与建模、数据业务实施。

（1）数据业务定义

在一个真实的企业环境中，数据并不是人们关心的根本。人们关心的根本所在是业务。因为，业务是企业之所以存在的根本原因。如果一个企业核心业务的发展，不需要数据助力，那就没人关心数据分析。事实上，这样的企业非常多，甚至是大多数。一个企业之所以关心数据分析建模，根本原因一定是因为：数据可以助力核心业务发展。

那么，在这个前提下，一个数据科学家来到一个企业，没有人会告诉你该分析什么数据，更不会有人告诉你应该如何分析。相反，老板会告诉你他关心什么业务问题。接下来需要把这个业务问题定义为一个数据可分析问题。如果不能把业务问题定义为数据可分析问题，那么数据就无法助力。如果可以，接下来就是数据分析与建模问题。

首先分享一个有趣的故事：一个做货车车联网的朋友提到一个问题，说他们有一个物流客户非常认可他们的数据价值，希望通过货车车联网数据帮助手下货车司机改进驾驶行为。

这是一个非常典型的业务问题。但是，这个业务问题应该如何成定义成为一个数据可分析问题呢？首当其冲的挑战是：如何定义一个货车司机的驾驶行为什么叫作"好"，什么叫作"坏"？如果没有一个清晰定义的标准，后续的数据分析就会缺乏一个业务认可的因变量 Y。在缺乏因变量 Y 的前提下做的任何数据分析，都不可避免地需要太多主观介入，进而很容易产生纠纷。这么复杂的一个过程，没有唯一正确答案，这恐怕是任何数据建模比赛都无法模拟的。

（2）数据分析与建模

一旦业务问题被定义为数据可分析问题，它的核心业务诉求就清晰明了了，这构成了因变量 Y。此外，相关的业务知识被头脑风暴，就构成了解释性变量 X。从 Y、X 出发，人们可以尝试各种经典的回归分析模型、机器学习模型。而这一步因为 Y 和 X 都定义清晰了，所以非常适合做各种数据建模比赛。

（3）数据业务实施

数据分析与建模完成了，接下来，需要把这些成果转化成为一个在商业环境中可以被实施的产品。这一步非常艰难，各种数据科学比赛经常喜欢考虑，如个性化推荐类型的预测问题。此类问题的业务实施方案是清晰定义的，经验积累非常充足。

但是，事实上在更多的业务场景中，即使模型做得很好，但是最后如何同业务结合，变成可执行的产品，是非常不清晰的，极具挑战。这里涉及企业资源、政策法规等众多问题。

例如，国外的业务经验表明，基于车联网数据的 UBI 保险产品是一个不错的商业模型。但是，在我国由于有不同的政策环境、市场环境和消费者习惯，因此，时至今日，也没有在市场上看到一款真正的 UBI 保险产品。这里的主要困难就是数据业务实施。因此这么复杂的事情，不是任何数据建模比赛可以模拟的。

简单总结一下，数据业务化的核心是让数据产生价值。为此，需要三个环节：

1）将业务问题定义为数据可分析问题。

2）对数据可分析问题做分析建模。

3）对最后的分析结果和模型进行业务实施。

以 Kaggle 为代表的一大类优秀的数据建模比赛能够对 2）提供很大的帮助，但是，对 1）和 3）帮助甚微，最具挑战、最有价值的恰恰是 1）和 3）。

第4章 理解用户

理解用户就是从被动地收集数据需求到主动地承担数据需求的转变。在被动接收数据需求的时候总是会面临业务人员不懂数据的问题，沟通之间存在误差，数据人员不知道业务人员需要的东西真正是什么，所以在数据提供上就存在误差。同时，由于目的的不清楚导致认知偏差使数据人员不信任业务人员，业务人员无法完全依靠数据来作支撑。为此，在处理数据需求时，第一件事就是要问：业务用户的目的是什么？

以结果和目的为导向之后，处理数据需求对于数据分析师就有了更多的要求，是否足够了解业务是数据分析师能否完成任务的关键。它要求数据分析师对业务员想要达到的目标进行数据拆分，把目标变成数据可支撑的内容。在这个过程中，数据分析师把原本是需求方提的"数据需求"变成了自己给自己提"数据需求"，然后满足这样一个数据需求。这样做充分地利用了数据分析师更理解数据的优势，把业务员不懂数据的漏洞补全。

4.1 由粗到细，从宏观到微观

必须先从宏观上了解用户业务的全貌，再逐步深入细节。因为对于用户的业务而言，我们是外行，如果从业务细节着手，很容易迷失方向，失去对业务核心的把握。同时要认识到，对于一个外行而言，我们对细节的深入也必定是有限的，不要指望自己能够彻底地了解每一个细枝末节。一是不可能有无限的时间来了解，二是没有这个必要。因为未来的系统也不可能完全包办所有业务的细节，还有很多事情是要靠用户企业中这些具有专业技能的人来做的。

4.2 由少到多，收集不同层次的需求

对于企业高层决策者，他会给你描述一个系统的大的功能蓝图，如使企业具有整体报价能力，能更好地服务于高端用户，能支持企业的重大业务决策等；对于企业各级管理者，他会给你讲述他这一层的管理需求，如何更好地进行部门员工的业绩考核；生成月度报表，更好地进行业务结算等；对于各级业务操作人员，他可能给你谈及更多业务细节和操作细节……

在由上到下的逐级访谈中，对未来系统的描述是从一个大黑箱变成多个小黑箱，再变成透明、明确、详细的系统的定义过程。

用户业务调研和需求分析注定是一个不断细化的过程，不要指望一次访谈/调研就能穷尽，也不要指望一次开发过程就能得到完全满足用户期待的那套系统。因为事实上很多需求是隐性的，连用户都不清楚自己的需求。只有经过多次循环细化才可能把更多隐性的需求不断挖掘、暴露出来。

4.3 数据分析师对理解用户需求的思考

当今互联网环境下，很多数据分析师喜欢把做事情的着眼点扎根于"产品"本身，他们的目标是提供一个"可用、易用、好用"的产品；实际上产品不是数据分析的最终目的，而能为终端用户服务，或者说为用户创造价值才是最终目的，产品是为实现最终目的而诞生的载体或中间物。

作为承载服务的介质，产品的形态与特性又受制于企业的目标用户、技术水平和商业模式等。那么，如何才能让数据分析师更迅速地到达产品的终极目标就尤为重要。

4.3.1 如何用需求分析明确产品目标?

需求分析是个普适的方法论，任何岗位、任何项目在开始阶段都要经历需求分析，换句话说，没做需求分析就急于展开工作是盲目且低效的，结果也是失败居多。产品的需求分析，不单指用户的需求，也包含企业、平台、服务提供者等所有利益相关者的需求，过度向一方倾斜可能会导致其他利益相关者的需求得不到有效满足，进而影响产品的正常运转。

下面用一个实例来进行整个概念的分解。

案例：如何让用户更多地使用拼车功能？

以概念清晰，目标明确为基本点。

拼车：指的是多个相互间有或无联系的乘客使用同一辆车到达相同或者不同的目的地。

目的：让用户更多的使用拼车服务。

先从企业和司机角度出发，为什么要让用户更多地使用拼车功能。

企业：对用户而言提高了其可用到车的效率；拼车可以有效减少司机的资源空置率，提高车辆的使用率，减少车辆管理，对自由车辆和车牌的需求数量减少，减少对环境的污染以及缓解交通压力。

司机：减少空驶率，可以多接单从而提高收入。

从商业的角度来看，企业增加拼车功能是具有必要性的，尤其是在网约车本身受到限制而造成车辆减少的情况下。

现在再回到用户本身，先来做基础的用户画像（也就是什么样的人群会去打车）。

1）经济上相对比较宽裕的。

2）想要迅速到达目的地（减少出行时间）。

3）想要一个舒适的交通工具。

4）没有其他交通工具可选。

5）想要一个比较不错的服务。

6）想要认识新朋友（当前社会极少数的用户存在这种状态）。

7）自己不太容易找到目的地。

8）有智能手机且有对应的打车软件的。

从中可以看出，这类用户群体其实是比较清晰的。再回到拼车这件事情上，在什么情况下会选择拼车？

1）在节省时间的基础上节省经济支出。

2）相对时间比较宽裕。

3）无车可选。

4）环保主义者，为了节省资源。

在拼车这件事情上，用户的动机并不是太强烈。从上述内容出发，又如何才能让用户更想要选择拼车服务呢？

排除一些错误或者极少数用户才产生结果的归因。

用户想要认识新朋友：根据心理学的不对面原则（在陌生环境中尽量与陌生人不对面直接接触），用户会觉得比较尴尬，所以除了极少数自来熟的人可能会跟同车的人进行搭讪聊天之外，大多数是不愿意出现这样的局面的；甚至用户可能还会害怕，因为其心理安全距离在这种环境下已经不存在了。

利益驱动：只能说在特定的条件下相对便宜，但是前提是在时间上有保障；在打车的状态下，用户的首要目的是迅速到达目的地。

那么，到底哪些东西可以吸引到用户呢？以下为作者个人思考（任何方案没有对错，只在于我们解决问题的方式不同而已）：

明确拼到车及接到用户的时间，让用户一眼知道如果拼车的话预计多久时间能从出发地出发；

让用户有信任感和安全感，明确知道同车的伙伴都是好人，比如实名认证；

减少用户与陌生人之间的生疏感，比如可以拼车之后在小群里聊天，先彼此熟悉一下，后续可以真的成为朋友，进行兴趣标签匹配等；

在节省时间的情况下节省支出，让用户可以明确感知拼车与不拼车的差异不是太大；

对于同目的地的，可以根据数据匹配并且告知用户，对方在目的地的往返次数比较高，是一个对该地点非常熟悉的乘客；

车辆使用推荐，根据用户平时使用车辆习惯以及出行目的地进行用车方式推荐。

这里面我们根据需求分析，了解了我们的用户是谁？用户有什么样的特征，再根据特征产出对应的解决方案（上述解决方案并不完整，仅以此实例描述需求分析的过程与其可能产出的结果）。

理解用户的重要性，主要体现在可以明确了解做事情的目的及带来的效益（可能是用户群体增加，也可能是企业盈利增加）。

理解用户的几个主要节点：

1）为谁做？我的用户群体是谁？

2）为什么做？解决了用户什么问题？为用户提供了何种服务？

3）这个服务本身可以带来什么样的预期结果？

4）这个服务的上线和运营成本是多少？投入产出比是否合理？是否存在替代方案？

5）这个服务可以为后续哪些服务提供依据（前期也可以不考虑这个问题）？

6）如果是运营需求，那么是否提高了运营的效率并且给用户带来价值？

如何使用需求分析做竞品分析，很多数据分析师会直接打开竞品看看类似的功能竞品是如何实现的，有哪些亮点可以借鉴；而根本没有思考给用户提供的这项服务的本身目的及业务逻辑是什么。在理解用户阶段的关键节点如下：

1）要解决什么问题。我的产品为什么要优化，遇到了什么问题？是核心功能的使用率低，还是关键任务的完成率低，或者是基础功能不足以支持整体商业目标？明确要解决的问题后，才能有的放矢地研究竞品，选择重点关注的方面。

2）要输入什么数据。这里的数据是广义的数据，不特指数字，一切能提供相关信息的内容都可以算作数据。在这里，产品经理就要明确，哪些竞品是可用来作为比较的对象，竞品的商业层、功能层、表现层是否都要成为研究对象，竞品的历史版本和改版记录是否应该关注等。

3）要得到什么结果和输出内容。产出取决于问题，能解决第1点中提出的待解决问题的竞品分析才算完成了预期目标。

还可以反推和理解别人的产品为什么这么做？又为什么不这么做？

除了理解用户需求之外，数据分析师还需要掌握其他的技能（比如项目管理、交互设计、用户研究等），而这些技能都已经有很成熟的体系支撑，这里不再赘述。接下来讲述数据分析师理解用户需求应该具备的基本素养是什么？

4.3.2 数据分析师理解用户需求应该具备的基本素养

（1）自我驱动力及主观能动性

一个没有主观能动性和自驱力的数据分析师，是很难将一个产品做到极致的，因为它没有追求，没有对用户及业务深入的认知，数据分析师无论在需求分析、项目推进、落地、运营等方面都起着重要的作用，如果一个数据分析师不具备这项基本素养，则他对整个产品的规划、迭代都不会有明确的认知，同时也无法保证项目在确定的时间达到可运营状态；当产品的基础底层搭建完成之后，需要数据分析师与运营团队、业务团队一起确定后续产品的整体目标及迭代方向，而数据分析师不具备主观能动性时，就会造成无法有效为用户提供有价值的服务，也无法为企业创造价值。

（2）发现并解决问题的能力

每个人都可能发现问题，但不是每个人都可以解决问题或者提出对应的解决方案，一个普适性的方法论"产品是解决问题的"，这个"解决问题"不局限于产品本身的问题，也可能是在推进项目的时候遇到的问题、产品在运营的时候遇到的问题，或者其他各种各样的问题；只有解决了其中的各项问题，才可能让产品做得更好，数据分析师自身成长得更快。举个例子：产品临近上线，但是销售预测还没有做，则会使产品的上线时间延迟，可能会造成错过时机而导致产品失败。

（3）沟通和理解能力

美国著名企业家卡内基先生曾指出，一个人事业的成功因素，只有15%是由他的专业技术决定的，另外的85%则要靠人际关系（而人际关系主要来源于沟通）。"如果你没办法理解用户说什么，那你也很难表述自己的观点"，沟通是一个双向的过程，不仅需要你理解用户，还需要用户理解你。最终的目的是达到互相认知一致；在沟通中信息要对等，没理解的地方都需要去问，不要害怕和恐惧；沟通需要长期去锻炼自己并且增加自己的知识储备，使自己的认知提高。

（4）学习能力

对业务的迅速消化、对概念理解的快慢都可以从学习能力中充分体现，而这些又是为用户提供服务的前提；"清晰了解业务，并将对应的业务进行线上化并优化其流程是一款产品的第一步"，而对于分析师而言，最快的学习方法是"多问为什么"，不仅问你的上级及对接业务部门，同时需要去问自己。

（5）有追求，并且有坚持

数据分析师需要对你做的数据分析产生兴趣，将你所理解的用户需求搞清楚，明确其目标，那样你才能做得更好，坚持得更久；"概念清晰、目标明确"。

4.3.3 如何根据用户行为去驱动产品？

以用户注册页面行为为例：

假如：用户在注册页面的浏览 UV 是 1000，在注册页面的平均停留时长是 2 min，最终转化为 10%（注册成功/页面 UV）。

那么根据这个数据可以判断出基本的结果：

注册页面存在着流程问题，用户无法有效完成注册，但是还没有办法有效分析到底哪个流程有问题，所以可以进一步埋点，看看用户在注册页面都做了哪些操作，点击了什么？浏览了其他什么内容？跳出的路径是什么？

注册页面的流量较大，是否可以将一些运营活动放在注册页面中来。让用户一眼能看到注册之后可以参与×××活动。

这里，简单地表述一下数据的问题，主要说明用户行为到底该怎么去做？

明确各项指标定义，比如注册页面 PV、UV 的定义是什么？产品的日活、月活的指标定义是什么？

明确转化之间的计算方式，知道最终的结果是怎么来的？对谁有指导意义？

这个对应的数据对你的产品或者运营或者其他业务有什么指导性的意义，不要去做无意义的指标定义。比如要看页面的转化，那么就对页面转化的指标进行定义和埋点，如页面的 PV、UV，按钮的点击次数，页面停留时间，下一个页面的 PV、UV 等。

上面用实例来讲述了在产品中指标的重要性；所以，当在产品中进行埋点，并且收集了基础数据后，就可以对用户行为进行分析，去发现产品存在的问题，并且最好能深入探究到原因。数据分析有一些常常容易掉进去的陷阱。

陷阱一：

不要把假设和结论混为一谈。分析数据后所整理出来的资料，只不过是假设。为了证明这一假设是正确的，必须再着手搜集证据，并分析证据。

数据分析中最容易犯的错误之一，就是导出网站后台数据，发现数据表现不好的指标，然后简单推测出几条原因敷衍了事；实际上这样的推断很容易遭到质疑，要让自己的结论站得住脚，需要搜集证据来验证假设，证据可能来自用户反馈，也可能来自细分数据、竞品比较等。

陷阱二：

所谓线性思维，就是套用公式，根据公式一定会得到正确答案的直线式思维方法；但是，在非线性以及复杂理论体系的世界里，初期条件存在些许不同时，结果就会变得无法预测（换句话说，在试图建立因果关系之前，要排除可能的影响（干扰）因素）。

举个例子，某电商做了一个 10 点钟免费抢的促销活动，导致了数据在上午 10~12 点时段异常得高，而数据分析人员没有关注活动信息就认为用户在这个时段有暴涨，那么这个数据可能就会造成误判，从而造成一些成本损失。

陷阱三：

认清现象和原因的不同；做数据分析最容易犯的错误之一就是把所发现的问题反过来说，当作是解决方案。例如，某电商网站购物车的"去结算"按钮的点击率持续下降，经分析认为是网站流量质量不好，有购买意愿的用户少造成的。于是提出了优化建议：提升流量质量，从而提升购物车的转化。

在这个优化建议提出之后，产品、运营、用研都对产品进行了复盘，发现并没有改进或优化，而最终经过深入分析，透过现象看其本质，发现是因为成本控制，对优惠券的叠加规则进行改变，从而导致了转化下降；与流量本身是没有关联性的。

归根结底，数据分析师对用户的理解没有做到位，没有分析出流量质量不高的根本原因，才导致解决方案"虚"、落不了地。

产品经理对于需求分析的把控程度决定了其为用户提供对应服务的准确性及价值，而数据分析能力决定了产品的走向及优化的点是否符合用户预期。

指标设计篇

　　数据是一座丰富的矿产，但价值不会自动产生，需要使用相应的技能去挖掘。在数据价值产生过程中，思维和技能有着各自的经验和边界。思维提供方向、思路、解读；技能负责实现，包括定义、采集、清洗、入库、分类和预测。只有把思维和技能紧密结合起来才能够形成正循环，源源不断产生更多的价值。

　　本篇在正确思维观的基础上，探讨把原始数据转换为专家数据的一些技巧，把原始数据转换为专家数据，最终使数据分析项目落地，在具体实施中，以 R 语言为计算平台（对 R 语言不熟悉的读者请参考附录 A）。

第5章 数 据 准 备

在项目进入正式实施之前，有一个环节就是数据准备。想法很好，没有数据，想法就变成梦想，恰当的数据能使原来不清晰的业务规则（很多业务的潜规则也一点一点地被挖出来）显山露水。高质量的数据是非常珍贵的，有利于数据价值的挖掘。本书把适合数据建模的数据称为专家数据。

第一，它是经过验证的。它是对原始数据不断地分析、验证、检查而形成的。它能满足任务需求。

第二，它是可重复利用的资源。把这些数据整理好，纳入到业务相关的规则中，这样，在这些业务点上有新增、修改、删除业务规则时，可根据现有数据做适当的补充，就能完成相关业务点的完全回归，节省了很多熟悉业务的时间成本。

数据准备的任务就是把裸数据转换为专家数据。

5.1 数据探索

数据探索是大数据分析中数据准备过程的重要一环，相当于软件工程的需求分析。数据探索是数据变换的前提，也是数据挖掘有效性和正确性的基础。没有可信的数据，数据分析构建的模型将是空中楼阁。

数据探索的主要任务是检验原始数据中是否存在脏数据（噪声），常见脏数据包括：
1）缺失值；
2）异常值；
3）不一致值；
4）重复数据；
5）含特殊符号的数据。

数据探索是数据挖掘项目的重要步骤之一，通过探索得到的数据变量概括和可视化的图形结果，让我们对数据集有一个基本的理解。

5.1.1 缺失值分析与处理

缺失值的产生原因多种多样，主要分为机械原因和人为原因。机械原因是机械因素导致的数据收集或保存的失败造成的数据缺失，比如，数据存储的失败、存储器损坏和机械故障导致某段时间数据未能收集（对于定时数据采集而言）。人为原因是人的主观失误、历史局限或有意隐瞒造成的数据缺失，比如，在市场调查中被访人拒绝透露相关问题的答案，或者回答的问题是无效的，或者数据录入人员失误漏录了数据。

处理缺失值时，虽然很多时候我们会删除空值，但千万小心，若空值存在的行数占到总行数的1%以上，千万不能直接删除，需要仔细处理它们。为什么是1%呢？这只是一个并不严谨的假设。

空值处理的第一种思路是"用最接近的数据来替换它"。这并不是意味着拿它相邻的单元格来替换，而是需要寻找除了空的这个单元格之外，哪一行数据在其他列上的内容与存在空值的这行数据是最接近的，然后用该行对应列的数据进行替换。这种方式较为严谨，但也比较费事。

第二种思路是针对数值型的数据，若出现空值，可以用该列数值型数据的平均值进行替换。如果条件允许，建议采用众数进行替换，即该列数据中出现次数最多的那个数字。若不能寻找出众数，则用中位数。算术平均数是最不理想的一种选择。

第三种思路是合理推断。这一般会用在时间序列数据或者有某种演进关系的数据中。比如，用移动平均数替换空值，或者由其他变量与该变量的回归关系，或者用其他非空变量通过回归公式来计算出这个空值。

实在处理不了的空值，也可以先放着，不必着急删除。因为有时候会出现这样两种情况：一是后续运算可以跳过空值进行；二是在异常值或者异常字段的处理中，空值所在的这行正好被删除了。

（1）缺失值表示

1）NA（缺失值）

NA表示数据集中该数据遗失，不存在。在针对具有NA的数据集进行函数操作的时候，该NA不会被直接剔除。如：

x<-c(1,2,3,NA,4)，取mean(x)，则结果为NA。

如果想去除NA的影响，需要显式告知mean方法，如mean(x,na.rm=T)。NA是没有自己的mode的，在vector中，它会"追随"其他数据的类型，如：

x<-c(1,2,3,NA,4)，mode(x)为numeric，mode(x[4])亦然为numeric类型。

2）NULL

NULL表示未知的状态，它不会在计算之中，如：

x<-c(1,2,3,NULL,4)，取mean(x)，结果为3.5。

NULL是不算数的，length(c(NULL))为0，而length(c(NA))为1。可见NA"占着"位置；而NULL没有"占着"位置，或者说，"不知道"有没有真正的数据。

（2）识别缺失值NA

判断是否缺失值的函数是is.na(x)，是则返回TRUE，否则返回FALSE。

判断某一观测样本是否完整的函数是complete.cases(x)。

可以使用vim包的aggr函数，以图形方式描述缺失数据。

【例5.1】读取VIM包中的sleep数据，查看它的样本数和变量数，查看完整样本个数，查看前6个样本空值情况，查看前15个样本的缺失值个数、可视化缺失值情况。

```
>data(sleep,package="VIM")
>dim(sleep)
[1] 62 10
>sum(complete.cases(sleep))
[1] 42
```

```
>head( is. na( sleep) )
```

	BodyWgt	BrainWgt	NonD	Dream	Sleep	Span	Gest	Pred	Exp	Danger
[1,]	FALSE	FALSE	TRUE	TRUE	FALSE	FALSE	FALSE	FALSE	FALSE	FALSE
[2,]	FALSE	FALSE	FALSE	FALSE	FALSE	FALSE	FALSE	FALSE	FALSE	FALSE
[3,]	FALSE	FALSE	TRUE	TRUE	FALSE	FALSE	FALSE	FALSE	FALSE	FALSE
[4,]	FALSE	FALSE	TRUE	TRUE	FALSE	TRUE	FALSE	FALSE	FALSE	FALSE
[5,]	FALSE	FALSE	FALSE	FALSE	FALSE	FALSE	FALSE	FALSE	FALSE	FALSE
[6,]	FALSE	FALSE	FALSE	FALSE	FALSE	FALSE	FALSE	FALSE	FALSE	FALSE

```
>sum( is. na( sleep) [ 1:15, ] )
[ 1 ] 11
>library( VIM)
>aggr( sleep)        #图 5. 1 缺失值可视化
```

图 5.1 左图显示了各变量缺失数据比例，右图显示了各种缺失模式和对应的样本数目，显示 NonD 和 Dream 经常同时出现缺失值。

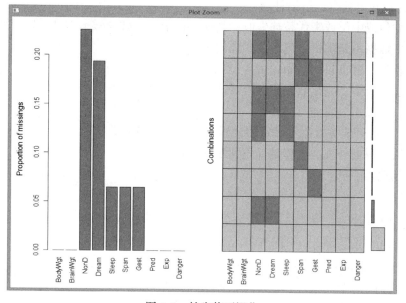

图 5.1　缺失值可视化

（3）缺失数据分布分析

存在缺失数据情况下，需进一步判断缺失数据分布是否随机。在 R 语言中是利用 mice 包中的 md. pattern 函数。

```
library( mice)
md. pattern( sleep)
```

	Bodywgt	Brainwgt	Pred	Exp	Danger	Sleep	Span	Gest	Dream	NonD	
42	1	1	1	1	1	1	1	1	1	1	0
2	1	1	1	1	1	1	0	1	1	1	1
3	1	1	1	1	1	1	1	0	1	1	1
9	1	1	1	1	1	1	1	1	0	0	2

2	1	1	1	1	1	0	1	1	1	0	2
1	1	1	1	1	1	0	0	1	1	1	2
2	1	1	1	1	1	0	1	1	0	0	3
1	1	1	1	1	1	0	0	1	0	0	3
0	0	0	0	0	4	4	4	12	14	38	

结果中，1 表示没有缺失数据，0 表示存在缺失数据。第一列第一行的 42 表示有 42 个样本是完整的，第一列最后一行的 1 表示有一个样本缺少了 Span、Dream、NonD 三个变量，最后一行表示各个变量缺失的样本数合计。

（4）缺失数据处理

对于缺失数据通常有三种应付手段。

方法 1：当缺失数据较少时直接删除相应样本。

删除缺失数据样本，其前提是缺失数据的比例较少，而且缺失数据是随机出现的，这样删除缺失数据后对分析结果影响不大。

方法 2：对缺失数据进行插补。

用变量均值或中位数来代替缺失值，其优点在于不会减少样本信息，处理简单。但是缺点在于当缺失数据不是随机出现时会产成偏误。

多重插补法（Multiple Imputation）：多重插补是通过变量间关系来预测缺失数据，利用蒙特卡罗方法生成多个完整数据集，再对这些数据集分别进行分析，最后对这些分析结果进行汇总处理。可以用 mice 包实现。

方法 3：使用对缺失数据不敏感的分析方法，例如决策树。

基本上缺失数据处理的流程是首先判断其模式是否随机，然后找出缺失的原因，最后对缺失值进行处理。

【例 5.2】

```
library(mice)
imp = mice(sleep, seed = 1234)
fit = with(imp, lm(Dream ~ Span+Gest))
pooled = pool(fit)
summary(pooled)
```

	est	se	t	df	pr(>|t|)
(Intercept)	2.546199168	0.254689696	9.997260	52.12563	1.021405e-13
Span	-0.004548904	0.012039106	-0.377844	51.94538	7.070861e-01
Gest	-0.003916211	0.001468788	-2.666287	55.55683	1.002562e-02
	lo 95	Hi 95	nmis	fmi	lambda
(Intercept)	2.035156222	3.0572421151	NA	0.08710301	0.05273554
Span	-0.028707741	0.0196099340	4	0.08860195	0.05417409
Gest	-0.006859066	-0.0009733567	4	0.05442170	0.02098354

在 R 语言中实现方法是使用 mice 包中的 mice 函数，生成多个完整数据集存在 imp 中，再对 imp 进行线性回归，最后用 pool 函数对回归结果进行汇总。汇总结果的前面部分和普通回归结果相似，nmis 表示了变量中的缺失数据个数，fmi 表示由缺失数据贡献的变异。

5.1.2 异常值分析与处理

异常值（离群点），是指测量数据中的随机错误或偏差，包括错误值或偏离均值的孤立点值。在数据处理中，异常值会极大地影响回归或分类的效果。

为了避免异常值造成的损失，需要在数据预处理阶段进行异常值检测。另外，某些情况下，异常值检测也可能是研究的目的，例如，数据造假的发现、电脑入侵的检测等。

（1）箱线图检验离群点

在一条数轴上，以数据的上下四分位数（$Q_1 \sim Q_3$）为界画一个矩形盒子（中间50%的数据落在盒内）；在数据的中位数位置画一条线段为中位线；默认延长线不超过盒长的1.5倍，之外的点认为是异常值（用○标记），如图5.2所示。

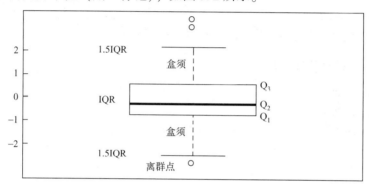

图5.2 箱线图检测离群点

检测数据的异常值使用的函数是 boxplot. stats( )，其基本格式为

$$\text{boxplot. stats}(x, coef = 2.5, do. conf = TRUE, do. out = TRUE)$$

其中，x 为数值向量（NA、NaN 值将被忽略）；coef 为盒须长度为几倍的 IQR，默认为1.5倍；do. conf 和 do. out 设置是否输出 conf 和 out。

返回值：stats 返回5个元素的向量值，包括盒须最小值、盒最小值、中位数、盒最大值和盒须最大值；n 返回非缺失值的个数；conf 返回中位数的95%置信区间；out 返回异常值。

方法1：单变量异常值检测。

```
>set. seed(2016)
>x<-rnorm(100)                 #生成100个服从 N(0,1)的随机数
>summary(x)                    #x 的汇总信息
  Min.    1st Qu.   Median    Mean    3rd Qu.    Max.
-2.7910   -0.7173   -0.2662   -0.1131   0.5917   2.1940
>boxplot. stats(x)             #用箱线图检测 x 中的异常值
 $stats
[1]-2.5153136   -0.7326879   -0.2662071   0.5929206   2.1942200
 $n
[1] 100
 $conf
```

```
[1]-0.47565320  -0.05676092
$out
[1]-2.791471
boxplot(x)                                                #绘制箱线图(图5.3)
```

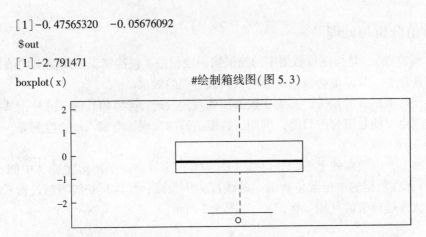

图5.3　箱线图检验离群点

方法2：多变量异常值检测。

```
>x<-rnorm(100)
>y<-rnorm(100)
>df<-data. frame(x,y)                  #用 x,y 生成两列的数据框
>head(df)
      x                 y
 0. 41452353      0. 4852268
-0. 47471847      0. 6967688
 0. 06599349      0. 1855139
-0. 50247778      0. 7007335
-0. 82599859      0. 3116810
 0. 16698928      0. 7604624
>#寻找 x 为异常值的坐标位置
>a<-which(x %in%boxplot. stats(x)$out)
>a
[1] 78 81 92
>#寻找 y 为异常值的坐标位置
>b<-which(y %in%boxplot. stats(y)$out)
>b
[1] 27 37
>intersect(a,b)                              #寻找变量 x,y 都为异常值的坐标位置
integer(0)
>plot(df)                                    #绘制 x,y 的散点图(图5.4)
>p2<-union(a,b)                              #寻找变量 x 或 y 为异常值的坐标位置
[1] 78 81 92 27 37
>points(df[p2,],col="red",pch="x",cex=2)      #标记异常值
```

（2）使用局部异常因子法（LOF法）检测异常值

局部异常因子法（LOF法），是一种基于概率密度函数识别异常值的算法。LOF 算法只

54

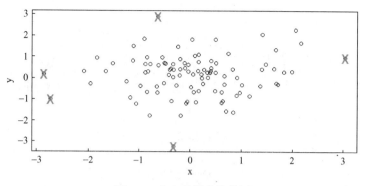

图 5.4 多变量异常值检测

对数值型数据有效。

算法原理：将一个点的局部密度与其周围点的密度相比较，若前者明显比后者小（LOF值大于 1），则该点相对于周围的点来说就处于一个相对比较稀疏的区域，这就表明该点是一个异常值。

R 语言实现：使用 DMwR 或 dprep 包中的函数 lofactor( )，其基本格式为

lofactor(data,k)

其中，data 为数值型数据集；k 为用于计算局部异常因子的邻居数量。

```
>library( DMwR )
>iris2<-iris[ ,1:4]          #只选数值型的前 4 列
>head( iris2 )
    Sepal. Length  Sepal. Width  Petal. Length  Petal. Width
1      5. 1          3. 5          1. 4          0. 2
2      4. 9          3. 0          1. 4          0. 2
3      4. 7          3. 2          1. 3          0. 2
4      4. 6          3. 1          1. 5          0. 2
5      5. 0          3. 6          1. 4          0. 2
6      5. 4          3. 9          1. 7          0. 4
>out. scores<-lofactor( iris2,k = 10)     #计算每个样本的 LOF 值
>plot( density( out. scores ) )           #绘制 LOF 值的概率密度图( 图 5.5)
>#LOF 值排前 5 的数据作为异常值，提取其样本号
>out<-order( out. scores,decreasing = TRUE )[ 1:5]
>out
[ 1]   42   107   23   16   99
>iris2[ out, ]                            #异常值数据
    Sepal. Length  Sepal. Width  Petal. Length  Petal. Width
42     4. 5          2. 3          1. 3          0. 3
107    4. 9          2. 5          4. 5          1. 7
23     4. 6          3. 6          1. 0          0. 2
16     5. 7          4. 4          1. 5          0. 4
99     5. 1          2. 5          3. 0          1. 1
```

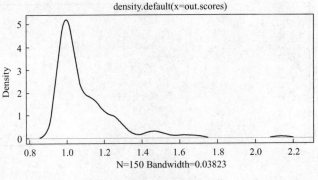

图 5.5　LOF 法检测异常值

对鸢尾花数据进行主成分分析，并利用产生的前两个主成分绘制成双标图来显示异常值，如图 5.6 所示。

```
>n<-nrow(iris2)        #样本数
>n
[1] 150
>labels<-1:n           #用数字 1-n 标注
>labels[-out]<-"."     #非异常值用"."标注
>biplot(prcomp(iris2),cex=0.8,xlabs=labels)
```

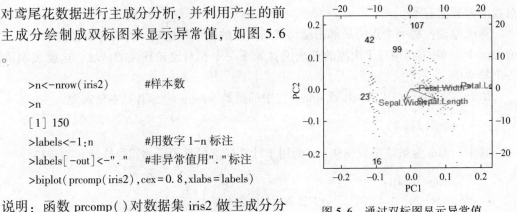

图 5.6　通过双标图显示异常值

说明：函数 prcomp( ) 对数据集 iris2 做主成分分析，biplot( ) 取主成分分析结果的前两列数据即前两个主成分绘制双标图。图 5.6 中，x 轴和 y 轴分别代表第一、二主成分，箭头指向了原始变量名，其中 5 个异常值分别用对应的行号标注。

也可以通过函数 pairs( ) 绘制散点图矩阵来显示异常值，其中异常值用红色的" + "标注，如图 5.7 所示。

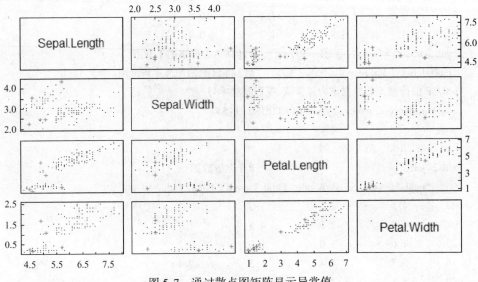

图 5.7　通过散点图矩阵显示异常值

```
>pchs<-rep(".",n)
>pchs[out]="+"
>cols<-rep("black",n)
>cols[out]<-"red"
>pairs(iris2,pch=pchs,col=cols)
```

另外，Rlof 包中函数 lof( ) 可实现相同的功能，并且支持并行计算和选择不同距离。

（3）用聚类方法检测异常值

通过把数据聚成类，将那些不属于任何一类的数据作为异常值。比如，使用基于密度的聚类 DBSCAN，如果对象在稠密区域紧密相连，则被分组到一类，那些不会被分到任何一类的对象就是异常值。

也可以用 k-means 算法来检测异常值：将数据分成 k 组，把它们分配到最近的聚类中心，然后计算每个对象到聚类中心的距离（或相似性），再选择最大的距离作为异常值。

```
>kmeans.result<-kmeans(iris2,centers=3)     #kmeans 聚类为 3 类
>kmeans.result$centers                       #输出聚类中心
    Sepal.Length  Sepal.Width  Petal.Length  Petal.Width
1   5.901613      2.748387     4.393548      1.433871
2   5.006000      3.428000     1.462000      0.246000
3   6.850000      3.073684     5.742105      2.071053
>kmeans.result$cluster                       #输出聚类结果
  [1] 2 2 2 2 2 2 2 2 2 2 2 2 2 2 2 2 2 2 2 2 2 2 2 2 2 2 2 2 2
 [30] 2 2 2 2 2 2 2 2 2 2 2 2 2 2 2 2 2 2 2 2 2 1 1 3 1 1 1 1 1
 [59] 1 1 1 1 1 1 1 1 1 1 1 1 1 1 1 1 1 1 1 3 1 1 1 1 1 1 1 1 1
 [88] 1 1 1 1 1 1 1 1 1 1 3 3 3 3 1 3 3 3 3 3 3 3 1 1 3
[117] 3 3 3 1 3 1 3 1 3 3 1 1 3 3 3 3 1 3 3 3 1 3 3 3 1 3 3 3 1 3 3
[146] 3 1 3 3 1
>#centers 返回每个样本对应的聚类中心样本
>centers<-kmeans.result$centers[kmeans.result$cluster,]
>#计算每个样本到其聚类中心的距离
>distances<-sqrt(rowSums((iris2-centers)^2))
>#找到距离最大的 5 个样本，认为是异常值
>out<-order(distances,decreasing=TRUE)[1:5]
>out                                         #异常值的样本号
[1]  99  58  94  61  119
>iris2[out,]                                 #异常值
    Sepal.Length  Sepal.Width  Petal.Length  Petal.Width
99  5.1           2.5          3.0           1.1
58  4.9           2.4          3.3           1.0
94  5.0           2.3          3.3           1.0
61  5.0           2.0          3.5           1.0
119 7.7           2.6          6.9           2.3
```

```
>#绘制聚类结果(图 5.8)
>plot(iris2[,c("Sepal.Length","Sepal.Width")],pch="o",col=kmeans.result$cluster,cex=1.3)
>#聚类中心用"*"标记
>points(kmeans.result$centers[,c("Sepal.Length","Sepal.Width")],col=1:3,pch=8,cex=1.5)
>#异常值用"+"标记
>points(iris2[out,c("Sepal.Length","Sepal.Width")],pch="+",col=4,cex=1.5)
```

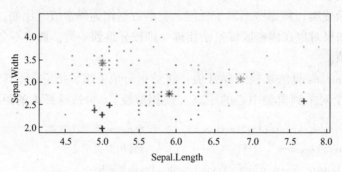

图 5.8　通过聚类显示异常值

(4) 检测时间序列数据中的异常值

对时间序列数据进行异常值检测,先用函数 stl()进行稳健回归分解,再识别异常值。

函数 stl(),即基于局部加权回归散点平滑法 (LOESS),对时间序列数据做稳健回归分解,分解为季节性、趋势性和不规则性三部分。

```
f<-stl(AirPassengers,"periodic",robust=TRUE)
#weights 返回稳健性权重,以控制数据中异常值产生的影响
out<-which(f$weights< 1e-8)          #找到异常值
out
[1] 79 91 92 102 103 104 114 115 116 126 127 128 138 139 140
#设置绘图布局的参数
op<-par(mar=c(0,4,0,3),oma=c(5,0,4,0),mfcol=c(4,1))
plot(f,set.pars=NULL)
#time.series 返回分解为三部分的时间序列
>head(f$time.series,3)
        seasonal       trend     remainder
[1,]-16.519819    123.1857    5.3341624
[2,]-27.337882    123.4214    21.9164399
[3,]  8.009778    123.6572    -0.6670047
sts<-f$time.series
#用红色"x"标记异常值(图 5.9)
points(time(sts)[out],1.8*sts[,"remainder"][out],pch="x",col="red")
par(op)
```

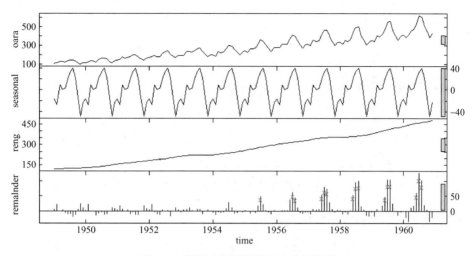

图 5.9　检测时间序列数据中的异常值

（5）基于马氏距离检测异常值

检验异常值的基本思路是观察各样本点到样本中心的距离，若某些样本点的距离太大，就可以判断是异常值。

若使用欧氏距离，则具有明显的缺点：将样本不同属性（即各指标变量）之间的差别等同看待。而马氏距离则不受量纲的影响，并且在多元条件下，还考虑到了变量之间的相关性。

对均值为 $\boldsymbol{\mu}$，协方差矩阵为 $\boldsymbol{\Sigma}$ 的多变量向量，其马氏距离为

$$(\boldsymbol{x}-\boldsymbol{\mu})^{\mathrm{T}}\boldsymbol{\Sigma}^{-1}(\boldsymbol{x}-\boldsymbol{\mu})$$

但是传统的马氏距离检测方法是不稳定的，因为个别异常值会把均值向量和协方差矩阵向自己方向吸引，这就导致马氏距离起不了检测异常值的作用。解决方法是利用迭代思想构造一个稳健的均值和协方差矩阵估计量，然后计算稳健马氏距离，这样异常值就能正确地被识别出来。

【例 5.3】

```
library(mvoutlier)
set. seed(2016)
x<-cbind(rnorm(80),rnorm(80))
y<-cbind(rnorm(10,5,1),rnorm(10,5,1))        #噪声数据
z<-rbind(x,y)
res1<-uni. plot(z)                           #一维数据的异常值检验
#返回 outliers 标记各样本是否为异常值,md 返回数据的稳健马氏距离
which(res1$outliers = =TRUE)                 #返回异常值的样本号
[1] 81 82 83 84 85 86 87 88 89 90
res2<-aq. plot(z)                            #基于稳健马氏距离的多元异常值检验(图 5.10)
which(res2$outliers = =TRUE)                 #返回异常值的样本号
[1] 81 82 83 84 85 86 87 88 89 90
```

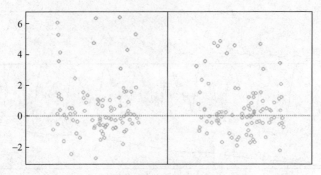

图 5.10　基于马氏距离检测异常值

图 5.11 为在一维空间中观察样本数据。

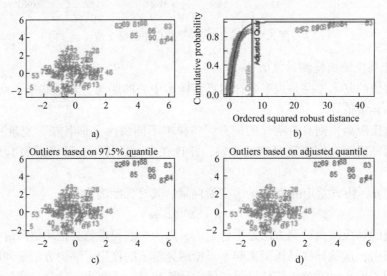

图 5.11　在一维空间中观察样本数据

说明：图 5.11a 为原始数据；图 5.11b 的 x 轴为各样本的马氏距离排序，y 轴为距离的经验分布，曲线为卡方分布，垂线表示阈值，在阈值右侧的样本判断为异常值；图 5.11c 和图 5.11d 均是用不同颜色来表示异常值，只是阈值略有不同。

若数据的维数过高，则上述距离不再有很大意义（例如基因数据有几千个变量，数据之间变得稀疏）。此时可以融合主成分降维的思路来进行异常值检验。mvoutlier 包中提供了函数 pcout( ) 来对高维数据进行异常值检验。

```
data( swiss )                #使用 swiss 数据集
res3<−pcout( swiss )
which( res3$wfinal01 = = 0)   #返回异常值的样本号,返回的 wfinal01 标记为 0 表示异常值
Delemont  Franches−Mnt  Porrentruy  Broye  Glane  Gruyere  Sarine  Veveyse  LaVallee
    2          3            6          7      8       9       10      11       19
Conthey   Entremont    Herens   Martigwy  Monthey  St Maurice  Sierre  Sion V. De  Geneve
    31         32         33        34        35        36        37       38         45
```

注：对于分类数据，一个快速稳定的异常检测的策略是 AVF（Attribute Value

Frequency）算法。

5.1.3　不一致数据分析

作为一位数据分析人员，应当警惕编码使用的不一致问题和数据表示的不一致问题（如日期"2004/12/25"和"25/12/2004"）。字段过载是另一种错误源，通常由如下原因导致：开发者将新属性的定义挤压到已经定义的属性的未使用（位）部分（例如，使用一个属性未使用的位，该属性取值已经使用了 32 位中的 31 位）。

编码不一致和数据表示不一致的问题通常需要人工检测，当发现一定规律时可以通过编程进行替换和修改。若存在不一致的数据是无意义数据，可以使用缺失值处理方法进行相应处理。

当对数据进行批量操作时，可以通过对函数返回值进行约束，根据是否提示错误，然后判断是否存在数据不一致问题，如 vapply 函数。

vapply 函数的作用是对一个列表或向量进行指定的函数操作，其常用格式如下：

vapply(X,FUN,FUN. VALUE,..., USE. NAMES=TRUE)

其中 X 是作为输入变量的列表或向量，FUN 是指定函数，FUN. VALUE 是函数要求的返回值。当 USE. NAMES 赋值为 TRUE 且 X 是字符型时，若返回值没有变量名则用 X 作为变量名。

与 vapply 类似的函数还有 lapply 和 sapply，sapply 是 lapply 的友好版本，但可预测性不好。如果是大规模的数据处理，后续的类型判断工作会很麻烦而且很费时。vapply 增加的 FUN. VALUE 参数可以直接对返回值类型进行检查，这样的好处是不仅运算速度快，而且程序运算更安全（因为结果可控）。

下面代码中的 rt. value 变量设置返回值的长度和类型，如果 FUN 函数获得的结果和 rt. value 设置的不一致（长度和类型）时会出错。

```
>x<-list(a=1:10,beta=exp(-3:3),logic=c(TRUE,FALSE,FALSE,TRUE))#生成列表
>x
$a
[1]  1  2  3  4  5  6  7  8  9  10
$beta
[1]  0.04978707  0.13533528  0.36787944  1.00000000  2.71828183  7.38905610
[7] 20.08553692
$logic
[1]  TRUE  FALSE  FALSE  TRUE
>probs<-c(1:3/4)
>rt. value<-c(0,0,0)                    #设置返回值为 3 个数字
>vapply(x,quantile,FUN. VALUE=rt. value,probsprobs=probs)
a      beta        logic
25% 3.25 0.2516074   0.0
50% 5.50 1.0000000   0.5
75% 7.75 5.0536690   1.0
```

若将 probs?<-?c(1:3/4)?改成 probs?<-?c(1:4/4)，会导致返回值与要求格式不一致，进而提示错误。

```
>probs<-c(1:4/4)                                   #设置四个分位点
>vapply(x,quantile,FUN. VALUE=rt. value,probsprobs=probs)
Error in vapply(x,quantile,FUN. VALUE=rt. value,probsprobs=probs):
values must be length 3,
but FUN(X[[1]])result is length 4
```

结果显示错误，要求返回值的长度必须为 3，但 FUN(X[[1]]) 返回的结果长度是 4，两者不一致导致错误。将要求值长度改为 4，则

```
>rt. value<-c(0,0,0,0)                             #设置返回值为 4 个数字
>vapply(x,quantile,FUN. VALUE=rt. value,probsprobs=probs)
         a        beta       logic
25% 3. 25      0. 2516074   0. 0
50% 5. 50      1. 0000000   0. 5
75% 7. 75      5. 0536690   1. 0
100%  10. 00    20. 0855369  1. 0
>rt. value<-c(0,0,0,"")                            #设置返回值为 3 个数字和 1 个字符串
>vapply(x,quantile,FUN. VALUE=rt. value,probsprobs=probs)
Error in vapply(x,quantile,FUN. VALUE=rt. value,probsprobs=probs):
values must be type' character',
but FUN(X[[1]])result is type' double'
```

由于要求返回值的种类必须是 'character'，但 FUN(X[[1]]) 结果的种类是 'double'，导致产生错误提示。

因此可以根据 vapply 函数的这一功能，使用 FUN. VALUE 参数对数据进行批量检测。

数据矛盾（不一致）还可能是由于被挖掘的数据来自不同的数据源，对于重复存放的数据未能进行一致性更新造成的，类似于数据库参照完整性。例如，两张表中都存放了用户电话号码，但在用户的电话号码发生改变时，只更新了一张表中的数据，那么这两张表就有了不一致的数据。这要借助数据库的完整性理论。

5.2 数据整理

在图 5.12 场景下，问有多少根火柴，数清楚需要花点时间。同样的数据经整理变成图 5.13，再问有多少根火柴，问题可能就简单许多。从这个简单例子说明在数据挖掘之前对数据做变换的重要性。

回顾历年数据挖掘比赛的获奖作品，对于一个成功的项目，强调从正确的数据集上建模是至关重要的。一年一度的 ACM KDD 杯数据挖掘和知识发现竞赛，奖杯往往属于对"脏数据"处理做了大量工作的团队。

当收集的数据不能保证是完备的情况下，总是会有错误的，尽管它可能已经收集了相当精确的数据。我们不得不怀疑我们拥有的数据的质量，特别是在大型数据仓库环境中，已经

付出很大努力解决数据质量问题，但仍然存在"脏数据"。

图 5.12 杂乱的火柴

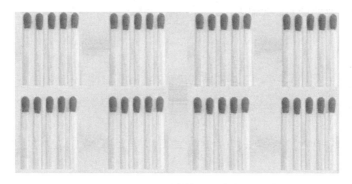

图 5.13 整齐排列的火柴

一般来说，数据整理（数据清洗）是将数据库精简以除去重复记录，并使剩余部分转换成标准可接收格式的过程。数据整理从数据的准确性、完整性、一致性、唯一性、适时性和有效性几个方面来处理数据的丢失值、越界值、不一致代码和重复数据等问题。

数据整理一般针对具体应用，因而难以归纳统一的方法和步骤，但是根据数据不同可以给出相应的数据清洗方法。

数据整理是利用有关技术如数理统计、数据挖掘或预定义的清洗规则将"脏数据"转化为满足数据质量要求的数据，如图 5.14 所示。

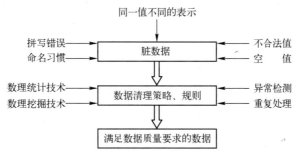

图 5.14 数据整理过程

通过数据整理改进我们发现知识的能力，数据整理要占据数据分析人员大量的时间。幸运的是，R 语言提供了五花八门的数据整理方法，包括数据规范化、填充缺失数据、把数字类型数据转换为分类类型数据、处理离群数据、删除变量和观测数据有缺失值的变量等。能够完成这些复杂的变换归功于 R 语言。

5.2.1　规范化

（1）数据的中心化

所谓数据的中心化是指数据集中的各项数据减去数据集的均值。

例如，数据集：1，2，3，6，3，其均值为 3，那么中心化之后的数据集为 1-3，2-3，3-3，6-3，3-3，即-2，-1，0，3，0。

在 R 语言中可以使用 scale 方法来对数据进行中心化：

```
>data<-c(1,2,3,6,3)
#数据中心化
>scale(data,center=T,scale=F)
        [,1]
[1,]  -2
[2,]  -1
[3,]   0
[4,]   3
[5,]   0
attr( ,"scaled:center")
[1] 3
```

（2）数据的标准化

所谓数据的标准化是指中心化之后的数据再除以数据集的标准差，即数据集中的各项数据减去数据集的均值再除以数据集的标准差。

例如，数据集：1，2，3，6，3，其均值为 3，标准差为 1.87，那么标准化之后的数据集为(1-3)/1.87，(2-3)/1.87，(3-3)/1.87，(6-3)/1.87，(3-3)/1.87，即-1.069，-0.535，0，1.604，0。

数据中心化和标准化的意义是一样的，都是为了消除量纲对数据结构的影响。

在 R 语言中可以使用 scale 方法来对数据进行标准化：

```
>data<-c(1,2,3,6,3)
#数据标准化
>scale(data,center=T,scale=T)
            [,1]
[1,]  -1.06904
[2,]  -0.53452
[3,]   0.00000
[4,]   1.60357
[5,]   0.00000
attr( ,"scaled:center")
[1] 3
attr( ,"scaled:scale")
[1] 1.8708
```

（3）小数定标规范化

小数定标规范化即移动变量的小数点位置来将变量映射到[-1,1]区间内。

```
#小数定标规范化
i1 = ceiling(log(max(abs(data[ ,1])),10))        #小数定标的指数
c1 = data[ ,1]/10^i1
i2 = ceiling(log(max(abs(data[ ,2])),10))
c2 = data[ ,2]/10^i2
i3 = ceiling(log(max(abs(data[ ,3])),10))
c3 = data[ ,3]/10^i3
i4 = ceiling(log(max(abs(data[ ,4])),10))
c4 = data[ ,4]/10^i4
data_dot = cbind(c1,c2,c3,c4)
#打印结果
options(digits = 4)                              #控制输出结果的有效位数
data_dot
```

代码中，$\log(x,10)$ 和 $\ln(x)$ 一样；options 可以控制保留四位数小数。

5.2.2 数据选择

（1）数据去重

数据去重与数据分组合并存在一定区别，去重是纯粹的所有变量都是重复的，而数据分组合并可能是因为一些主键的重复。

数据重复检测函数包括 unique、duplicated。

unique 函数适用向量，不适用 matrix、data frame。

duplicated 函数是一个可以用来解决向量或者数据框重复值的函数，它会返回一个 TRUE 和 FALSE 的向量，以标注该索引所对应的值是否是前面数据所重复的值。

这里还是以文中开头提到的数据 data. set 为例来说明解决办法。

1）建立是否重复索引。

```
>index<-duplicated(data. set$Ensembl)
>index
[1] FALSE  TRUE  FALSE  TRUE  TRUE  TRUE  TRUE  TRUE  TRUE  FALSE
```

2）生成新数据。

到这一步，应该是很多 R 语言爱好者都能够处理的问题了，但是我们要的那一行的值是 FALSE，所以在后面要用! 来取反：

```
>data. set2<-data. set[! index,]
```

（2）删除有 75% 以上相同数值的自变量

```
rm(list = ls(all = TRUE))    #删除 R 软件运行时保存在内存中的所有对象
setwd('d:/qsardata')         #设置当前工作目录
getwd()                      #查看当前工作目录
```

```
qsar. data<-read. csv(file=file. choose( ),header=T)    #读取格式为 csv 的初始数据文件
names(qsar. data);ncol(qsar. data)
m<-rep(0,length(qsar. data[1,]))
w<-length(qsar. data[,1])
j<-1
for(i in 1:length(qsar. data[1,])){
  r<-length(unique(qsar. data[,i]))
        if(r/w<=0. 25) {
    m[j]<-i
    j<-j+1
        }
    }
dd<-m[m>0]
if(length(dd)>0){
    qsar. data<-qsar. data[,-dd]
}
ncol(qsar. data)
write. table(qsar. data,file=' 2-删除自变量中有 75% 以上相同数值的列 . csv',sep=' ,' ,col. names =
TRUE,row. names=FALSE)
```

(3) 删除高相关性的自变量

```
rm(list=ls(all=TRUE))    #删除 R 软件运行时保存在内存中的所有对象
setwd(' d:/qsardata' )        #设置当前工作目录
getwd( )                      #查看当前工作目录
qsar. data<-read. csv(file=file. choose( ),header=T)    #读取"删除自变量中有 75% 以上相同数值的
列 . csv"文件
qsar. data. 1<-qsar. data[,-c(1,2)]
dim(qsar. data. 1)
names(qsar. data. 1)
mol. structure<-qsar. data. 1
cor. matrix<-cor(mol. structure)    #计算原结构参数之间的相关系数矩阵
write. table (cor. matrix,file =' 相 关 系 数 矩 阵 - 2. csv', sep=' ,' , col. names = TRUE, row. names =
        FALSE)
dim. cor<-dim(cor. matrix)
m<-0
for(i in 1:(dim. cor[1]-1)){
    for(j in(i+1):(dim. cor[2])){
        if(abs(cor. matrix[i,j])>=1. 80){
        mol. structure<-mol. structure[,-i];i<-i+1
            }}}
colnames(mol. structure)
dim(mol. structure)                    #查看删除高相关的变量后数据有多少行、列
cor. matrix. after<-cor(mol. structure)    #计算删除高相关变量后数据的相关系数矩阵
```

66

```
write. table(cor. matrix. after,file='相关系数矩阵-3. csv',sep=',',col. names=TRUE,row. names=
        FALSE)
molname<-qsar. data$molname
activity<-qsar. data$activity                #从原数据中获得 activity 数据列
qsaractivity. descriptors<-cbind(molname,activity,mol. structure)    #合并 molname, activity
dim(qsaractivity. descriptors)               #查看合并后的数据行与列数
colnames(qsaractivity. descriptors)          #查看合并后的数据的变量名称
write. table(qsaractivity. descriptors,file='建模数据集 . csv',sep=',',col. names=TRUE,row. names
        =FALSE)
```

(4) 重要变量的选择

方法 1：Boruta 包

```
rm(list=ls(all=TRUE))   #删除 R 软件运行时保存在内存中的所有对象
setwd('d:/qsardata')    #设置当前工作目录
getwd()                 #查看当前工作目录
qsar. data<-read. csv(file=file. choose(),header=T)    #读取"建模数据 . csv"文件
colnames(qsar. data)
fs. data<-qsar. data[ ,-1];colnames(fs. data)
library(Boruta)         #载入 Boruta 包,对重要变量进行选择
fs. data. extended <- Boruta(activity ~ ., data=fs. data, doTrace=2, maxRuns=100, light=TRUE,
        confidence=1. 999)
print(fs. data. extended)   #查看变量选择结果
table(fs. data. extended$finalDecision)
getConfirmedFormula(fs. data. extended)       #查看接受的变量
getNonRejectedFormula(fs. data. extended)     #查看通过变量选择被接受变量及可供选择的变量
jpeg(filename ="重要分子描述符选择图 . jpeg",units="px",width=800,height=600,restoreConsole
        =TRUE,quality=75)       #输出图形命令
plot(fs. data. extended, colCode=c('green','yellow','red','blue'), sort=TRUE, whichRand=c
        (TRUE,TRUE,TRUE),col=NULL,main='Figure 1 Selection of descriptors',xlab='Attrib-
        utes',ylab='Importance')
#colCode 向量分别表示'Confirmed','Tentative','Rejected','Random'. 的颜色代码
dev. off()                                   #关闭图形输出
```

方法 2：subselect 包的 genetic 函数

```
rm(list=ls(all=TRUE))   #删除 R 软件运行时保存在内存中的所有对象
setwd('d:/qsardata')    #设置当前工作目录
getwd()                 #查看当前工作目录
qsar. data<-read. csv(file=file. choose(),header=T)    #读取"数据 . csv"文件
dim(qsar. data);colnames(qsar. data)
library(subselect)
qsar. dataHmat<-lmHmat(qsar. data[ ,c(3:23)],qsar. data[ ,2])
names(qsar. data[ ,2,drop=FALSE])
colnames(qsar. dataHmat)
```

```
genetic( qsar. dataHmat$mat, kmin=2, H=qsar. dataHmat$H, r=1, crit="CCR12")
```

方法 3: subselect 包的 anneal 函数

```
rm( list=ls( all=TRUE))          #删除 R 软件运行时保存在内存中的所有对象
setwd(' d:/qsardata')            #设置当前工作目录
getwd()                          #查看当前工作目录
qsar. data<-read. csv( file=file. choose(), header=T)    #读取"建模数据.csv"文件
library( subselect)
```

（5）数据集选择

一个数据集（尤其随机产生的数据集的子集）起着不同的作用。通常把数据集划分为三个独立的数据集，即训练集、验证数据集和测试数据集。划分是随机的，以确保每个数据集能够表达整体的观测数据。典型的划分是 40/30/30 或 70/15/15。验证数据集也称为设计数据集，因为它协助模型的设计。

1）训练集：用于建模。

2）验证集：用于模型评估，这一过程会导致模型调整，或参数设置，一旦评估的模型满足期待的性能，就可以用于测试集。

3）测试集：是所谓的外样本集（不可见的观测数据），随机从数据集中选取的观测数据，但在建模中不能使用，重要的是要确保模型是无偏估计。

可以用一句话总结数据的术语：数据集由多变量观测数据组成，变量可分为输入变量和输出变量，也可分为类别变量和数值变量。

【例 5.4】 利用抽样函数 get. test()进行随机分组。

```
install. packages(ModelMap)       #安装包
library(ModelMap)                 #载入程序包 ModelMap
rm( list=ls( all=TRUE))           #删除 R 软件运行时保存在内存中的所有对象
setwd(' d:/qsardata')             #设置当前工作目录
getwd()                           #查看当前工作目录
qsar. data<-read. csv( file=file. choose(), header=T)    #读取经过数据预处理的建模数据集
dim( qsar. data); colnames( qsar. data)
get. test ( proportion. test=1. 30,   #数字 1.3 表示测试集占所有化合物的 30%
qdatafn=qsar. data,
seed=23,                          #seed 为随机数字种子产生函数, seed=NULL 为缺省情况
folder=getwd(),                   #folder=getwd()在当前工作目录
qdata. trainfn=" traindataset. csv",    #将训练集数据写到当前工作目录
qdata. testfn=" testdataset. csv")      #将测试集数据写到当前工作目录
rm( list=ls( all=TRUE))           #删除运行时保存在内存中的所有对象
```

5.2.3　数据归约

数据归约主要是为了压缩数据量，原数据可以用来得到数据集的归约表示，数据归约即保持原数据的完整性，数据量又比原数据小得多。与非归约数据相比，在归约的数据上进行挖掘，所需的时间和内存资源更少，挖掘将更有效，并产生相同或几乎相同的分析结果。数据

归约常用维归约、数值归约等方法实现。

归约指通过减少属性的方式压缩数据量,通过移除不相关的属性,可以提高模型效率。维归约的方法很多,其中,AIC 准则可以通过选择最优模型来选择属性;LASSO 通过一定约束条件选择变量;分类树、随机森林通过对分类效果的影响大小筛选属性;小波变换、主成分分析通过把原数据变换或投影到较小的空间来降低维数。

AIC 准则是赤池信息准则的简称,通常用来评价模型的复杂度和拟合效果,其计算公式为

$$AIC = 2\ln(L) + 2k$$

其中,L 为似然函数,代表模型的精确度;k 为参数的数量,意味着模型的准确性。当 L 越大时,模型拟合效果越精确;当 k 越小时,模型越简洁。因此 AIC 兼顾了模型的精确度和简洁性,适合用来对模型进行选择。

使用 AIC 准则进行模型变量选择时,AIC 最小的模型即为最优。

下面以 LASSO 为例对其维归约进行阐述。

在 R 语言中可以使用 glmnet 程序包中的 glmnet( ) 函数实现对不同分布数据进行 LASSO 变量选择,其中

```
>x = matrix(rnorm(100 * 20),100,20)     #生成自变量,为20列正态随机数
>y = rnorm(100)                         #生成一列正态随机数作为因变量
>fit1 = glmnet(x,y)                     #广义线性回归,自变量未分组的,默认为 LASSO
>b = coef(fit1,s = 0.01)                #s 代表 λ 值,随着 λ 减小,约束放宽,筛选的变量越多
>b                                      #b 代表变量系数,有值的被选入模型
21 x 1 sparse Matrix of class "dgCMatrix"
                1
(Intercept)0.01637335
V1              0.08325099
V2             -0.02009427
V3             -0.05482563
V4              .
V5              0.11101047
V6             -0.12924568
V7             -0.04121713
V8              .
V9              0.18190221
V10             0.07657682
V11             0.04978051
V12            -0.01395913
V13            -0.01609426
V14            -0.03785605
V15             0.17685794
V16             .
V17            -0.22528254
V18             .
```

```
V19              0.07914728
V20              0.07596220
>predict(fit1,newx=x[1:10,],s=c(0.01,0.005))
#λ 分别为 0.01 和 0.005 情况下的预测值
        1               2
[1,]   0.02427191    0.03239116
[2,]  -0.20064653   -0.21305735
[3,]   0.22854808    0.24957546
[4,]   0.68076151    0.69852322
[5,]   0.13732179    0.12244061
[6,]   0.36537375    0.36419868
[7,]   0.83014862    0.84884258
[8,]   0.29779430    0.30042436
[9,]  -0.08998970   -0.07296359
[10,]  0.17817755    0.15510863
```

对于 LASSO 方法, 随着 λ 的减小, 约束放松, 进入模型的变量增多, 当模型拟合值与惩罚函数之和最小时, 对应的 λ 选择的变量即为最能代表数据集的变量。

数值归约是指用较小的数据表示形式替换原数据。如参数方法中使用模型估计数据, 就可以只存放模型参数代替存放实际数据; 如回归模型和对数线性模型都可以用来进行参数化数据归约; 对于非参数方法, 可以使用直方图、聚类、抽样和数据立方体聚集等方法。

有许多其他方法来组织数据归约方法。花费在数据归约上的计算时间不应超过或"抵消"在归约后的数据上挖掘所节省的时间。

5.2.4 数据变换

在实际生活中, 最常见的情形是靠近正无穷的一侧有一个长尾巴 (见图 5.15), 习惯上称为右偏。用对数函数 lnx 对图 5.15 的样本做个变换, 效果如图 5.16 所示。不难想到, 左偏和右偏的数据互为镜像关系, 因此一种转换的办法是, 先把数据取个负号 (为了使数据重新变回正数, 往往还要再加个常数), 然后按右偏数据的办法处理。

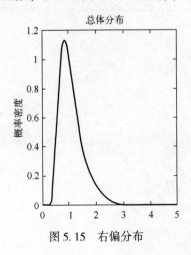

图 5.15 右偏分布

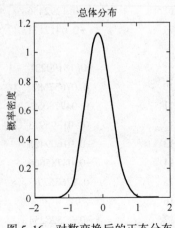

图 5.16 对数变换后的正态分布

利用数据变换能改善数据的正态分布。对数变换方法不是万能的，有许多总体或样本分布满足正态性的场合，比如方差分析、线性回归等。选择最合理的变换形式，不是一件容易的事。大约 50 多年前，两位统计学家 Box 和 Cox 提出了一套变换方法，称为 Box-Cox 变换，它可以根据一定的标准自动找出最佳的变换函数。

5.3 数据集成

从不同途径得到的数据的组织方式是多种多样的，数据集成不仅仅是为了改善数据的外观，也是进行一些统计分析和作图前必要的步骤，是 R 语言数据预处理的内容之一。数据集成包括分组汇总和透视表生成，也称数据汇总。

5.3.1 通过向量化重构数据

重构数据的基本思路就是把数据全部向量化，然后按要求用向量构建其他类型的数据。R 语言的任何函数（包括赋值）操作都会有同样的问题，因为 R 函数的参数传递方式是传值不传址，变量不可能原地址修改后再放回原地址。

矩阵和多维数组的向量化有直接的类型转换函数：as. vector，向量化后的结果顺序是先列后行再其他。

```
>(x<-matrix(1:4,ncol=2))    #为节省空间,下面的结果省略了一些空行
     [,1][,2]
[1,]    1    3
[2,]    2    4
>as. vector(x)
[1] 1 2 3 4
>(x<-array(1:8,dim=c(2,2,2)))
,,1
     [,1][,2]
[1,]    1    3
[2,]    2    4
,,2
     [,1][,2]
[1,]    5    7
[2,]    6    8
>as. vector(x)
[1] 1 2 3 4 5 6 7 8
```

列表向量化可以用 unlist 函数，数据框本质是元素长度相同的列表，所以也用 unlist 函数。

```
>(x<-list(x=1:3,y=5:10))
$x
[1] 1 2 3
$y
```

```
[1]  5  6  7  8  9  10
>unlist(x)
x1  x2  x3  y1  y2  y3  y4  y5  y6
 1   2   3   5   6   7   8   9  10
>x<-data.frame(x=1:3,y=5:7)
>unlist(x)
x1  x2  x3  y1  y2  y3
 1   2   3   5   6   7
```

其他类型的数据一般都可以通过数组、矩阵或列表转成向量。一些软件包有自定义的数据类型，如果考虑周到的话应该会有合适的类型转换函数。

5.3.2 为数据添加新变量

（1）transform 函数

transform 函数对数据框进行操作，作用是为原数据框增加新的列变量。但应该注意的是，"原数据框"根本不是原来的那个数据框，而是一个它的复制。下面代码为 airquality 数据框增加了一列 log.ozone，但因为没有把结果赋值给原变量名，所以原数据是不变的。

```
>head(airquality,2)
    Ozone  Solar.R  Wind  Temp  Month
1    41     190     7.4    67     5
2    36     118     5.0    72     5
>aq<-transform(airquality,loglog.ozone=log(Ozone))
>head(airquality,2)
    Ozone  Solar.R  Wind  Temp  Month
1    41     190     7.4    67     5
2    36     118     8.0    72     5
>head(aq,2)
    Ozone  Solar.R  Wind  Temp  Month  Day  log.ozone
1    41     190     7.4    67     5      1   3.713572
2    36     118     8.0    72     5      2   3.583519
```

transform 可以增加新列变量，可以改变列变量的值，也可以通过 NULL 赋值的方式删除列变量。

```
>aq<-transform(airquality,loglog.ozone=log(Ozone),Ozone=NULL,WindWind=Wind^2)
>head(aq,2)
    Solar.R  Wind   Temp  Month  Day  log.ozone
1    190     54.76   67     5      1   3.713572
2    118     64.00   72     5      2   3.583519

>aq<-transform(airquality,loglog.ozone=log(Ozone),Ozone=NULL,Month=NULL,WindWind=Wind^
2)
```

```
>head(aq,2)
   Solar.R  Wind  Temp  Day  log.ozone
1    190   54.76   67    1   3.713572
2    118   64.00   72    2   3.583519
```

（2）within 函数

within 函数比 transform 函数更灵活些，除数据框外还可以使用其他类型数据，但用法不大一样，而且函数似乎也不够完善。

```
>aq<-within(airquality,{,log.ozone<-log(Ozone),squared.wind<-Wind^2,rm(Ozone,Wind),})
>head(aq,2)
   Solar.R  Temp  Month  Day  squared.wind  log.ozone
1    190    67     5     1      54.76      3.713572
2    118    72     5     2      64.00      3.583519


>(x<-list(a=1:3,b=letters[3:10],c=LETTERS[9:14]))
$a
[1] 1 2 3
$b
[1] "c" "d" "e" "f" "g" "h" "i" "j"
$c
[1] "I" "J" "K" "L" "M" "N"


>within(x,{log.a<-log(a);d<-paste(b,c,sep=':');rm(b)})
$a
[1] 1 2 3
$c
[1] "I" "J" "K" "L" "M" "N"
$d
[1] "c:I" "d:J" "e:K" "f:L" "g:M" "h:N" "i:I" "j:J"
$log.a
[1] 0.0000000 0.6931472 1.0986123
>within(x,{log.a<-log(a);d<-paste(b,c,sep=':');rm(b,c)})
$a
[1] 1 2 3
$b     #为什么删除两个列表元素会得到这样的结果？请读者自行分析

NULL
$c
NULL
$d
[1] "c:I" "d:J" "e:K" "f:L" "g:M" "h:N" "i:I" "j:J"
$log.a
[1] 0.0000000 0.6931472 1.0986123
```

5.3.3 数据透视表

数据透视表能以多种友好方式查询大量数据；对数值数据进行分类汇总，按分类和子分类对数据进行汇总，创建自定义计算和公式；展开或折叠要关注结果的数据级别，查看感兴趣区域摘要数据的明细；将行移动到列或将列移动到行，以查看源数据的不同汇总；对最有用和最关注的数据子集进行筛选、排序、分组和有条件地设置格式。

（1）stack 和 unstack 函数

stack 和 unstack 函数用于数据框/列表的长、宽格式之间的转换。数据框宽格式是记录原始数据常用的格式，类似这样：

```
>x<-data. frame(CK=c(1.1,1.2,1.1,1.5),T1=c(2.1,2.2,2.3,2.1),T2=c(2.5,2.2,2.3,2.1))
>x
    CK   T1   T2
1  1.1  2.1  2.5
2  1.2  2.2  2.2
3  1.1  2.3  2.3
4  1.5  2.1  2.1
```

一般统计和作图用的是长格式，stack 的作用如下：

```
>(xx<-stack(x))
    values  ind
1   1.1   CK
2   1.2   CK
3   1.1   CK
4   1.5   CK
5   2.1   T1
6   2.2   T1
7   2.3   T1
8   2.1   T1
9   2.5   T2
10  2.2   T2
11  2.3   T2
12  2.1   T2
```

而 unstack 的作用正好和 stack 相反，但是要注意它的第二个参数是公式类型，公式左边的变量是值，右边的变量会被当成因子类型，它的每个水平都会形成一列。

```
>unstack(xx,values~ind)
    CK   T1   T2
1  1.1  2.1  2.5
2  1.2  2.2  2.2
3  1.1  2.3  2.3
4  1.5  2.1  2.1
```

（2） reshape2 包

reshape2 的函数很少，一般用户直接使用的是 melt、acast 和 dcast 函数。melt 是溶解/分解的意思，即拆分数据。melt 函数会根据数据类型（数据框、数组或列表）选择 melt. data. frame、melt. array 或 melt. list 函数进行实际操作。

如果数据是数组（Array）类型，melt 的用法就很简单，它依次对各维度的名称进行组合，将数据进行线性/向量化。如果数组有 n 维，那么得到的结果共有 $n+1$ 列，前 n 列记录数组的位置信息，最后一列才是观测值。

```
>datax<-array(1:8,dim=c(2,2,2))
>melt(datax)
    Var1  Var2  Var3  value
1    1     1     1     1
2    2     1     1     2
3    1     2     1     3
4    2     2     1     4
5    1     1     2     5
6    2     1     2     6
7    1     2     2     7
8    2     2     2     8
```

```
>melt(datax,varnames=LETTERS[24:26],value. name="Val")
    X  Y  Z  Val
1   1  1  1   1
2   2  1  1   2
3   1  2  1   3
4   2  2  1   4
5   1  1  2   5
6   2  1  2   6
7   1  2  2   7
8   2  2  2   8
```

如果数据是列表数据，melt 函数将列表中的数据拉成两列，一列记录列表元素的值，另一列记录列表元素的名称；如果列表中的元素是列表，则增加列变量存储元素名称。元素值排列在前，名称在后，越是顶级的列表元素名称越靠后。

```
>datax<-list(agi="AT1G10000",GO=c("GO:1010","GO:2020"),KEGG=c("0100","0200",
"0300"))
>melt(datax)
      value        L1
1   AT1G10000     agi
2   GO:1010       GO
3   GO:2020       GO
4   0100          KEGG
```

```
5  0200   KEGG
6  0300   KEGG
>melt(list(at_0100=datax))
          value       L2      L1
1     AT1G10000      agi    at_0100
2      GO:1010       GO     at_0100
3      GO:2020       GO     at_0100
4        0100      KEGG     at_0100
5        0200      KEGG     at_0100
6        0300      KEGG     at_0100
```

如果数据是数据框类型，melt 的参数就稍微复杂些。

```
melt(data, id. vars, measure. vars, variable. name = " variable" , ... , na. rm = FALSE, value. name =
" value" )
```

其中 id. vars 是被当作维度的列变量，每个变量在结果中占一列；measure. vars 是被当成观测值的列变量，它们的列变量名称和值分别组成 variable 和 value 两列，列变量名称用 variable. name 和 value. name 来指定。下面来看 airquality 数据：

```
>str( airquality)
' data. frame' :    153 obs. of  6 variables：
$Ozone   :int    41 36 12 18 NA 28 23 19 8 NA ...
$Solar. R :int    190 118 149 313 NA NA 299 99 19 194 ...
$Wind    :num    7. 4 8 12. 6 11. 5 14. 3 14. 9 8. 6 13. 8 20. 1 8. 6 ...
$Temp    :int    67 72 74 62 56 66 65 59 61 69 ...
$Month   :int    5 5 5 5 5 5 5 5 5 5 ...
$Day     :int    1 2 3 4 5 6 7 8 9 10 ...
```

如果打算按月份分析臭氧和太阳辐射、风速、温度三者（列 2:4）的关系，可以把它转成长格式数据框。

```
>aq<-melt( airquality, var. ids = c( " Ozone" , " Month" , " Day" ) ,
        measure. vars = c( 2 :4) , variable. name = " V. type" , value. name = " value" )
>str( aq)
' data. frame' :    459 obs. of  5 variables：
$Ozone：  int    41 36 12 18 NA 28 23 19 8 NA ...
$Month：  int    5 5 5 5 5 5 5 5 5 5 ...
$Day   :  int    1 2 3 4 5 6 7 8 9 10 ...
$V. type:Factor w/ 3 levels " Solar. R" , " Wind" ,... :1 1 1 1 1 1 1 1 1 1 ...
$value：   num    190 118 149 313 NA NA 299 99 19 194 ...
```

var. ids 可以写成 id，measure. vars 可以写成 measure。id（即 var. ids）和观测值（即 measure. vars）这两个参数可以只指定其中一个，剩余的列被当成另外一个参数的值。如果两个都省略，数值型的列被看成观测值，其他的被当成 id。如果想省略参数或者去掉部分数据，参数名最好用 id/measure，否则得到的结果很可能不是所要的。

```
>str(melt(airquality,var.ids=c(1,5,6),measure.vars=c(2:4)))
'data.frame':   459 obs. of   5 variables:
 $Ozone   :int   41 36 12 18 NA 28 23 19 8 NA ...
 $Month   :int   5 5 5 5 5 5 5 5 5 5 ...
 $Day     :int   1 2 3 4 5 6 7 8 9 10 ...
 $variable:Factor w/ 3 levels "Solar.R","Wind",...:1 1 1 1 1 1 1 1 1 1 ...
 $value   :num 190 118 149 313 NA NA 299 99 19 194 ...
>str(melt(airquality,var.ids=1,measure.vars=c(2:4)))   #虽然 id 只引用了一列,但结果却不是
所要的
'data.frame':   459 obs. of   5 variables:
 $Ozone   :int   41 36 12 18 NA 28 23 19 8 NA ...
 $Month   :int   5 5 5 5 5 5 5 5 5 5 ...
 $Day     :int   1 2 3 4 5 6 7 8 9 10 ...
 $variable:Factor w/ 3 levels "Solar.R","Wind",...:1 1 1 1 1 1 1 1 1 1 ...
 $value   :num 190 118 149 313 NA NA 299 99 19 194 ...
>str(melt(airquality,var.ids=1))   #这样用的结果不是所要的

Using    as id variables
'data.frame':   918 obs. of   2 variables:
 $variable:Factor w/ 6 levels "Ozone","Solar.R",...:1 1 1 1 1 1 1 1 1 1 ...
 $value   :num 41 36 12 18 NA 28 23 19 8 NA ...
>str(melt(airquality,id=1))   #这样用才能得到所要的结果
'data.frame':   765 obs. of   3 variables:
 $Ozone   :int   41 36 12 18 NA 28 23 19 8 NA ...
 $variable:Factor w/ 5 levels "Solar.R","Wind",...:1 1 1 1 1 1 1 1 1 1 ...
 $value   :num 190 118 149 313 NA NA 299 99 19 194 ...
```

　　数据集成有什么用?其用处在于:melt 以后的数据（称为 molten 数据）用 ggplot2 作统计图就很方便了,可以快速作出需要的图形,如图 5.17 所示。

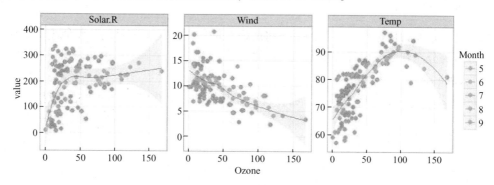

图 5.17　melt 数据统计结果

```
library(ggplot2)
aq$Month<-factor(aq$Month)
p<-ggplot(data=aq,aes(x=Ozone,y=value,color=Month)) + theme_bw()
```

p +geom_point(shape = 20, size = 4) + geom_smooth(aes(group = 1), fill = " gray80") + facet_wrap(~
V. type, scales = " free_y")

melt 获得的数据可以用 acast 或 dcast 还原。acast 获得数组，dcast 获得数据框。cast 函数和 unstack 函数一样，cast 函数使用公式参数。公式的左边每个变量都会作为结果中的一列，而右边的变量被当成因子类型，每个水平都会在结果中产生一列。

```
>head( dcast( aq, Ozone+Month+Day ~ V. type ) )
```

	Ozone	Month	Day	Solar. R	Wind	Temp
1	1	5	21	8	9.7	59
2	4	5	23	25	9.7	61
3	6	5	18	78	18.4	57
4	7	5	11	NA	5.9	74
5	7	7	15	48	14.3	80
6	7	9	24	49	9.3	69

dcast 函数的作用不只是还原数据，还可以使用函数对数据进行汇总（Aggregate）。事实上，melt 函数是为 dcast 服务的，目的是使用 dcast 函数对数据进行汇总。

```
>dcast( aq, Month ~ V. type, fun. aggregate = mean, na. rm = TRUE )
```

	Month	Solar. R	Wind	Temp
1	5	181.2963	11.622581	65.54839
2	6	190.1667	10.266667	79.10000
3	7	216.4839	8.941935	83.90323
4	8	171.8571	8.793548	83.96774
5	9	167.4333	10.180000	76.90000

如果只是还原，则使用：

```
>dcast( aq, Month ~ V. type, value. var = " value" )
```

5.3.4 列联表

列联表是指同时依据两个变量的值，将所研究的数据分类，其目的是将俩变量分组，然后比较各组的分布状况，以寻找变量间的关系。

（1）table 函数

table 可以统计数字出现的频率，也可以统计其他可以被看作因子的数据类型。

```
table( b )
b
1 2 3
9 9 9
c<-sample( letters[ 1:5 ], 10, replace = TRUE )
c
[ 1 ] "a" "c" "b" "d" "a" "e" "d" "e" "c" "a"
table( c )
```

```
c
a b c d e
3 1 2 2 2
```

如果参数不止一个，它们的长度应该一样，结果是不同因子组合的频度表。

```
>a<-rep(letters[1:3],each=4)
>b<-sample(LETTERS[1:3],12,replace=T)
>table(a,b)
   b
a A B C
a 0 3 1
b 3 0 1
c 1 1 2
```

（2）tapply 和 by 函数

tapply 函数可以看作是 table 函数的扩展：table 函数按因子组合计算频度，而 tapply 可以按因子组合应用各种函数。其使用格式为：tapply(X,INDEX,FUN＝NULL,...,simplify＝TRUE)。

其中，X 为要应用函数的数据，通常为向量；INDEX 为因子，和 table 函数一样，它的长度必须和 X 相同。

```
>(x<-1:10)
[1]  1  2  3  4  5  6  7  8  9 10
>(f<-gl(2,5,labels=c("CK","T")))
[1] CK CK CK CK CK T  T  T  T  T
Levels:CK T
>tapply(x,f,length)    #FUN 函数是 length,得到的结果和 table 类似
CK  T
5   5
>table(f)
f
CK  T
5   5
>tapply(x,f,sum)
CK  T
15 40
```

by 函数是 tapply 函数针对数据框类型数据的应用，但结果不怎么"友好"，可以通过下面的语句来查看：

```
with(mtcars,by(mtcars,cyl,summary))
```

5.3.5 数据整合

数据整合包 plyr 的功能已经远远超出数据集成的范围，plyr 应用了 split-apply-combine

的数据处理过程，即先将数据分离，然后应用某些处理函数，最后将结果重新组合成所需的形式返回。有些人喜欢用"揉"来表述这样的数据处理。

plyr 的函数命名方式比较规律，很容易记忆和使用。比如，a 开头的函数 aaply、adply 和 alply 将数组（array）分别转成数组、数据框和列表；d 开头的函数 daply、ddply 和 dlply 将数据框（dataframe）分别转成数组、数据框和列表；而 l 开头的函数 laply、ldaply、llply 将列表（list）分别转成数组、数据框和列表。

下面来看如何使用 ldply 函数将 ath1121502. db 包中的 KEGG 列表数据转成数据框：

```
> library(ath1121502. db)
> keggs <- as. list(ath1121501PATH[mappedkeys(ath1121501PATH)])
> head(ldply(keggs,paste,collapse=' ;' ))
          . id                                        V1
1   261579_at                                       00190
2   261569_at                                       04712
3   261583_at    00010;00020;00290;00620;00650;01100;01110
4   261574_at                 00903;00945;01100;01110
5   261043_at                       00051;00520;01100
6   261044_at                                       04122
```

（1）apply 函数

这个函数的使用格式为 apply(X,MARGIN,FUN,...)。它应用的数据类型是数组或矩阵，返回值类型由 FUN 函数结果的长度确定。

X 参数为数组或矩阵；MARGIN 为要应用计算函数的边/维，MARGIN = 1 为第一维（行），2 为第二维（列），…；FUN 为要应用的计算函数，后面可以加 FUN 的有名参数。比如，要按行或列计算数组 a 的标准差就可以执行以下语句：

```
>apply(a,MARGIN=1,FUN=sd)
[1] 1 1 1
>apply(a,MARGIN=2,FUN=sd)
[1] 0 0 0
```

MARGIN 的长度可以不是 1（多维应用），如果长度等于 X 的维数，应用到 FUN 函数的数据就只有一个值，结果没什么意义，甚至函数会获得无效值。

```
>apply(b,MARGIN=3,FUN=sum)
[1]   9 18 27
>apply(b,MARGIN=1:2,FUN=sum)
       [,1]  [,2]  [,3]
[1,]    6     6     6
[2,]    6     6     6
[3,]    6     6     6
>apply(a,MARGIN=1:2,FUN=sd)
       [,1]  [,2]  [,3]
[1,]   NA    NA    NA
[2,]   NA    NA    NA
[3,]   NA    NA    NA
```

上面使用的 sd、sum 或 mean 函数的返回值的向量长度都是 1（每一次单独计算），apply 函数结果的维数与 MARGIN 的向量长度相同；如果 FUN 函数返回值的长度不是 1 而是每次都为 n，apply 函数的结果是维度为 $c(n, \dim(X)[MARGIN])$。

```
>a
       [,1]  [,2]  [,3]
[1,]    1     2     3
[2,]    1     2     3
[3,]    1     2     3
>apply(a,MARGIN=1,FUN=quantile,probs=seq(0,1,1.25))
       [,1]  [,2]  [,3]
0%     1.0   1.0   1.0
25%    1.5   1.5   1.5
50%    2.0   2.0   2.0
75%    2.5   2.5   2.5
100%   3.0   3.0   3.0
>apply(a,MARGIN=2,FUN=quantile,probs=seq(0,1,1.25))
       [,1]  [,2]  [,3]
0%      1     2     3
25%     1     2     3
50%     1     2     3
75%     1     2     3
100%    1     2     3
```

如果 FUN 函数返回值的长度不一样，情况就复杂了，apply 函数的结果会是列表。

（2）lapply、sapply 和 vapply 函数

这几个函数是一个类型，前两个参数都为 X 和 FUN，其他参数在 R 软件的函数帮助文档里有相应介绍。它们应用的数据类型都是列表，对每一个列表元素应用 FUN 函数，但返回值类型不大一样，lappy 是最基本的原型函数，sapply 和 vapply 都是 lapply 的改进版。

1）lapply 返回的结果为列表，长度与 X 相同。

```
>scores<-list(YuWen=c(80,88,94,70),ShuXue=c(99,87,100,68,77))
>lapply(scores,mean)
$YuWen
[1] 83

$ShuXue
[1] 86.2

>lapply(scores,quantile,probs=c(0.5,0.7,0.9))
$YuWen
50%  70%  90%
84.0 88.6 92.2
```

```
$ShuXue
50%   70%  90%
87. 0 96. 6 99. 6
```

2) sapply 返回的结果比较"友好"，如果结果很整齐，就会得到向量、矩阵或数组。sapply 是对 lapply 的数据结构进行了简化，方便后续处理。

```
>sapply( scores,mean)
YuWen ShuXue
  83. 0   86. 2
>sapply( scores,quantile,probs = c(0. 5,0. 7,0. 9) )
         YuWen   ShuXue
50%      84. 0    87. 0
70%      88. 6    96. 6
90%      92. 2    99. 6
```

3) vapply 函数：对返回结果（Value）进行类型检查。

虽然 sapply 的返回值比 lapply 好多了，但可预测性还是不好，如果是大规模的数据处理，后续的类型判断工作会很麻烦而且很费时。vapply 增加的 FUN. VALUE 参数可以直接对返回值类型进行检查，这样的好处是不仅运算速度快，而且程序运算更安全（因为结果可控）。下面代码的 rt. value 变量设置返回值长度和类型，如果 FUN 函数获得的结果和 rt. value 设置的不一致（长度和类型），则会出错。

```
>probs<-c( 1:3/4)
>rt. value<-c(0,0,0)    #设置返回值为 3 个数字
>vapply( scores,quantile,FUN. VALUE = rt. value,probsprobs = probs)
         YuWen   ShuXue
25%      77. 5     77
50%      84. 0     87
75%      89. 5     99
>probs<-c( 1:4/4)
>vapply( scores,quantile,FUN. VALUE = rt. value,probsprobs = probs)
```

错误在于 vapply(scores,quantile,FUN. VALUE = rt. value,probs = probs)：值的长度必须为 3，但 FUN(X[[1]])结果的长度却是 4。

```
>rt. value<-c(0,0,0,0)    #返回值类型为 4 个数字
>vapply( scores,quantile,FUN. VALUE = rt. value,probsprobs = probs)
         YuWen   ShuXue
25%      77. 5     77
50%      84. 0     87
75%      89. 5     99
100%     94. 0    100
>rt. value<-c(0,0,0̕,)   #设置返回值为 3 个数字和 1 个字符串
>vapply( scores,quantile,FUN. VALUE = rt. value,probsprobs = probs)
```

错误在于 vapply(scores, quantile, FUN. VALUE = rt. value, probs = probs) : 值的种类必须是 'character', 但 FUN(X[[1]]) 结果的种类却是 'double'。

FUN. VALUE 为必需参数。

5.3.6 分组计算

（1） mapply 函数

mapply(FUN, ... , MoreArgs = NULL, SIMPLIFY = TRUE, USE. NAMES = TRUE)

mapply 应用的数据类型为向量或列表，FUN 函数是对每个数据元素作用的函数。如果参数长度为 1，得到的结果和 sapply 是一样的；但如果参数长度不是 1，FUN 函数将按向量顺序和循环规则（短向量重复）逐个取参数应用到对应数据元素。

```
>sapply( X = 1:4, FUN = rep, times = 4)
       [,1]  [,2]  [,3]  [,4]
[1,]    1     2     3     4
[2,]    1     2     3     4
[3,]    1     2     3     4
[4,]    1     2     3     4
>mapply( rep, x = 1:4, times = 4)
       [,1]  [,2]  [,3]  [,4]
[1,]    1     2     3     4
[2,]    1     2     3     4
[3,]    1     2     3     4
[4,]    1     2     3     4
>mapply( rep, x = 1:4, times = 1:4)
[[1]]
[1] 1

[[2]]
[1] 2 2

[[3]]
[1] 3 3 3

[[4]]
[1] 4 4 4 4

>mapply( rep, x = 1:4, times = 1:2)
[[1]]
[1] 1

[[2]]
[1] 2 2
```

```
[[3]]
[1] 3

[[4]]
[1] 4 4
```

（2）aggregate 函数

这个函数的功能比较强大，它首先将数据进行分组（按行），然后对每一组数据进行函数统计，最后把结果组合成一个表格返回。根据数据对象不同它有三种用法，分别应用于数据框（data. frame）、公式（formula）和时间序列（ts）。

```
aggregate(x,by,FUN,... ,simplify = TRUE)
aggregate(formula,data,FUN,... ,subset,nana. action = na. omit)
aggregate(x,nfrequency = 1,FUN = sum,ndeltat = 1,ts. eps = getOption( "ts. eps" ),... )
```

下面通过 mtcars 数据集的操作对这个函数进行简单了解。mtcars 是不同类型汽车道路测试的数据框类型数据。

```
>str( mtcars)
' data. frame：   32 obs. of   11 variables：
  $mpg：  num   21 21 22. 8 21. 4 18. 7 18. 1 14. 3 24. 4 22. 8 19. 2 ...
  $cyl：  num   6 6 4 6 8 6 8 4 4 6 ...
  $disp：  num   160 160 108 258 360 ...
  $hp：  num   110 110 93 110 175 105 245 62 95 123 ...
  $drat：  num   3. 9 3. 9 3. 85 3. 08 3. 15 2. 76 3. 21 3. 69 3. 92 3. 92 ...
  $wt：  num   2. 62 2. 88 2. 32 3. 21 3. 44 ...
  $qsec：  num   17. 5 17 18. 6 19. 4 17 ...
  $vs：  num   0 0 1 1 0 1 0 1 1 1 ...
  $am：  num   1 1 1 0 0 0 0 0 0 0 ...
  $gear：  num   4 4 4 3 3 3 3 4 4 4 ...
  $carb：  num   4 4 1 1 2 1 4 2 2 4 ...
```

先用 attach 函数把 mtcars 的列变量名称加入到变量搜索范围内，然后使用 aggregate 函数按 cyl（汽缸数）进行分类计算平均值。

```
>attach( mtcars)
>aggregate(mtcars,by = list( cyl) ,FUN = mean)
  Group. 1  mpgcyl  disp  hp  drat  wt  qsec  vs  am  gear  carb
1   4 26. 66364   4 105. 136   82. 6363 4. 07090 2. 285727 19. 1372 0. 909090   0. 727272   4. 09091
  1. 545455
2   6 19. 74286   6 183. 314 122. 285   3. 5857 3. 117143   17. 9771 0. 571428   0. 4285714 3. 85714
  3. 42857
3   8 15. 10000   8 353. 100 209. 2143 3. 2293 3. 999214   16. 7721 0. 000000   0. 142857   3. 28571
  3. 500000
```

by 参数也可以包含多个类型的因子，得到的就是每个不同因子组合的统计结果。

```
>aggregate(mtcars,by=list(cyl,gear),FUN=mean)
  Group.1  Group.2  mpg cyl  disp    hp      drat     wt        qsec    vs   am  gear  carb
1  4       3 21.500    4 120.1000   97.0000 3.700000 2.465000 20.0100 1.0 0.00   3 1.000000
2  6       3 19.750    6 241.5000  107.5000 2.920000 3.337500 19.8300 1.0 0.00   3 1.000000
3  8       3 15.050    8 357.6167  194.1667 3.120833 4.104083 17.1425 0.0 0.00   3 3.083333
4  4       4 26.925    4 102.6250   76.0000 4.110000 2.378125 19.6125 1.0 0.75   4 1.500000
5  6       4 19.750    6 163.8000  116.5000 3.910000 3.093750 17.6700 0.5 0.50   4 4.000000
6  4       5 28.200    4 107.7000  102.0000 4.100000 1.826500 16.8000 0.5 1.00   5 2.000000
7  6       5 19.700    6 145.0000  175.0000 3.620000 2.770000 15.5000 0.0 1.00   5 6.000000
8  8       5 15.400    8 326.0000  299.5000 3.880000 3.370000 14.5500 0.0 1.00   5 6.000000
```

公式（Formula）是一种特殊的 R 数据对象，在 aggregate 函数中使用公式参数可以对数据框的部分指标进行统计。

```
>aggregate(cbind(mpg,hp)~cyl+gear,FUN=mean)
  cyl gear   mpg      hp
1  4     3 21.500   97.0000
2  6     3 19.750  107.5000
3  8     3 15.050  194.1667
4  4     4 26.925   76.0000
5  6     4 19.750  116.5000
6  4     5 28.200  102.0000
7  6     5 19.700  175.0000
8  8     5 15.400  299.5000
```

上面的公式 cbind(mpg,hp)~cyl+gear 表示使用 cyl 和 gear 的因子组合对 cbind(mpg,hp) 数据进行操作。

aggregate 在时间序列数据上的应用请参考 R 软件的函数说明文档。

第6章 数据指标

如果你已经树立了正确的思维观，对数据足够敏感，懂业务，理解用户的需求，接下来就是项目分析关键的一个环节——数据指标设计。

指标设计依赖于你的分析任务，即目标。比如，年终总结会上会提及今年新增了几个指标，分别是员工流失率、门店客流量、客单价等。这些指标都是对结果，也就是对目标的一般性描述。

在实际工作中，目标的定义永远都是模糊笼统的，如什么样的推荐者能够带来高（或者低）价值客户？但是，指标却是具体的。怎样把一个抽象的目标具体化？谁来起到桥梁的作用？那就是指标设计。好的指标设计能够把抽象目标具体化，而且具有直接的管理实践含义。

如何设计数据分析指标？统计学起着举足轻重的作用，它不以数学上的烦琐为荣（所以很多影响深远的统计学论文不涉及过多的数学理论证明），也不炫耀匪夷所思的分析技巧（实践经验表明，越是质朴简单的统计方法，适用性越高），它是人们在实践中对数据分析很多朴素直觉的规范以及汇总，不同目标，不同业务、不同时期、不同数据源，数据指标肯定是不一样的。所以，数据指标设计永远没有最好，合适就好。

由数据指标构成的数据称为专家数据，专家数据的质量决定了分析的深度，决定了数据价值的大小。构造专家数据的过程一般称为特征工程或数据整合，这一过程对分析师的经验和知识要求较高。

指标设计的核心任务是把原始数据转换为专家数据，最终使数据分析项目落地，指标设计过程就是业务的量化过程。

6.1 指标和维度

指标与维度是数据分析中最常用到的术语，它们虽然是非常基础的，但是又很重要，经常有人没有搞清楚它们之间的关系。只有掌握理解了指标与维度的关系，数据分析工作的开展就会容易得多。

（1）指标

指标是用于衡量事物发展程度的单位或方法，它还有个 IT 上常用的名字，也就是度量。例如，人口数、GDP、收入、用户数、利润率、留存率、覆盖率等。很多公司都有自己的 KPI 指标体系，也就是通过几个关键指标来衡量公司业务运营情况的好坏。

指标需要经过加和、平均等汇总计算方式得到，并且需要在一定的前提条件进行汇总计算，如时间、地点和范围，也就是我们常说的统计口径与范围。

指标可以分为绝对数指标和相对数指标，绝对数指标反映的是规模大小的指标，如人口数、GDP、收入、用户数，而相对数指标主要用来反映质量好坏的指标，如利润率、留存率、覆盖率等。我们分析一个事物发展程度可以从数量与质量两个角度入手分析，以全面衡量事物发展程度。

然而，指标用于衡量事物的发展程度，这个程度是好还是坏，就需要通过不同维度来对比，才能知道是好还是坏。

（2）维度

维度是事物或现象的某种特征，如性别、地区、时间等都是维度。其中时间是一种常用的、特殊的维度，通过时间前后的对比，就可以知道事物的发展是好还是坏，如用户数环比上月增长 10%、同比去年同期增长 20%，这就是时间上的对比，也称为纵比。

另一个比较就是横比，如不同国家人口数、GDP 的比较，不同省份收入、用户数的比较，不同公司、不同部门之间的比较，这些都是同级单位之间的比较，简称横比。

维度可以分为定性维度和定量维度，也就是根据数据类型来划分的。数据类型为字符型（文本型）数据，就是定性维度，如地区、性别都是定性维度；数据类型为数值型数据的，就为定量维度，如收入、年龄、消费等，一般对定量维度需要做数值分组处理，也就是数值型数据离散化，这样做的目的是为了使规律更加明显，因为分组越细，规律就越不明显，最后细到最原始的流水数据，那就无规律可循。

设计维度的一般思路是：

宏观/微观、内部/外部

历史/现在/未来

成本/收益

数量/质量/效率

不同分析对象（供应商、客户、品类、商品、物流模式、设备等）

……

最后强调一点，只有通过事物发展的数量、质量两大方面，从横比、纵比角度进行全方位的比较，才能够全面地了解事物发展的好坏。

6.2 特征工程

6.2.1 特征工程作用

数据的特征决定了机器学习的上限，而模型和算法只是逼近这个上限而已。那特征工程到底是什么呢？

简单地说，特征工程是将数据属性转换为数据特征的过程，属性代表了数据的所有维度，在数据建模时，如果对原始数据的所有属性进行学习，并不能很好地找到数据的潜在趋势，而通过特征工程对数据进行预处理，则算法模型能够减少受到脏数据的干扰，这样能够更好地找出趋势。事实上，好的特征甚至能够实现使用简单的模型达到很好的效果。

1）特征越好，灵活性越强。只要特征选得好，即使是一般的模型（或算法）也能获得很好的性能，因为大多数模型（或算法）在好的数据特征下表现的性能都还不错。好特征的灵活性在于它允许选择不复杂的模型，同时运行速度也更快，也更容易理解和维护。

2）特征越好，构建的模型越简单有了好的特征，即便参数不是最优的，模型性能也能仍然会表现得很好，所以不需要花太多的时间去寻找最优参数，这大大降低了模型的复杂度，使模型趋于简单。

3）特征越好，模型的性能越出色。显然，这一点是毫无争议的，特征工程的最终目的就是提升模型的性能。下面从特征的子问题来分析下特征工程。

特征工程说起来容易，做起来真的不易，想要对实际问题进行模型分析，几乎大部分时间都花在了特征工程上，相反最后的模型开发花不了多长时间（因为都是拿来就用了），再有需要花一点时间的就是最后的模型参数调优。花费时间排序一般是：特征工程>模型调参>模型开发。

6.2.2 特征设计

（1）时间戳处理

时间戳属性通常需要分离成多个维度，比如年、月、日、小时、分、秒。但是在很多的应用中，大量的信息是不需要的。比如预测一个城市的交通故障程度，通过维度"秒"去学习趋势，其实是不合理的。并且维度"年"也不能很好地给模型增加值的变化，小时、日、月维度比较合适。因此当呈现时间的时候，需要保证所提供的所有数据是模型所需要的。

（2）分解类别变量

一些变量是类别型而不是数值型，举一个简单的例子，由 {红,绿、蓝} 组成的颜色变量，最常用的方式是把每个类别变量转换成 {0,1} 取值。因此基本上增加的属性等于相应数目的类别，并且对于数据集中的每个实例，只有一个是 1（其他的为 0），这就是独热（One-hot）编码方式（类似于转换成哑变量）。

如果不了解这个编码，那么可能觉得分解会增加没必要的麻烦（因为编码大量地增加了数据集的维度）。相反，可能会尝试将类别变量转换成一个标量值，例如，颜色变量用 {1,2,3} 表示 {红,绿,蓝}。这里存在两个问题，首先，对于一个数学模型，这意味着某种意义上红色和绿色比红色和蓝色更"相似"（因为 |1-3|>|1-2|）。除非类别拥有排序的属性（比如铁路线上的站）。然后，可能会导致统计指标（比如均值）无意义，更糟糕的情况是，会误导模型。还是以颜色为例，假如数据集包含相同数量的红色和蓝色，但是没有绿色，那么颜色的均值还是得到 2，也就是绿色。能够将类别变量转换成一个标量，最有效的场景应该就是只有两个类别的情况，即 {0,1} 对应 {类别1,类别2}。这种情况下，并不需要排序，并且可以将属性的值理解成属于类别 1 或类别 2 的概率。

（3）分箱/分区

有时候，将数值型属性转换成类别呈现更有意义，同时将一定范围内的数值划分成确定的块，使算法减少噪声的干扰。举个例子，我们预测一个人是否拥有某款衣服，这里年龄是一个确切的因子。其实年龄组是更为相关的因子，所以可以将年龄分布划分成 1~10、11~18、19~25、26~40 等。而且，不是将这些类别分解成 2 个点，可以使用标量值，因为相近的年龄组表现出相似的属性。

只有在了解属性的领域知识的基础上，确定属性能够划分成简洁的范围时分区才有意义。即所有的数值落入一个分区时能够呈现出共同的特征。在实际应用中，若不想让模型总是尝试区分值之间是否太近时，分区能够避免出现过拟合。例如，如果所感兴趣的是将一个城市作为整体，这时可以将所有落入该城市的维度值进行整合成一个整体。分箱也能通过将一个给定值划入到最近的块中，来减小小错误的影响。如果划分范围的数量和所有可能值相近，或在准确率很重要的场合，此时分箱就不适合了。

（4）交叉特征

交叉特征算是特征工程中非常重要的方法之一，交叉特征是一种很独特的方式，它将两个或更多的类别变量组合成一个。当组合的特征比单个特征更好时，这是一项非常有用的技术。数学上来说，交叉特征是对类别特征的所有可能值进行交叉相乘。

假如，拥有一个特征 A，A 有两个可能值 $\{A_1,A_2\}$；拥有一个特征 B，存在 $\{B_1,B_2\}$ 等可能值。A&B 之间的交叉特征如下：$\{(A_1,B_1),(A_1,B_2),(A_2,B_1),(A_2,B_2)\}$，并且可以给这些组合特征取任何名字。但是需要明白每个组合特征其实代表着 A 和 B 各自信息协同作用。

在图 6.1 中所有深色区域的点属于一类，浅色区域的点属于另外一类。不考虑实际模型，首先，将 X、Y 值分成 $\{x=0\}$ & $\{y=0\}$ 会很有用，将划分结果取名为 $\{X_n,X_p\}$ 和 $\{Y_n,Y_p\}$。很显然 I & III 象限对应于浅色类别，II & IV 象限是深色类。因此如果将特征 X 和特征 Y 组成交叉特征，会有四个象限特征，$\{I,II,III,IV\}$ 分别对应于 $\{(X_p,Y_p),(X_n,Y_p),(X_n,Y_n),(X_p,Y_n)\}$。

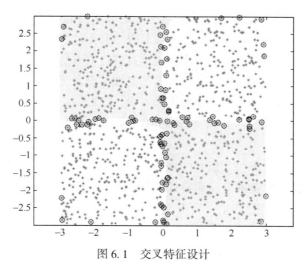

图 6.1　交叉特征设计

一个更好地诠释好的交叉特征的实例是类似于（经度，纬度）。一个相同的经度对应地图上很多的地方，纬度也是一样。但是一旦将经度和纬度组合到一起，它们就代表了地理上特定的一块区域，区域中每一部分是拥有着类似的特性。

有时候，能够通过简单的数学技巧将数据的属性组合成一个单一的特征。在上一个例子中，将更改的特征设定为 X_{sign} 和 Y_{sign}，并且有如下关系：

$$X_{sign}=\frac{x}{|x|}$$

$$Y_{sign}=\frac{y}{|y|}$$

将新的特征定义为 $Quadrant_{odd}=X_{sign}Y_{sign}$，则可以根据确定特征 $Quadrant_{odd}$，如果为 1，类别是浅色，如果为其他值，则是深色。

6.2.3 特征选择

为了得到更好的模型，使用某些算法能自动地选出原始特征的子集。这个过程，不会构建或修改拥有的特征，但是会通过修剪特征来达到减少噪声和冗余的目的。

那些和我们解决的问题无关需要被移除的属性，在数据特征中存在一些对于提高模型的准确率比其他更重要的特征，也还有一些特征与其他特征放在一起出现了冗余，特征选择是通过自动选出对于解决问题最有用的特征子集来解决上述问题的。

特征选择算法可能会用到评分方法来排名和选择特征，比如相关性或其他确定特征重要性的方法，更进一步的方法可能需要通过试错，来搜索出特征子集。

还有通过构建辅助模型的方法，逐步回归就是模型构造过程中自动执行特征选择算法的一个实例，还有像 Lasso 回归和岭回归等正则化方法也被归入到特征选择，通过加入额外的约束或者惩罚项加到已有模型（损失函数）上，以防止过拟合并提高泛化能力。

6.2.4 特征提取

特征提取涉及从原始属性中自动生成一些新的特征集的一系列算法，降维算法就属于这一类。特征提取是一个自动将观测值降维到一个足够建模的小数据集的过程，对于列表数据，可使用的方法包括一些投影方法，像主成分分析和无监督聚类算法。对于图形数据，可能包括一些直线检测和边缘检测，对于不同领域有各自的方法。

数据降维其更深层次的意义在于有效信息的提取综合及无用信息的摒弃。数据降维的主要的方法是线性映射和非线性映射方法两大类。

线性映射方法的代表方法有 PCA（Principal Component Analysis）、LDA（Linear Discriminant Analysis）。

PCA（主成分分析）的思想，就是线性代数里面的 K-L 变换，即在均方误差准则下失真最小的一种变换，是将原空间变换到特征向量空间内，数学表示为 $Ax = \lambda x$。PCA 计算是用的协方差矩阵 U 的分解特征向量，其中，U 表示样本矩阵 A 的协方差矩阵。

LDA 核心思想：往线性判别超平面的法向量上投影，使得区分度最大（高内聚，低耦合）。具体内容见"线性判别函数"的 Fisher 线性判别准则。

特征提取的关键点在于这些方法是自动的（虽然可能需要从简单方法中设计和构建得到），还能够解决不受控制的高维数据的问题。大部分的情况下，是将这些不同类型数据（如图、语言、视频等）存成数字格式来进行模拟观察。

6.3 指标设计基本方法

6.3.1 生成用于判别的变量

例如，将某天来访问的用户数据和消费数据加以整合，那些没有消费的用户由于在消费数据中没有记录，将不会被整合到最终数据中。在这种情况下，可以创建一个新变量，该变量的值只有"已消费（1）"/"未消费（0）"两个标志位，有了这样的标志位，不仅可以通过"已消费的标志位数/用户数"得到消费率这样的数据分析指标，还可以将消费标志位作为变量建立相应的模型。

6.3.2　生成离散变量

例如，基于某天每个客户的消费数据，可以使用 RFM 模型将客户分类（图 6.2）。

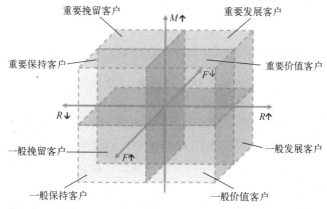

图 6.2　基于 RFM 模型的客户分类框架

像这样根据数据对客户进行分类的场景很常见。为了方便在数据分析后采取相应的解决对策，需要将一些连续数值离散化。在这种情况下，可以以某个金额为基准，像下面这样生成离散化变量。

重要发展客户（1）：消费金额较大的客户。

重要价值客户（2）：消费金额一般的客户。

一般挽留客户（2）：消费金额较小的客户。

一般保持客户（2）：完全不消费的客户。

通过这样生成的变量，就可以进行各种各样的分析。利润通过"某一天的消费总金额/消费人的定类变量"，就可以得到按照消费金额大小划分的 n 类用户中每类用户的平均消费金额，也可以基于消费人的定类变量进行交叉列表统计，甚至可以进行数据建模等工作。

6.3.3　业务标签化

标签化是一个沉淀经验，简化分析过程的好办法。标签化以后通过分组对比，就能找到一些埋伏在业务动作背后的逻辑，为进一步指标设计做准备。

比如最简单的，昨天是 2017 年 9 月 10 日。这个日期身上有多重标签：

标签 1：教师节（节日消费、节日话题）；

标签 2：周日（假日消费）；

标签 3：9 月上旬最后一天（每旬业绩结算、库存回顾）；

标签 4：天猫酒水节结束后一天（某些品类受电商影响）。

有了多标签，即使分析数据只有日期、品类、销售额 3 个指标，都可以衍生出至少 4 个新指标进行分析。

类似的做法还有很多，实际上针对销售业务，至少有 5 个指标可以考虑。

时间维度：节假日/工作日；正常经营日/结算日……

地点维度：根据位置划分，如步行街/大卖场/社区……

业绩维度：根据业绩总规模和增长速度两维度交叉划分；

产品维度：擅长推哪些产品，不擅长做哪些产品，擅长做大单还是打散客；

客群维度：高中低客群，特定人群。

6.4 典型业务指标设计

6.4.1 零售店铺数据分析指标

零售店铺一天生意的好坏，如何提升，要掌握 12 大数据指标。

（1）营业额

营业额反映了店铺的生意走势。针对以往销售数据，结合地区行业的发展状况，通过对营业额的每天定期跟进，每周总结比较，以此来调整促销及推广活动。通过营业额分析可以了解：

1）为店铺及员工设立销售目标。根据营业额数据，设立店铺经营目标及员工销售目标，将营业额目标细分到每月、每周、每日、每时段、每班次、每人，让员工的目标更加清晰。

2）为员工月度目标达成设立相应的奖励机制，激励员工冲上更高的销售额。每天监控营业额指标完成进程情况，当目标任务未能达成时，应立即推出预备方案，如月中的目标进程不理想时应及时调整人员、货品、促销方案。

3）比较各分店销售状况。营业额指标有助于比较各分店的销售能力，从而为优化人员结构及货品组合提供参考。

（2）分类货品销售额

分类货品销售额即店铺中各个品类货品的销售额。通过分类货品销售额指标的分析可以了解：

1）分类货品销售情况及所占比例是否合理，为店铺的订货、组货及促销提供参考依据，从而做出更完善的货品调整，使货品组合更符合店铺实际消费情况。

2）了解该店或该区的消费取向，即时做出补货、调货的措施，并针对性调整陈列，从而优化库存及利于店铺利润最大化。对于销售额低的品类，则应考虑在店内加强促销，消化库存。

3）比较本店分类货品销售与地区的正常销售比例，得出本店的销售特性，对慢流品类应考虑多加展示，同时加强导购对慢流品类的重点推介及搭配销售能力。

（3）前十大畅销款

通过定期统计分析前十大畅销款（每周/月/季）可以了解畅销的原因及库存状况：

1）根据销售速度及周期对前十大畅销款设立库存安全线，适当做出补货或寻找替代品措施。

2）教导员工利用畅销款搭配平销款或滞销款销售，带动店铺货品整体的流动。

（4）前十大滞销款

通过定期统计分析前十大滞销款（每周/月/季）可以了解滞销的原因及库存状况：

1）寻找滞销款的卖点，并加强对导购的产品培训，提升导购对滞销品的销售技巧。

2）调整滞销品的陈列方式及陈列位置，避免在店铺的角落，并配合人员进行重点推介。

3）制定滞销品的销售激励政策（有选择性实施），如卖出一件滞销款，奖励＊元……

4）对滞销品做出调货/退货措施，或者是促销的准备。

（5）连带率（销售件数/销售单数）

1）连带率的高低是了解店铺人员货品搭配销售能力的重要依据。

2）连带率低于1.3，则应立即提升员工的附加推销力度，并给员工做附加推销培训，提升连带销售能力。

3）当连带率低时，应调整关联产品的陈列位置，如把可搭配的产品陈列在相近的位置，在销售时起到便利搭配的作用，提升关联销售。

4）当连带率低时，应检查店铺所采取的促销策略，调整合适的促销方式，鼓励顾客多买。

（6）坪效（每天每平方米的销售额）

1）例如，店铺月坪效＝月销售额/营业面积/天数。此指标能分析店铺面积的生产力，深入了解店铺销售的真实情况。

2）坪效可以为订货提供参考，及定期监控确认店内库存是否足够，坪效的分析意义也意味着增加有效营业面积则可增加营业额。

3）坪效低的原因通常有员工销售技能低、陈列不当、品类缺乏和搭配不当等。

4）坪效低则应思考：

橱窗及模特是否大部分陈列了低价位的产品？

导购是否一致倾向于卖便宜类的产品？

黄金陈列位置的货品销售反应是否不佳？

店长是否制定了每周的主推货品，并对员工做主推货品的卖点培训？

（7）人效（每天每人的销售额）

1）例如，店铺月人效＝月销售额/店铺总人数/天数。此指标反映了店铺人员的整体销售素质高低及人员配置数量是否合理等。

2）人效过低，则须检查员工的产品知识及销售技巧是否存在不足，排班是否不合理，排班应保证每个班都有销售能力强的导购，能提高人效的指标。

3）根据员工最擅长的产品安排对应的销售区域，能有效提升人效。

（8）客单价（销售额/销售单数）

1）客单价的高低反映了店铺顾客消费承受能力的情况，多订适合消费者承受力价位的产品，有助于提升营业额。

2）比较店铺中货品与客人承受能力是否相符，将高于平均单价的产品在卖场做特殊陈列。

3）用低于平均单价的产品吸引实际型顾客，丰富了顾客类型，自然提升了销售额。

4）增加以平均单价为主的产品数量和类别，将平均单价作为货品订货的参考价格。

5）提升中高价位的产品销售，是提升客单价的重要方法，店长应培训员工如何做中高价位产品的销售及如何回应顾客价位高的异议。

（9）货品流失率（货品流失率＝缺失货品吊牌价/期间销售额×100%）

减少货品流失率的方法有：

1）合理布局人员在卖场的站位。

2）严格对待交接班工作，认真清点货品数目，对出现的问题及时做检查和总结，以避免错误重复出现。

3) 在客流高峰期时，员工应提高警惕性，加强配合力度，以杜绝货品无谓流失。

（10）存销比（存销比＝库存件数/月销售件数）

1) 存销比过高，意味着库存总量或结构不合理，资金效率低。

2) 存销比过低，意味着库存不足，生意难于最大化。

3) 存销比反映总量问题，总量合理未必结构合理，月存销比维持在 3～4 之间是比较良好的。

4) 存销比细分包括各品类货品存销比、新老货存销比和款式存销比等。

（11）VIP 占比（VIP 消费额/营业额）

此指标反映的是店铺 VIP 的消费情况，从侧面表明店铺市场占有率和顾客忠诚度，考量店铺的综合服务能力和市场开发能力。

一般情况下，VIP 占比在 45%～55% 之间比较好，这时公司的利益是最大化的，市场拓展与顾客忠诚度都相对正常，且业绩也会相对稳定。若是 VIP 低于这个数值区间，就表示有顾客流失，或者是市场认可度差，店铺的服务能力不佳；若是 VIP 高于数值区间，则表示开发新客户的能力太弱。假若是先高后低，就表示顾客流失严重。

（12）销售折扣（营业额/销售吊牌金额）

销售折扣是反映店铺折让的情况，直接影响店铺的毛利额，是利润中很重要的指标。

店铺的营业额很高，并不代表着利润高，应参考销售折扣的高低，若销售折扣比较低，则说明店铺在做促销，店铺的毛利率是很低的，所以一个店铺毛利的高低是和营业额及销售折扣的高低有关的。

6.4.2 电商数据分析指标

指标的建立基于数据的完整搜集，电商（EC）数据包括两部分：网站的性能数据和用户的行为数据。网站的数据收集主要有三种方式：网站日志、Web Beacons 和 JS 页面标记。如何从这些原始数据中，抽取与项目目标有关的指标是数据分析的关键。常用的指标包括以下几个方面。

（1）流量指标

1) PV（Page View，页面访问数）。

PV 是指页面一共被加载了多少次，简单理解就是用户一共看了多少个页面，如图 6.3 所示。例如，一个用户一天看了 10 个页面，那么这个用户这一天的 PV 就是 10，当天所有用户查看的页面数量总和就是当天这个网站的 PV。

2) UV（Unique Visitor，唯一访问人数）。

UV 更直观的理解就是当天有多少用户（去重）访问了页面。例如，同一个用户在一天内多次访问，计算 UV 时该用户只被统计一次。UV 一般分日 UV、周 UV、月 UV、季度 UV、半年 UV 和年度 UV。UV 示意图如图 6.4 所示。

3) Visit（会话）。

Visit 是指一个用户当天访问了多少次页面。初看起来这个概念很模糊，多少次怎么区分？通常情况下，若一个用户两次访问时间超过 30 min，则认为该用户的两次访问属于两个不同的会话。

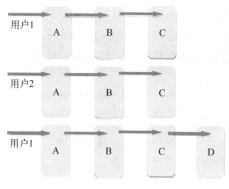

图 6.3　PV=3 示意图　　　　　　　　图 6.4　UV=2 示意图

4）Login（登录用户数）。

在访问网站时，若要评论或购买东西，通常会弹出一个登录对话框，只有正确输入账号和密码才能继续操作，通过这种方式收集用户数据，对于企业而言，有登录账号的用户价值显然比没有登录账号的访客的价值要高得多。所以，Visit 是检验一个页面流量的指标之一。

5）Active（激活用户数）。

Active 的定义比较宽泛，在线上指用户第一次激活账号，也可以指第一次访问。Active 可以说是用户成为网站真实用户的第一环节。激活用户数量的大小直接体现了产品的受欢迎程度、市场宣传效果等。

（2）访问深度和吸引力

1）PV/Visit。

PV/Visit 即单次会话访问页面数，等于每天网站总的 PV 除以总的 Visit。该指标越大，说明用户访问深度越深，也可能是用户"迷失"在网页间找不到相应的功能，所以这个指标太大或者太小都是要引起注意的。

2）Visit/UV。

Visit/UV 即一个用户在一天内有几次会话。该指标反映了网站对用户的吸引度，可以帮助运营人员了解用户的访问习惯。对于一些快速消费品行业的网站，如 1 号店等，用户每天会有多少次会话；对于一些搜索类网站，如百度、谷歌等，用户每天的会话次数可能会很多；对于一些低频率消费的网站，如携程等，用户在一天内反复访问的次数明显少于前两者。

3）访问时长（Duration）。

用户访问时长指一个用户在一次会话中访问时间的总和。平均访问时长等于一天每个用户在每次会话中访问时间的总和除以当天的会话次数。页面访问的时长计算方式：

根据每个用户的 ID 按照访问时间从早到晚排序。

该页面的访问时长＝该页面下一个页面的访问时间–该页面的访问时间。

4）积极访问者。

一次会话中访问页面大于某个数的用户占当天 UV 的比率。阈值一般通过分位数法来确定。

5）快速浏览客户（跳出率）。

快速浏览客户与积极访问者正好相反，前者指访问深度较浅的用户，后者指访问深度较深的用户。快速浏览客户比率也是运营分析指标的重要一项，有时候网站每天的 UV 很多，但真正下单的用户很少，这时可能就是产品的吸引力不够或者用户登录的页面和用户的希望不一致。快速浏览客户有时也用跳出率来衡量，跳出是指一次会话中，用户只访问了一个页面，那么这次会话就算跳出，跳出率＝每天跳出会话数/当天的会话数。

6）留存率。

留存通常指用户在某个时间开始使用，经过一段时间后继续访问该产品。这些留存的用户数/当时新增的用户数＝留存率，一般分为次日留存率、三日留存率、七日留存率、一个月留存率、三个月留存率等。通俗地讲，留存率就是有多少用户留下来了。留存率体现一个网站的质量和维护用户的能力。

7）退出率。

与之前所有指标不同的是，退出是针对页面而言，某页面的一次退出指该页面是用户在离开网站之前最后浏览的页面。对于搜索类网站、导航类或门户类网站，该指标是页面吸引力的重要指标，运营人员可以通过该指标看出哪些页面是不合理或者难以吸引客户的。对于那些消费类平台，在列表页、详情页或购物车页面退出过多，则暗示商品页面或支付环节设置不合理，需要具体分析原因。明白了退出概念，退出率的定义自然就水到渠成，即该页面退出的次数占该页面总流量 PV 之比。

图 6.5 有两个用户，其中用户 1 从页面 A 进入网站，途径页面 B 和页面 C，最终在页面 C 离开了网站。对于这个用户的访问行为，他的流量统计如下：PV＝3，UV＝1，Visit＝1，页面 C 记一次退出。用户 2 从 A 进入网站，然后就离开了，他的流量统计如下：PV＝1，UV＝1，Visit＝1，页面 A 记一次跳出，页面 A 记一次退出，该次会话记为跳出。基于两个用户的综合行为，假设网站一天只有这两个用户来访问，则整体流量统计如下：UV＝2，PV＝4，Visit＝2，会话跳出率为50%，页面退出率为100%（页面 C 只有一次访问就退出）。页面 A 退出率为50%，页面 A 跳出率为50%。

图 6.5　退出率和跳出率

（3）订单指标

1）订单量。

订单量分为预订单量和成交订单量。预订单量就是用户预订产品或已购买的订单总量，它反映出当天大致的订单总数。成交订单量就是用户完成了的订单、付完了钱或已经到了生效日期的订单。成交订单的定义比较难统一，不同行业、不同企业各自产品的特征不同，相应的成交定义也不尽相同，这里只给出一个通用的定义。

2）成交比率。

成交比率指当天成交的订单与预定订单之间的比例。考虑到用户预订完后可能退订，所以这个指标也从另一个层面反映了退订比。对于退订的产品和用户，运营人员应该引起高度重视，着重查明用户退订的原因。对于用户来说，走完整个下单流程已实属不易，所以要重点关注。

3）订单用户构成。

订单用户构成包括首单用户占总 UV 的比和首单用户占下单用户的比。上述两个指标反映了网站招揽新用户的能力。在运营环境不变的情况下，该指标应该是一个相对稳定的值。在节假日或者做市场营销活动时，该指标会有所波动，可以通过该指标的波动幅度来考查运营效果的好坏。

4）客户价值。

客户价值包括客单价（Average Revenue Per Order，ARPO）和单个用户订单价格（Average Revenue Per User，ARPU）。ARPO＝当天订单总金额/当天总共订单数；ARPU＝当天订单总金额/当天唯一下单人数（若一个用户当天下多笔订单，则人数统计时只算1次）。

（4）网站性能指标

1）页面平均响应时间。

页面平均响应时间指每天每个页面平均加载响应时间（单位：mm）。

2）同时在线人数。

同时在线人数可以作为服务器后台支撑容量的参考值，可以指导开发人员评估是否需要扩充服务器。该指标可以是每小时同时在线人数，也可以是每分钟同时在线人数等。

3）转化率。

网站的核心是寻找潜在用户并将其转化为真正的用户，给公司带来利润。转化率的高低直接影响着销售的效果，一个网站的转化率偏低，必然导致营销成本上升。网站每天的流量挺大的，但就是订单不多——这是很多产品共同存在的问题。问题的根源主要是网站的内容、结构等不合理，营销活动受众人群不精准等。通过分析每个关键步骤的转化率还能帮助产品经理有效发现问题、改进功能、提升产品，从而达到促使用户下单的目的。转化率指标计算有两种方式：

每个关键步骤转化率＝达到某一个目的的会话数/总的会话数；

整体转化率＝当天的订单量/当天的访问人数UV。

表6.1给出了日报数据指标定义明细。

表6.1　日报数据指标定义明细

分　类	指　标	说　明
量指标	UV	唯一访问人数
	Visit	会话数
	PV	访问页面数
	Login	登录人数
	Active	激活人数
	最近7天UV	最近7天去重人数
	最近一个月UV	最近一个月去重人数
	最近一个季度UV	最近一个季度去重人数
	最近半年UV	最近半年去重人数
用户质量度量指标	PV/Visit	平均一次会话访问多少个页面
	Visit/UV	平均一个用户一天访问多少个会话
	Duration	访问时长
	积极访问者比率	通过计算，有订单的用户在一次会话中平均能访问20个页面，故在一次会话中大于等于20个页面的用户占总UV的比率
	跳出率	只访问一次页面的会话数占总会话数的比率
	忠实访问者比率	访问时长大于30min的会话数占总访问量的比率
	快速浏览用户比率	访问时长小于1min的总访问量占总会话的比率

分　类	指　标	说　明
转化率指标	列表页转化率	访问列表页的会话数占总会话数比率
	详情页转化率	访问过列表页的会话数占总会话数比率
	订单提交页转化率	访问过详情页的会话数占总会话数比率
	列表-详情转化率	有过订单提交的会话数占总会话数比率
	详情-订单提交转化率	从列表页到详情页的会话数占总会话数比率
	订单转化率	从详情页到订单提交页的会话数占总会话数比率
留存率指标	一个月留存率	31 天前激活的用户有多少比例在最近 30 天内访问
	三个月留存率	91 天前激活的用户有多少比例在最近 30 天内访问
	六个月留存率	181 天前激活的用户有多少比例在最近 30 天有访问
服务器速度指标	服务器平均响应时间	后台服务器请求平均响应时间
	每小时同时在线峰值	每天每小时同时在线峰值
	5 min 同时在线峰值	每天每 5 min 同时在线峰值
订单指标	订单数	当天预定订单数
	成交订单数	当天成交订单数
	首单用户占 UV 比	当天第一次下单的用户占总 UV 的比率
	首单用户占 ub 比	当天第一次下单的用户占当天下单人数的比率
	ARPO	平均一个订单多少金额
	ARPU	平均一个下单用户多少金额

同理可以列出周（月、季、半年、年）报数据指标定义明细。

（5）对比指标

1）同比。

同比指在不同周期、相同时刻的增长幅度，包括月同比、季度同比等。周同比定义如下：

$$yoy_{weekly} = \frac{x_{thisweekday} - x_{lastweekday}}{x_{lastweekday}}$$

其中，$x_{thisweekday}$ 为本周某一天的值，$x_{lastweekday}$ 为上周同一天的数值。其他同比定义类似。

2）环比。

环比指相邻两个周期的增长幅度，包括日环比、周环比、月环比和年环比等。日环比定义如下：

$$mom_{dayly} = \frac{x_{today} - x_{lastday}}{x_{lastday}}$$

其中，x_{today} 为当天的数值，$x_{lasttoday}$ 为前一天的数值。其他环比定义类似。

3）趋势线。

针对某个指标，通过长期折线图可以大致看出其趋势，如图 6.6 所示，曲线随着时间的推移，有明显的上升趋势。

图 6.6　趋势线

（6）用户价值指标

用户价值指标是根据一些方法（层次分析法等）创建出来的指标，包括活跃度、购买忠诚度和消费能力。表 6.2 给出了活跃度、购买忠诚度和消费能力的各因素指标。

表 6.2　活跃度、购买忠诚度和消费能力的各因素指标

指　　标	因　　素	因　素　含　义
用户活跃度	P1	当天 PV/Visit
	P2	停留时间
	P3	近一周访问次数
	P4	当天进入订单填写页次数
购买忠诚度	C1	最近购买间隔
	C2	购买频率
	C3	交叉类别购买
消费能力	M1	近半年购买总金额
	M2	近半年客单价
	M3	近半年订单数
	M4	城市分布

根据表 6.2 因子权重构造判断矩阵（过程略），形成用户价值层次结构模型，如图 6.7 所示。

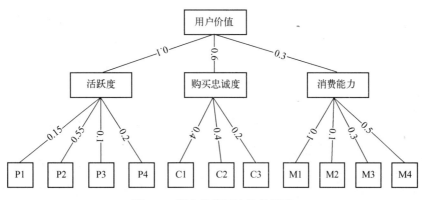

图 6.7　用户价值层次结构模型

根据图 6.7 计算每个用户的价值得分，得分越高，价值越大。

数据分析体系建立之后，其数据指标并不是一成不变的，需要根据业务需求的变化实时地调整，调整时需要注意的是统计周期变动以及关键指标的变动。通常，单独地分析某个数据指标并不能解决问题，而各个指标间又是相互关联的，需要将所有指标织成一张网，根据具体的需求寻找各自的数据指标节点。至于如何关联指标，图 6.8 也许能给你些许启发。

图 6.8　麦网总结的 EC 指标体系

第7章 数据认知

数据认知主要包括数据的位置特性、分散性、关联性等数字特征和反映数据整体结构的分布特征，它是数据分析的第一步，是对数据的外在认识。

对于数据认知，很难给出一个定义，只知道它是对数据外在的认识，一般包括平均数、方差、标准差、最大最小值、四分位数、峰度和偏度等一系列的统计量。

"数据认知"的过程就是让你快速地从一堆数据中抽象出信息的过程。

7.1 认知数据的波动

因为任何风险衡量的模型，其本质都离不开衡量波动性，即方差与标准差。方差即序列中各个数值与算术平均数的差值的平方和的均值。假设有（2,3,4）这样一个序列，它们的算术平均数是3，那么方差就是$[(2-3)^2+(3-3)^2+(4-3)^2]/3$。方差一般用$\sigma^2$表示。一个数据的波动性越大，说明它所涵盖的信息量越大，信息量越大，不可知的因素就一定会更多，因此风险会更大。在认知数据的过程中，如果发现某个数据的波动性有了质的变化时，在后续的分析中就要尤其关注这个变化，并去探究该变化出现的原因。

标准差就是方差的开根号，而方差是数据序列中，对每个数字与序列均值的差求平方和，然后除以数据的个数。

标准差只衡量了一个数据序列的波动情况，那如果两个甚至多个序列的波动情况怎么衡量呢？衡量两个数据序列间相互波动的方法为协方差。假设有 A 和 B 两组数据，数字个数相同，A、B 的协方差就是 A 中的数值与 A 均值的差乘以 B 中的数值与 B 的均值的差，再除以 A 组数据中数字的个数。假设有（2,3,4）和（5,7,9）两个序列，算术平均数是3 和 7，协方差的计算方法就是$[(2-3)×(5-7)+(3-3)×(7-7)+(4-3)×(9-7)]/3$。协方差用 Cov 表示。

7.2 认知数据的分布

要认知一个数据序列的分布如何，首先要计算最大值、最小值、中位数、算术平均数、75%分位数和25%分位数。从表7.1可以看到，8月份的最大值明显高于7月份，而最小值明显低于7月份，说明8月份的数据相比7月份更为"分散"。我们将最大值减去最小值所算得的数字称为"全距"。全距部分反映了数据点的分散情况。为什么说是部分反映呢？若一个数据序列的最大值特别大，最小值特别小，而其他数值却非常接近，那么全距就不能真实反映这个数据序列的离散情况。那么这个时候需要怎么衡量？需要百分位数。

表 7.1　某企业销售数据

指 标 名 称	7 月数值	8 月数值	差　　值
最大值	165	198.4	33.4
75%分位数	148.1	149.7	16
中位数	125.3	130.5	52
算术平均数	127.2	127.4	0.2
25%分位数	109.1	98.7	−10.4
最小值	77.5	57.7	−19.8

所谓百分位数，即将数据升序排列后，具体数据值的序号除以数据值的总数，所得出的百分比，即该数据值所对应的百分位数。比如，有一个数据序列（1,2,2,3,4,4,5,6,8,10），按升序排列后，数字 6 排在这个序列的第 8 位，那么这个数据序列的 80%分位数就是6。我们最为常用的是 25%分位数和 75%分位数，称为四分位数。而两个四分位数的差与全距一起使用，就能比较准确地判断数据序列的离散情况。中位数即 50%分位数。

数据序列的离散度与波动性是存在关系的，往往序列的离散度高，标准差也会更大。另外，查看算术平均数与中位数的差距，也具有现实意义。若一个数据序列，数据点均匀地分布在最大值到最小值之间，那么算术平均数会几乎等于中位数；若一个数据序列，数据点的分布不均匀，那么算术平均数与中位数的偏差就会比较大。往往算术平均数与中位数差距大的数据序列，需要格外用心地去分析。图 7.1 箱线图就是用来观察数据的离散情况的。

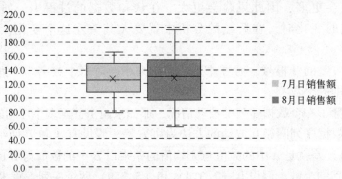

图 7.1　对应表 7.1 的箱线图

频率分布图是观察数据分布的第一简便方法。在 R 语言中的制作方式依然非常方便。

> hist(iris $Sepal. Length)　#执行后得图 7.2

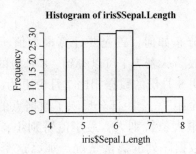

图 7.2　IRIS 数据集频率图

```
> plot(density(iris$Sepal. Length))      #执行后得图 7.3
```

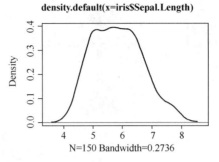

图 7.3　IRIS 数据集密度图

7.3　认知数据的相关性

传统的数据认知过程到"数据分布"这个环节就应该结束了。但相关关系的认知，对数据的理解效果更人。

（1）直接绘制散点图

判断两个变量是否具有线性相关关系的最直观的方法是直接绘制散点图，如图 7.4所示。

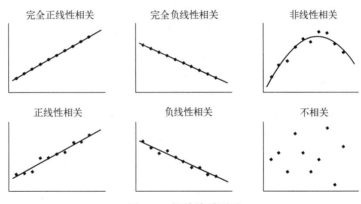

图 7.4　相关关系图示

需要同时考查多个变量间的相关关系时，一一绘制它们间的简单散点图是十分麻烦的。此时可利用散点图矩阵同时绘制各变量间的散点图，从而快速发现多个变量间的主要相关性，这在进行多元线性回归时显得尤为重要。

散点图矩阵如图 7.5 所示。

（2）相关系数

相关系数衡量了两个变量变动方向的统一程度，是一个 -1~1 的值；1 代表完全正相关，-1 代表完全负相关。这个概念目前许多分析师并没有真正理解。

比较常用的有 Pearson 相关系数、Spearman 秩相关系数和判定系数。

1）Pearson 相关系数。

Pearson 相关系数一般用于分析两个连续性变量之间的关系，其计算公式如下：

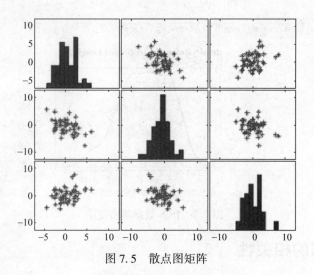

图 7.5　散点图矩阵

$$r = \frac{\sum\limits_{i=1}^{n}(x_i - \bar{x})(y_i - \bar{y})}{\sqrt{\sum\limits_{i=1}^{n}(x_i - \bar{x})^2 \sum\limits_{i=1}^{n}(y_i - \bar{y})^2}}$$

相关系数 r 的取值范围为 $-1 \leqslant r \leqslant 1$。

$$\begin{cases} r > 0 \text{ 为正相关}, r < 0 \text{ 为负相关} \\ |r| = 0 \text{ 表示不存在线性相关} \\ |r| = 1 \text{ 表示完全线性相关} \end{cases}$$

$0 < |r| < 1$ 表示存在不同程度线性相关。

2）Spearman 秩相关系数。

Pearson 相关系数要求连续变量的取值服从正态分布，不服从正态分布的变量、分类或等级变量之间的关联性可采用 Spearman 秩相关系数，也称等级相关系数来描述。

其计算公式如下：

$$r_s = 1 - \frac{6\sum\limits_{i=1}^{n}(R_i - Q_i)^2}{n(n^2 - 1)}$$

对两个变量成对的取值分别按照从小到大（或者从大到小）顺序编秩，R_i 代表 x_i 的秩次，Q_i 代表 y_i 的秩次，$R_i - Q_i$ 为 x_i、y_i 的秩次之差。

表 7.2 给出了一个变量 $x(x_1, x_2, \cdots, x_i, \cdots, x_n)$ 秩次的计算过程。

表 7.2　变量 x 秩次的计算过程

x_i 从小到大排序	从小到大排序时的位置	秩次 R_i
0.5	1	1
0.8	2	2
1.0	3	3
1.2	4	(4+5)/2=4.5

x_i 从小到大排序	从小到大排序时的位置	秩次 R_i
1.2	5	(4+5)/2=4.5
2.3	6	6
2.8	7	7

因为一个变量的相同的取值必须有相同的秩次，所以在计算中采用的秩次是排序后所在位置的平均值。

只要两个变量具有严格单调的函数关系，那么它们就是完全 Spearman 相关的，这与 Pearson 相关不同，Pearson 相关只有在变量具有线性关系时才是完全相关的。

在实际应用计算中，上述两种相关系数都要对其进行假设检验，使用 t 检验方法检验其显著性水平以确定其相关程度。研究表明，在正态分布假定下，Spearman 秩相关系数与 Pearson 相关系数在效率上是等价的，而对于连续测量数据，更适合用 Pearson 相关系数来进行分析。

3）判定系数。

判定系数是相关系数的平方，用 r^2 表示；用来衡量回归方程对 y 的解释程度。判定系数取值范围：$0 \leqslant r^2 \leqslant 1$。$r^2$ 越接近于 1，表明 x 与 y 之间的相关性越强；r^2 越接近于 0，表明两个变量之间几乎没有直线相关关系。

在 R 语言中，使用内置的 cor( ) 函数就可以计算出 matrix 或 data frame 各列数据间的相关系数，如果还需要得到各变量间的相关系数的 P 值来描述相关系数的可靠性，这个 P 值与样本量有一定的关系，通常 1000 个以上的样本 P 值都是显著的，R 语言里有另一个函数 cor. test( ) 用来计算两个变量间的相关系数及 P 值。

【例 7.1】餐饮系统中可以统计得到不同菜品的日销量数据，数据示例见表 7.3。

表 7.3　菜品日销售量数据

日　期	百合酱蒸凤爪	翡翠蒸香茜饺	金银蒜汁蒸排骨	乐膳真味鸡	蜜汁焗餐包	生炒菜心	铁板酸菜豆腐	香煎韭菜饺	香煎萝卜糕	原汁原味菜心
2018/1/1	17	6	8	24	13	13	18	10	10	27
2018/1/2	11	15	14	13	9	10	19	13	14	13
2018/1/3	10	8	12	13	8	3	7	11	10	9
2018/1/4	9	6	6	3	10	9	9	13	14	13
2018/1/5	4	10	13	8	12	10	17	11	13	14
2018/1/6	13	10	13	16	8	9	12	11	5	9

分析这些菜品销售量之间的相关性可以得到不同菜品之间的关系，比如替补菜品、互补菜品或者没有关系，从而为原材料采购提供参考。其 R 代码如下：

```
#餐饮销量数据相关性分析
cordata = read. csv("catering_sale. csv",header=TRUE)
cor(cordata[ ,2:11])
```

运行上面的代码，可以得到下面的结果：

百合酱蒸凤爪	1.000000
翡翠蒸香茜饺	0.009206
金银蒜汁蒸排骨	0.016799
乐膳真味鸡	0.455638
蜜汁焗餐包	0.098085
生炒菜心	0.308496
铁板酸菜豆腐	0.204898
香煎韭菜饺	0.127448
香煎萝卜糕	−0.090276
原汁原味菜心	0.428316

从上面的结果可以看到，如果顾客点了"百合酱蒸凤爪"，则和点"翡翠蒸香茜饺""金银蒜汁蒸排骨""香煎萝卜糕""铁板酸菜豆腐""香煎韭菜饺"等主食类的相关性比较低，反而和点"乐膳真味鸡""生炒菜心""原汁原味菜心"的相关性比较高。

（3）相关系数应用场景

1）利用相关系数来发觉数据间隐藏的联系。

啤酒和尿布湿的例子就是典型的相关分析，也是典型的相关系数的应用。在拿到数据集后，针对所有数值型的指标做一个相关系数矩阵，查看所有指标两两之间的相关系数。做这件事情最大的目的是查看是否有隐藏的相关关系。只要能发现隐藏的相关关系，都能成为一个很好的研究项目，进而形成一个填补空白的业务决策。做从0到1的事情，其价值可是远远高于做从1到100的事情。

2）利用相关系数来减少统计指标。

在针对某项业务设计指标体系时，我们经常会罗列出很多指标。但过多的指标会给后续的报告制作、信息解读和产品开发带来巨大的成本。那么相关系数就是删减指标的一种方式。如果发现某两个指标间的相关系数非常高，一般大于0.8，那么就两者择其一。

3）利用相关系数来挑选回归建模的变量。

在建立多元回归模型前，需要解决把那些数据放入模型作为自变量。最常规的方式就是先计算所有字段与因变量的相关系数，把相关系数较高的放入模型。然后计算自变量间的相关系数。若自变量间的相关系数高，说明存在多重共线性，需要进行删减。

4）利用相关系数来验证主观判断，这或许是现实业务中最有使用必要的。

决策层或者管理层经常会根据自己的经验，主观地形成一些逻辑关系。最典型的表述方式就是"我认为这个数据会影响到那个数据"。到底有没有影响？可以通过计算相关系数来判断。相关系数的应用能够让决策者更冷静，更少地盲目拍脑袋。虽然相关系数不能表达因果关系，但有联系的两件事情，一定会在相关系数上有所反映。

7.4 通过对比认知数据

任何业务都既有共性特征，又有个性特征。只有通过对比，才能分辨出业务的性质变化、发展、与其他事物的异同等个性特征，从而更深刻地认识业务的本质和规律。

对比分析是指把两个相互联系的指标进行比较，从数量上展示和说明研究对象规模的大小、水平的高低、速度的快慢，以及各种关系是否协调，特别适用于指标间的横纵向比较、时间序列的比较分析。在对比分析中，选择合适的对比标准是十分关键的步骤，选择合适，才能做出客观的评价，选择不合适，评价可能得出错误的结论。

对比分析主要有以下两种形式。

（1）绝对数比较

它是利用绝对数进行对比，从而寻找差异的一种方法。

（2）相对数比较

它是由两个有联系的指标对比计算，用以反映客观现象之间数量联系程度的综合指标，其数值表现为相对数。由于研究目的和对比基础不同，相对数可以分为以下几种。

1）结构相对数：将同一总体内的部分数值与全部数值对比求得比重，用以说明事物的性质、结构或质量。例如，居民食品支出额占消费支出总额比重、产品合格率等。

2）比例相对数：将同一总体内不同部分的数值对比，表明总体内各部分的比例关系，如人口性别比例、投资与消费比例等。

3）比较相对数：将同一时期两个性质相同的指标数值对比，说明同类现象在不同空间条件下的数量对比关系。例如，不同地区商品价格对比，不同行业、不同企业间某项指标对比等。

4）强度相对数：将两个性质不同但有一定联系的总量指标对比，用以说明现象的强度、密度和普遍程度。例如，人均国内生产总值用"元/人"表示，人口密度用"人/km²"表示，也有用百分数或千分数表示的，如人口出生率用"‰"表示。

5）计划完成程度相对数：是某一时期实际完成数与计划数对比，用以说明计划完成程度。

6）动态相对数：将同一现象在不同时期的指标数值对比，用以说明发展方向和变化的速度，如发展速度、增长速度等。

图7.6给出甜品部A、海鲜部B、素菜部C三个部门之间的销售金额随时间的变化趋

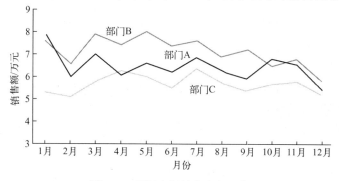

图7.6 部门之间销售金额比较

势，了解在此期间哪个部门的销售金额较高。也可以从单一部门（如海鲜部）做分析，了解各月份的销售对比情况，如图7.7所示。

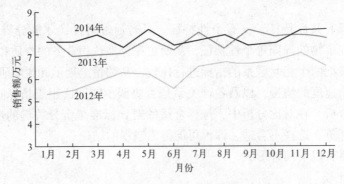

图 7.7　海鲜部各月份之间销售金额比较

从总体来看，三个部门的销售金额呈递减趋势；部门 A 和部门 C 的递减趋势比较平稳；部门 B 销售金额下降的趋势比较明显，可以进一步分析造成这种现象的业务原因，可能是原材料不足。

7.5　通过多维交叉来深入认知数据

多维分析是高级统计分析方法之一，就是把一种产品或一种市场现象，放到一个两维以上的空间坐标上来进行分析。比如一个三维坐标的市场组合模型，其中的 X 轴代表市场占有率、Y 轴代表市场需求成长率、Z 轴代表利润率。如果要研究某一种产品在市场上的销售情况，就可以用多维分析法来分析，这样可以直观一些。美国有一家啤酒厂生产一种啤酒，开始他们把这种啤酒定位在女性和高价位上，后来，他们发现放在这个空间位置上市场面很小，购买者不多，因此，他们把市场从女性和高价的空间位置上移向男性和比较便宜的位置上来，结果销售量增多了。

R 语言实现多维分析细节见 5.3.3 节和 5.3.4 节。

7.6　周期性分析

周期性分析是探索某个变量是否随着时间变化而呈现出某种周期变化趋势。时间尺度相对较长的周期性趋势有年度周期性趋势、季节性周期性趋势，相对较短的有月度周期性趋势、周度周期性趋势，甚至更短的天、小时周期性趋势。

例如，要对某单位用电量进行预测，可以先分析该用电单位日用电量的时序图，以此来直观地估计其用电量变化趋势。

图 7.8 是某用电单位 A 在 2014 年 9 月日用电量的时序图；图 7.9 是用电单位 A 在 2013 年 9 月日用电量的时序图。

总体来看，用电单位 A 的 2014 年 9 月日用电量呈现出周期性，以周为周期，因为周六周日不上班，所以周末用电量较低；工作日和非工作日的用电量比较平稳，没有太大的波

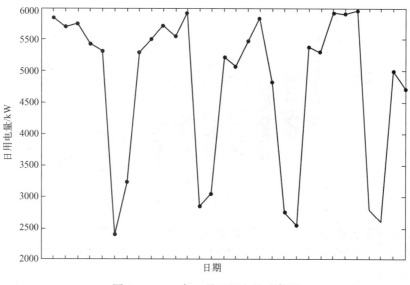

图 7.8 2014 年 9 月日用电量时序图

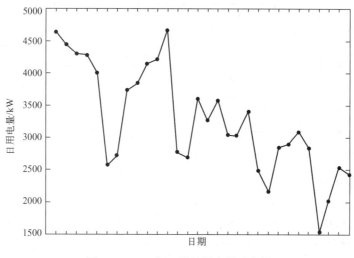

图 7.9 2013 年 9 月日用电量时序图

动；而 2013 年 9 月日用电量总体呈现出递减的趋势，同样周末的用电量是最低的。

7.7 贡献度分析

贡献度分析又称帕累托分析，它的原理是帕累托法则，又称 20/80 定律。同样的投入放在不同的地方会产生不同的效益。例如，对一个公司来讲，80%的利润常常来自于 20%最畅销的产品，而其他 80%的产品只产生了 20%的利润。

对餐饮企业来讲，应用贡献度分析可以重点改善某菜系盈利最高的前 80%的菜品，或者重点发展综合影响最高的 80%的部门。这种结果可以通过帕累托图直观地呈现出来。图 7.10 是海鲜系列的 10 个菜品 A1 ~ A10 某个月的盈利额（已按照从大到小排序）。

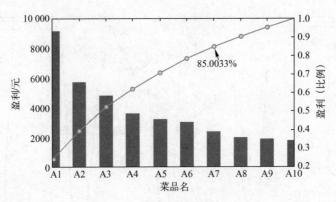

图 7.10 帕累托图

由图 7.10 可知，菜品 A1~A7 共 7 个菜品，占菜品种类数的 70%，总盈利额占该月盈利额的 85.0033%。根据帕累托法则，应该增加对菜品 A1~A7 的成本投入，减少对菜品 A8~A10 的投入以获得更高的盈利额，见表 7.4。

表 7.4　餐饮系统菜品年盈利数据

菜品 ID	17148	17154	109	117	17151
菜品名	A1	A2	A3	A4	A5
盈利/元	9173	5729	4811	3594	3195
菜品 ID	14	2868	397	88	426
菜品名	A6	A7	A8	A9	A10
盈利/元	3026	2378	1970	1877	1782

其 R 代码如下：

```
#设置工作空间
setwd("f://chapter3/实例程序")
dishdata<-read.csv("catering_dish_profit.csv",header=TRUE)
barplot(dishdata[,3],col="blue",name.arg=dishdata[,2],width=1,space=0,ylim=c(0,10000),
xlab="菜品名",ylab="盈利(元)")
accratio=dishdata[,3]
for(I in 1:length(accratio)){
    accratio[i]=sum(dishdata[1:i,3])/sum(dishdata[,3])
}
par(new=T,mar=c(4,4,4,4))
points(accratio*10000~c((1:length(accratio)-1.5)),new=FALSE,type="b",new=T)
axis(4,col="red",col.axis="red",at=0:10000,label=c(0:1000/10000))
mtext("盈利(比例)",4,2)
points(7.5,accratio[7]*1000,col="red")
text(7,accratio[7]*1000,paste(round(accratio[7]+1.0001,4)*100,"%"))
```

7.8 因子分析

因子分析是指研究从变量群中提取共性因子的统计技术。因子分析就是从大量的数据中寻找内在的联系，减少决策的困难。

因子分析的方法约有 10 多种，如重心法、影像分析法、最大似然解、最小平方法、阿尔发抽因法、拉奥典型抽因法等。这些方法本质上大都属于近似方法，是以相关系数矩阵为基础的，所不同的是相关系数矩阵对角线上的值采用不同的共同性估值。

R 语言中函数 factanal( ) 执行因子分析，用法：

```
factanal(x, factors, data = NULL, covmat = NULL, n. obs = NA,subset, na. action, start = NULL,
scores = c("none", "regression", "Bartlett"),rotation = "varimax", control = NULL, ...)
```

其中，x 为数据框或数据矩阵；covmat 为样本的协方差阵或相关矩阵，scores 为因子得分计算方法。

下面是 R 语言中的数据，可以假设为公司 18 个员工对公司各项调查结果的满意度：

```
> v1 <- c(1,1,1,1,1,1,1,1,1,1,3,3,3,3,3,4,5,6)
> v2 <- c(1,2,1,1,1,1,2,1,2,1,3,4,3,3,3,4,6,5)
> v3 <- c(3,3,3,3,3,1,1,1,1,1,1,1,1,1,1,5,4,6)
> v4 <- c(3,3,4,3,3,1,1,2,1,1,1,1,2,1,1,5,6,4)
> v5 <- c(1,1,1,1,1,3,3,3,3,3,1,1,1,1,1,6,4,5)
> v6 <- c(1,1,1,2,1,3,3,3,4,3,1,1,1,2,1,6,5,4)
> m1 <- cbind(v1,v2,v3,v4,v5,v6)
> factanal(m1, factors = 3) #默认不计算因子得分
Call：
factanal(x = m1, factors = 3)
Uniquenesses:#特殊因子
v1 v2 v3 v4 v5 v6
0. 005 0. 101 0. 005 0. 224 0. 084 0. 005
Loadings:#因子载荷矩阵
Factor1 Factor2 Factor3
v1 0. 944 0. 182 0. 267
v2 0. 905 0. 235 0. 159
v3 0. 236 0. 210 0. 946
v4 0. 180 0. 242 0. 828
v5 0. 242 0. 881 0. 286
v6 0. 193 0. 959 0. 196
Factor1 Factor2 Factor3
SS loadings 1. 893 1. 886 1. 797 #公共因子 fi 对变量 v1,v2,···,v6 的方差总贡献
Proportion Var 0. 316 0. 314 0. 300 #方差贡献率,三个因子的贡献率差不多
Cumulative Var 0. 316 0. 630 0. 929#累计方差贡献率,总贡献率达到 92. 9%
The degrees of freedom for the model is 0 and the fit was 0. 4755
```

#计算 18 个员工在 3 个因子上的得分

```
> factanal( ~v1+v2+v3+v4+v5+v6, factors = 3,
+ scores = "Bartlett" )$scores
     Factor1    Factor2    Factor3
1  -0.9039949 -0.9308984  0.9475392
2  -0.8685952 -0.9328721  0.9352330
3  -0.9082818 -0.9320093  0.9616422
4  -1.0021975 -0.2529689  0.8178552
5  -0.9039949 -0.9308984  0.9475392
6  -0.7452711  0.7273960 -0.7884733
7  -0.7098714  0.7254223 -0.8007795
8  -0.7495580  0.7262851 -0.7743704
9  -0.8080740  1.4033517 -0.9304636
10 -0.7452711  0.7273960 -0.7884733
11  0.9272282 -0.9307506 -0.8371538
12  0.9626279 -0.9327243 -0.8494600
13  0.9229413 -0.9318615 -0.8230509
14  0.8290256 -0.2528211 -0.9668378
15  0.9272282 -0.9307506 -0.8371538
16  0.4224366  2.0453079  1.2864761
17  1.4713902  1.2947716  0.5451562
18  1.8822320  0.3086244  1.9547752
```

数据建模篇

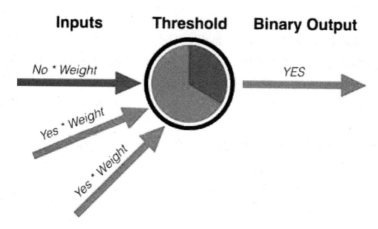

统计思维的核心是描述、概括和分析。

描述的意义在于知道数据的长相（语法层面）；

概括的意义在于从整体上对数据有进一步的了解和认识（语义层面）；

分析的意义在于为了达成一个目标而对数据的挖掘（语用层面）。

要想得到数据更多的价值，必须进行语义层面的"概括"和语用层面的"分析"。我们把"概括"和"分析"统称为模型分析，相当于传统意义上的数据挖掘或数据建模。

数据建模是数据分析的重点，这方面的资料很多，本书的主线是"重道轻术"，所以本篇只讨论如何应用模型，弱化模型原理的讨论。R语言Rattle包集各种模型于一体，是一个傻瓜式建模工具（Rattle的使用参考附录C）。

第8章 神经网络

8.1 模型原理

神经网络（Neural Networks，NN）是由大量的、简单的处理单元（称为神经元）广泛地互相连接而形成的复杂网络系统，它反映了人脑功能的许多基本特征，是一个高度复杂的非线性动力学习系统。神经网络具有大规模并行、分布式存储和处理、自组织、自适应和自学能力，特别适合处理需要同时考虑许多因素和条件的、不精确和模糊的信息处理问题。

图 8.1 表示出了作为人工神经网络的基本单元的神经元模型，它有三个基本要素：

1）一组连接（对应于生物神经元的突触），连接强度由各连接上的权值表示，权值为正表示激活，为负表示抑制。

2）一个求和单元，用于求取各输入信号的加权和（线性组合）。

3）一个非线性激活函数，起非线性映射作用，并将神经元输出幅度限制在一定范围内（一般限制在 $(0,1)$ 或 $(-1,1)$ 之间）。

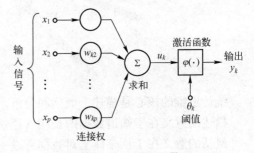

图 8.1　人工神经元模型

此外还有一个阈值 θ_k（或偏置 $b_k = -\theta_k$）。

以上作用可分别以数学式表达出来：

$$u_k = \sum_{j=1}^{p} w_{kj}x_j, \quad v_k = u_k - \theta_k, \quad y_k = \varphi(v_k)$$

式中，$x_1, x_2, \cdots, x_p$ 为输入信号；$w_{k1}, w_{k2}, \cdots, w_{kp}$ 为神经元 k 之权值；u_k 为线性组合结果；θ_k 为阈值；$\varphi(\cdot)$ 为激活函数；y_k 为神经元 k 的输出。

激活函数 $\varphi(\cdot)$ 可以有以下几种。

（1）阈值函数

$$\varphi(v) = \begin{cases} 1, & v \geq 0 \\ 0, & v < 0 \end{cases} \tag{8.1}$$

即阶梯函数。这时相应的输出 y_k 为

$$y_k = \begin{cases} 1, & v_k \geq 0 \\ 0, & v_k < 0 \end{cases}$$

其中 $v_k = \sum_{j=1}^{p} w_{kj}x_j - \theta_k$，常称此种神经元为 $M\text{-}P$ 模型。

（2）分段线性函数

$$\varphi(v) = \begin{cases} 1, & v \geqslant 1 \\ \dfrac{1}{2}(1+v), & -1 < v < 1 \\ 0, & v \leqslant -1 \end{cases} \tag{8.2}$$

它类似于一个放大系数为 1 的非线性放大器，当工作于线性区时它是一个线性组合器，放大系数趋于无穷大时变成一个阈值单元。

（3）Sigmoid 函数

最常用的函数形式为

$$\varphi(v) = \frac{1}{1 + \exp(-\alpha v)} \tag{8.3}$$

参数 $\alpha > 0$ 可控制其斜率。另一种常用的是双曲正切函数：

$$\varphi(v) = \tanh\left(\frac{v}{2}\right) = \frac{1 - \exp(-v)}{1 + \exp(-v)} \tag{8.4}$$

这类函数具有平滑和渐近性，并保持单调性。

除单元特性外，网络的拓扑结构也是神经网络的一个重要特性。从连接方式看，神经网络主要有两种：前馈型网络和反馈型网络。

所有结点都是计算单元，同时也可接收输入，并向外界输出。

8.2　进阶指导

图 8.2 显示了在 Rattle 建立 2 个隐含层的神经网络模型截图。

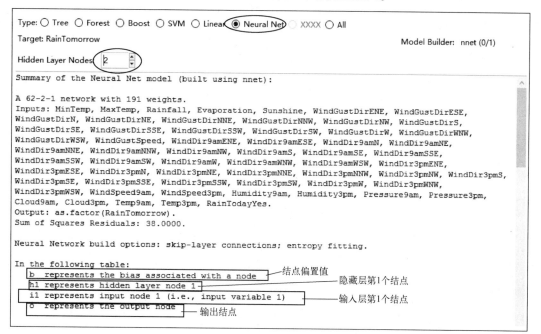

图 8.2　2 个隐含层的神经网络模型截图

图 8.3、图 8.4 和图 8.5 分别为第 1 个隐藏层的权重、第 2 个隐藏层的权重和输出层的权重。

```
Weights for node h1:
  b->h1   i1->h1   i2->h1   i3->h1   i4->h1   i5->h1   i6->h1   i7->h1   i8->h1   i9->h1
 -0.66     0.23     0.29    -0.31    -0.68    -0.36     0.27     0.23    -0.31    -0.18
i10->h1  i11->h1  i12->h1  i13->h1  i14->h1  i15->h1  i16->h1  i17->h1  i18->h1  i19->h1
  0.31    -0.02     0.29    -0.50     0.39     0.25    -0.16    -0.55    -0.52     0.25
i20->h1  i21->h1  i22->h1  i23->h1  i24->h1  i25->h1  i26->h1  i27->h1  i28->h1  i29->h1
 -0.65    -0.15    -0.03    -0.20     0.30    -0.16    -0.04     0.49     0.56     0.44
i30->h1  i31->h1  i32->h1  i33->h1  i34->h1  i35->h1  i36->h1  i37->h1  i38->h1  i39->h1
  0.41     0.51     0.38     0.22     0.47    -0.41     0.15    -0.22     0.46    -0.08
i40->h1  i41->h1  i42->h1  i43->h1  i44->h1  i45->h1  i46->h1  i47->h1  i48->h1  i49->h1
 -0.41     0.33    -0.54     0.56     0.59     0.64     0.13    -0.68    -0.51     0.55
i50->h1  i51->h1  i52->h1  i53->h1  i54->h1  i55->h1  i56->h1  i57->h1  i58->h1  i59->h1
  0.05     0.15     0.31    -0.15     0.24     0.02     0.33    -0.44    -0.47    -0.68
i60->h1  i61->h1  i62->h1
  0.07     0.30     0.35
```

图 8.3　第 1 个隐藏层的权重

```
Weights for node h2:
  b->h2   i1->h2   i2->h2   i3->h2   i4->h2   i5->h2   i6->h2   i7->h2   i8->h2   i9->h2
 -0.01     0.09     0.65    -0.36    -0.41    -0.56     0.50    -0.53    -0.19    -0.24
i10->h2  i11->h2  i12->h2  i13->h2  i14->h2  i15->h2  i16->h2  i17->h2  i18->h2  i19->h2
 -0.62     0.23    -0.47    -0.14    -0.28     0.33     0.44    -0.07    -0.08     0.51
i20->h2  i21->h2  i22->h2  i23->h2  i24->h2  i25->h2  i26->h2  i27->h2  i28->h2  i29->h2
 -0.17    -0.26     0.07    -0.01    -0.52     0.14    -0.18    -0.62     0.70    -0.04
i30->h2  i31->h2  i32->h2  i33->h2  i34->h2  i35->h2  i36->h2  i37->h2  i38->h2  i39->h2
 -0.37    -0.06    -0.07    -0.12     0.41     0.37     0.03    -0.19    -0.46     0.05
i40->h2  i41->h2  i42->h2  i43->h2  i44->h2  i45->h2  i46->h2  i47->h2  i48->h2  i49->h2
  0.29    -0.18    -0.51    -0.16     0.55     0.51    -0.57    -0.56    -0.02     0.09
i50->h2  i51->h2  i52->h2  i53->h2  i54->h2  i55->h2  i56->h2  i57->h2  i58->h2  i59->h2
  0.21     0.62     0.06     0.66     0.07    -0.39     0.08     0.50    -0.64     0.12
i60->h2  i61->h2  i62->h2
  0.45    -0.21    -0.54
```

图 8.4　第 2 个隐藏层的权重

```
Weights for node o:
  b->o    h1->o   h2->o    i1->o    i2->o    i3->o    i4->o    i5->o    i6->o    i7->o    i8->o    i9->o
 -0.44     0.08   -0.61     0.57     0.30     0.64     0.16    -0.42     0.51    -0.59    -0.23     0.31
i10->o   i11->o   i12->o   i13->o   i14->o   i15->o   i16->o   i17->o   i18->o   i19->o   i20->o   i21->o
 -0.19     0.69    -0.37     0.26    -0.18    -0.16     0.53    -0.42    -0.65    -0.30    -0.49    -0.69
i22->o   i23->o   i24->o   i25->o   i26->o   i27->o   i28->o   i29->o   i30->o   i31->o   i32->o   i33->o
  0.68     0.26     0.17    -0.22     0.23    -0.25     0.06    -0.52    -0.13     0.58     0.14     0.28
i34->o   i35->o   i36->o   i37->o   i38->o   i39->o   i40->o   i41->o   i42->o   i43->o   i44->o   i45->o
  0.23     0.53     0.25     0.34    -0.02    -0.17     0.33     0.57     0.46     0.47     0.68    -0.44
i46->o   i47->o   i48->o   i49->o   i50->o   i51->o   i52->o   i53->o   i54->o   i55->o   i56->o   i57->o
 -0.61     0.16    -0.65     0.20     0.55    -0.44     0.05     0.43    -0.24     0.63    -0.07    -0.59
i58->o   i59->o   i60->o   i61->o   i62->o
  0.50     0.35     0.31    -0.15     0.14

Time taken: 0.05 secs

Rattle timestamp: 2016-06-14 21:15:05 Administrator
=================================================================
```

图 8.5　输出层的权重

第9章　回归分析

9.1　模型原理

如果希望知道自变量 X 是怎样影响因变量 Y 的，从数学角度，就是建立如下模型：

模型 A：
$$Y = f(X)$$

其中 $f(\cdot)$ 是一个事前设定的函数形式，那什么样的函数形式 $f(\cdot)$ 最适合模型 A？人们很快发现，难以找到一个非常适合的函数形式 $f(\cdot)$，因为模型 A 表达的是一种确定的函数关系。换句话说，根据模型 A，只要自变量 X 给定，因变量 Y 也应该确定，这显然是一个非常不合理的要求。例如，为了研究投放"电视广告""杂志广告"和"利润"值的关系，即使两个产品投放的"电视广告"和"杂志广告"完全相同，它们为企业带来的相对利润也不可能完全相同。因为所观测到的自变量 X，仅仅是影响利润的无穷种因素中的两个。因此，即使两个产品在 X 上的取值完全相同，它们也完全有可能在很多其他方面不同，例如性别、收入、性格、情绪等。那么，有可能通过采集更多的自变量彻底解决这个问题吗？

一个合理的模型不能回避这种不确定性。相反，要面对它，分析它，甚至利用它。这是统计学模型与数学模型的最大区别所在，也是统计学智慧的最大所在。

那么到底怎样刻画不确定性呢？可以引入一个噪声项 ε，也称为随机扰动项。它与观测到的自变量毫不相干，完全独立，但它对因变量的形成有影响。所以对模型 A 稍做修改，就变成

模型 B：
$$Y = f(X, \varepsilon)$$

其中 $f(\cdot, \cdot)$ 也是一个事前设定的函数。按照模型 B，即使自变量 X 的取值事前给定，因变量 Y 的取值也不能完全确定，因为随机扰动项的取值是不确定的。但是，模型 B 并没有抹杀自变量的作用，因为通过模型 B，X 在一定程度上影响了 Y。因此，模型 B 同模型 A 相比是一个巨大的进步，它把可控的 X 和不可控的 ε 有机地结合了起来。如果没有 ε，模型 A 仅仅是一个数学模型，而有了 ε，模型 B 就变成了一个统计模型。

虽然模型 B 相对于模型 A 来说是一个巨大的进步，但是在实际应用中仍然无法实施，因为 $f(\cdot, \cdot)$ 的具体函数形式还没有确定。因此，接下来的任务是在所有可能的函数形式中寻找一个"最好"的。哪一种函数形式最好，得看我们的标准是什么。

对于数据挖掘应用来说，预测精度是唯一目的。那么，哪个函数带来的预测精度高，哪个就好。因此，在数据挖掘领域任何奇怪的函数形式都可以被接受，只要其预测精度好。但是，数据分析就不一样了，虽然模型的预测精度仍然是一个重要考虑因素，但不是唯一的，甚至不是最主要的，最主要的考虑往往是模型的可理解性。简单地说，能把问题说清楚的模型就是好模型。因为数据分析师的任务非常复杂，其中就包括把分析的结果用最通俗的语言

讲给他人听，对象可能是老板、同事、客户、下级等，这些对象往往有一个共同点，即没受过系统的数学训练。因此，讲数学对方是听不懂的，所以好的模型必须具备很好的可理解性。

回到 $f(\cdot,\cdot)$ 函数形式的选择问题，在所有的函数形式中，哪一个具有最好的可理解性呢？答案是线性函数。

综上所述，可以假设 $f(\cdot,\cdot)$ 是最普通的线性函数。因此，就有了经典的线性回归模型，其具体形式如下：

模型 C: $\qquad\qquad\qquad\qquad Y=\beta_0+\beta_1 X_1+\beta_2 X_2+\varepsilon$

其中 $\beta=(\beta_0,\beta_1,\beta_2)^{\mathrm{T}}$ 称作回归系数。为了技术处理方便，要求 $E(\varepsilon)=0$。否则，就可以重新定义 $\varepsilon=\varepsilon-E(\varepsilon)$，而 $\beta=\beta+E(\varepsilon)$。那么，模型 C 仍然成立，而且满足条件 $E(\varepsilon)=0$。为了方便起见，记 $\sigma^2=\mathrm{var}(\varepsilon)$。

模型 C 毫无疑问是实际应用最广泛的统计模型，这说明模型 C 的可理解性是非常好的。

对于模型 C 中的随机干扰项 ε，前面已经提到，ε 所代表的是那些没有被自变量 X 覆盖的其他因素。因此，ε 对我们来说是完全不可控的，没有直接关注的必要，也没有精确预测的可能。我们要关注的是模型 C 所涉及的未知参数，也就是 β 和 σ^2。下面逐一讨论。

首先关注 $\beta=(\beta_0,\beta_1,\beta_2)^{\mathrm{T}}$，其中截距项 β_0，普通的系数项 β_1、β_2，它们的意义是不一样的。例如：

$$\text{利润}=18+2\times\text{电视广告}+7\times\text{杂志广告} \qquad\qquad (9.1)$$

对 β_0 的解释：如果不投放广告，则每月利润大约 1.8 万，这说明 β_0 是在所有自变量都取值为 0 的情况下对因变量的一个预期。

解释完 β_0 后，再尝试去理解 β_1、β_2。由于性质是一样的，这里主要讨论 β_1。对模型 C，有 $E(Y)=\beta_0+\beta_1 X_1+\beta_2 X_2$，这是在给定自变量 X 的情况下，对因变量 Y 的预期。那么，如果保持 X_2 不变，而对 X_1 增加一个单位，即 X_1 变成 X_1+1，会产生一个新的因变量，记作 Y^*。那么对 Y^* 的预期如何呢？应该是 $E(Y^*)=\beta_0+\beta_1(X_1+1)+\beta_2 X_2$。因此，对因变量预期的改动是 $\Delta=E(Y^*)-E(Y)=\beta_1$。由此可见，$\beta_1$ 反映的是，在其他自变量（X_2）保持不变的情况下，因变量的预期对 X_1 的敏感度。这有点像数学分析中偏导的概念，又不尽相同。通俗地说，即保持 X_2 不变，而对 X_1 增加一个单位，预期因变量会增加 β_1 个单位。回到式（9.1），如果在"电视广告"投入 1 万元能够获得 2 万元的利润。同理，可解释 β_2：在"杂志广告"上投入 1 万元能够获得 7 万元的利润。

请注意，如果 β_1 正好等于 0，那么按照模型 C 可知，自变量 X_1 将不再参与到因变量 Y 的生成机制中。因此，自变量 X_1 对因变量 Y 的预期没有任何影响。再说得直白一点，X_1 这个因素不重要；如果 $\beta_1>0$，在控制了其他自变量（X_2）的情况下，因变量 Y 同自变量 X_1 是正相关的；相反，$\beta_1<0$ 说明在控制了其他自变量的情况下，因变量 Y 同自变量 X_1 是负相关的。

所以回归模型 C 很好地将人们关心的实际问题转换成了一个关于回归系数的问题。

下面解释 $\sigma^2=\mathrm{var}(\varepsilon)$：前面提到，我们不可能把握噪声 ε，因为它代表的就是那些我们无法把握的因素。但是，这并不代表其不重要，更不代表我们无法把握方差 σ^2。注意随机噪声 ε 和它的方差 σ^2 有本质区别。ε 是一个随机的无法捕捉的量，而 σ^2 是一个固定的常数，毫无随机性可言。σ^2 刻画的是 ε 的波动强度，绝对地理解 σ^2 是没有意义的。但是，我们能以 $\sigma_y^2 = \mathrm{var}(Y)$ 为标杆相对地理解 σ^2。由标准的概率论知识可知

$$\sigma_y^2 = \mathrm{var}(\beta_1 X_1 + \beta_2 X_2) + \sigma^2 \tag{9.2}$$

这说明，因变量 Y 的变异性 σ_y^2 是由两种不同的原因造成的。第一种是自变量，即 $\mathrm{var}(\beta_1 X_1 + \beta_2 X_2)$，由于这部分变异性是自变量造成的，因此也是可以通过自变量所解释的；第二种造成 σ_y^2 的原因就是来自噪声项 ε 的变异性，即 σ^2。按照式 (9.2)，噪声项的变异性是不可能超过因变量的变异性的，即 $\sigma_y^2 \geqslant \sigma^2$。因此，可以通过比较 σ_y^2 和 σ^2 的相对大小来判断随机噪声项在该模型中所起的作用。例如，一个极端是 $\sigma^2/\sigma_y^2 = 1$，这等价于 $\mathrm{var}(\beta_1 X_1 + \beta_2 X_2) = 0$，即所有的自变量统统没用，对解释因变量的变异性毫无帮助，这是一个很糟糕的情形；另外一个极端就是 $\sigma^2/\sigma_y^2 \approx 0$，这说明噪声项对因变量的影响微乎其微，现有的自变量已经能够非常充分地解释因变量的变异性，这当然是一种非常好的情况。

总之，对于一个普通线性模型，我们所关心的问题是 β 和 σ^2。知道了这两个参数，等价于知道了一个线性模型的核心内容。但是，很遗憾的是它们都是未知参数。因此，必须通过有限样本予以估计，参数估计的讨论超出了本书范围。

9.2 进阶指导

Rattle 提供了两种线性回归模型：Logistic 和 Probit。图 9.1 显示了 Logistic 线性回归模型，图 9.2 显示了模型可视化结果。

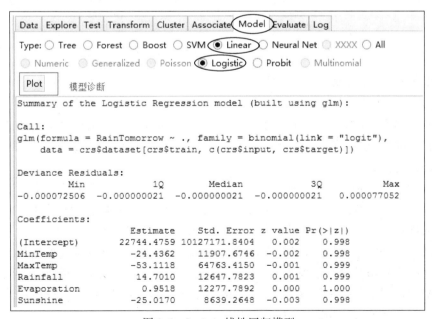

图 9.1 Logistic 线性回归模型

如何判断线性回归模型是正确的？单击图9.1的【plot】按钮，得到图9.2。

（1）模型诊断的基本方法

```
opar<-par( no. readOnly = TRUE)
fit<-lm( weight ~ height, data = women)
par( mfrow = c(2, 2))
plot( fit)
par( opar)
```

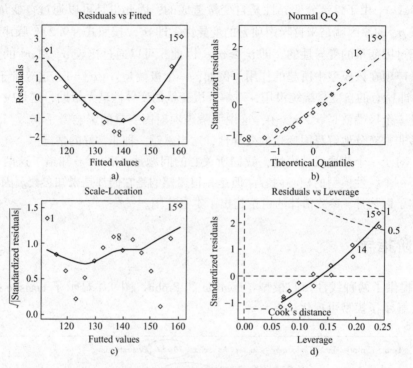

图9.2　线性回归模型可视化结果

为理解图9.2，下面来回顾一下线性回归的统计假设。

1）正态性（主要使用Q-Q图）。当预测变量值固定时，因变量成正态分布，则残差值也应该是一个均值为0的正态分布。正态Q-Q图（Normal Q-Q，图9.2b）是在正态分布对应的值下，标准化残差的概率图。若满足正态假设，那么图上的点应该落在呈45°角的直线上；若不是如此，那么就违反了正态性的假设。

2）独立性。从图9.2中无法分辨出因变量值是否相互独立，只能从收集的数据中来验证。上面的例子中，没有任何先验的理由去相信一位女性的体重会影响另外一位女性的体重。假若数据是从一个家庭抽样得来的，那么需要调整模型独立性的假设。

3）线性（图9.2a，该曲线尽量拟合所有点）。若因变量与自变量线性相关，那么残差值与预测（拟合）值就没有任何系统关联。换句话说，除了白噪声，模型应该包含数据中所有的系统方差。在"残差图与拟合图"（Residuals vs Fitted，图9.2a）中可以清楚地看到一个曲线关系，这暗示着需要对回归模型加上一个二次项。

4）同方差性（图9.2c，点随机分布在曲线的周围）。若满足不变方差假设，那么在位置尺度图（Scale-Location Graph，图 9.2c）中，水平线周围的点应该随机分布。该图似乎满足此假设。最后一幅"残差与杠杆图"（Residuals vs Leverage，图 9.2d）提供了所关注的单个观测点的信息。从图 9.2d 可以鉴别出离群点、高杠杆值点和强影响点。

读者可以通过以下代码修改模型，观察线性回归模型可视化结果的变化情况。

```
newfit<-lm(weight~height+I(height^2),data=women[-c(13,15),])
par(mfrow=c(2,2))
plot(newfit)
par(opar)
```

（2）使用改进的方法进行回归诊断

主要使用 car 包进行回归诊断，car 包提供了大量函数，大大提高了回归模型的诊断水平，见表 9.1。

表 9.1　car 包回归诊断实用函数

函　　数	目　　的
qqplot( )	分位数比较图
durbinWatsonTest( )	对误差自相关性做 Durbin-Watson 检验
crplots( )	成分与残差图
ncvTest( )	对非恒定的误差方差做得分检验
spreadLevelplot( )	分散水平检验
outlierTest( )	Bonferroni 离群点检验
avPlots( )	添加的变量图形
inluenceplot( )	回归影响图
scatterplat( )	增强的散点图
acatterplotMatrix( )	增强的散点图矩阵
vif( )	方差膨胀因子

第 10 章 聚 类 分 析

10.1 模型原理

聚类分析是指将物理或抽象对象的集合分组为由类似的对象组成的多个类的分析过程。聚类提供了把两个观测数据根据它们之间的距离计算相似度来分组的方法（没有指导样本）。

（1）K-means 聚类

K-means 聚类算法属于非层次聚类法的一种，是最简单的聚类算法之一，但是运用十分广泛。K-means 的计算方法如下：

步骤 1，随机选取 K 个中心点。

步骤 2，遍历所有数据，将每个数据划分到最近的中心点中。

步骤 3，计算每个聚类的平均值，并作为新的中心点。

步骤 4，重复步骤 2 和 3，直到这 K 个中线点不再变化（收敛了），或执行了足够多的迭代。

该方法有两个特点：通常要求已知类别数；只能使用连续性变量。

算法评价：

1）K 值选取。

在实际应用中，由于 K-means 一般作为数据预处理，或者用于辅助分类贴标签，所以 K 值一般不会设置很大。可以通过枚举，令 K 从 2 到一个固定值如 10，在每个 K 值上重复运行数次 K-means（避免局部最优解），并计算当前 K 的平均轮廓系数，最后选取轮廓系数最大的值对应的 K 作为最终的集群数目。

2）度量标准。

根据一定的分类准则，合理划分记录集合，从而确定每个记录所属的类别。不同的聚类算法中，用于描述相似性的函数也有所不同，有的采用欧氏距离或马氏距离，有的采用向量夹角的余弦，也有的采用其他的度量方法。

（2）Ewkm 聚类

研究表明，高维数据 K-means 方法性能很差，因为观测数据本质上变成马氏距离。一种成功的算法 EWKM（An Entropy、Weighting K-Means Algorithm for Subspace Clustering of High-Dimensional Sparse Data）就是使用权重距离度量相似度，算法的核心是只选择距离变化的簇作为下一次迭代的数据，也称为子空间聚类。

一个类中的某一维的权重代表该维对构成这一类的贡献概率。这一维权重的熵代表该维在这一类的识别中的可能性。因此，修改目标函数，在其中添加权重熵项，可以同时得到类内分散度的最小值和负的权重熵的最大值，以刺激更多的维对类的识别做出贡献。该方法可以避免只由稀疏数据中的几个维来识别聚类的问题。想详细了解算法过程的读者可参考相关资料。

（3）双向聚类

目前常用的聚类方法是基于所有属性比较的聚类，用相似度量函数确定相似程度，将对象进行类别的划分。但对于有些情况则不能满足，如某些属性对有些对象不起作用，在这些情况下，需要考虑与对象相关的属性。如果将对象在不同属性下的取值看作一个矩阵，基于此矩阵，根据对象和属性同时聚类，这样可以找出其中满足条件的各个小矩阵，即由对象子集和属性子集组成的聚类，这个过程称为双向聚类（两步聚类）。想详细了解算法过程的读者可参考相关资料。

10.2 进阶指导

Rattle 已经开发了大量的聚类算法，如 K-means、层次聚类（Hierachical、Ewkm 和 BiCluster），操作界面如图 10.1 所示。

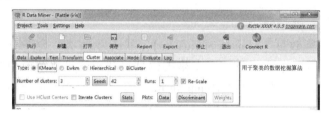

图 10.1　Rattle 聚类模型操作界面

图 10.2 是 weather 数据集，$K=4$ 时的聚类结果，共 24 个变量，其中数值变量 16 个，由于没有选择聚类变量个数，默认对所有数值变量聚类。

图 10.2　weather 数据集，$K=4$ 时的聚类结果

在图 10.2 中单击【Data】按钮对聚类结果可视化，图 10.3 是对变量 MinTemp 和 Rainfall 的可视化展示。最多可对 5 个变量可视化，如果选择的变量超过 5 个会出现提示框，提示默认前 5 个变量为选择的变量，并询问是否继续。

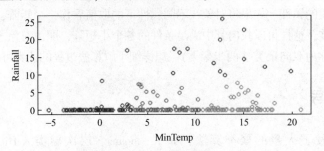

图 10.3　聚类可视化结果

参数选择：

基本的参数是聚类数目【Number of clusters】，默认为 10 类，允许输入大于 1 的正整数。

参数【Iterate Clusters】允许建立多个聚类模型，利用度量每个模型的结果指导建立多聚类模型。图 10.4 显示了对变量 MinTemp 和 Rainfall 建立的 3 个聚类模型，可视化报告如图 10.5 所示。

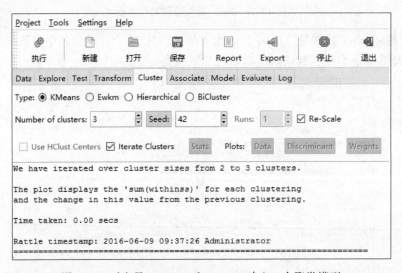

图 10.4　对变量 MinTemp 和 Rainfall 建立 3 个聚类模型

图 10.5 中实线表示每个聚类模型类内数据的平方和，虚线表示当前聚类模型的类内数据的平方和与前一个聚类模型的类内数据的平方和的差，或改进度量。

参数【Runs】将根据 Runs 值重复建模，并与先前最佳模型对比。

一旦完成建模，参数【Stats】【Data Plot】【Discriminant】按钮可用。单击【Stats】按钮，将在结果展示区显示每个聚类簇所有参与模型质量评估的统计量，并比较不同 K-means 模型；单击【Data Plot】按钮输出数据分布可视化图形；单击【Discriminant】按钮输出判别式坐标图（Discriminant Coordinates），该图突出原始数据簇与簇之间的关键差异，类似于 PCA（Principal Components Analysis）。

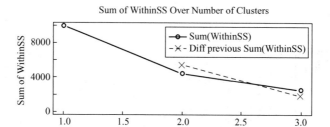

图 10.5　聚类质量度量改进的报告

单击【Discriminant】按钮，判别式坐标图显示如图 10.6 所示。

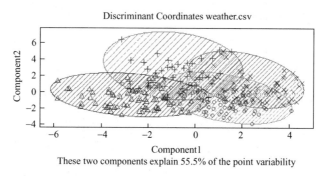

These two components explain 55.5% of the point variability

图 10.6　K-means 聚类判别式坐标图

图 10.7 是对变量 MinTemp 和 Rainfall 的 Ewkm 聚类结果 （$K=4$）。在图 10.7 中单击
【Data】按钮显示数据分布可视化 （图 10.8）。

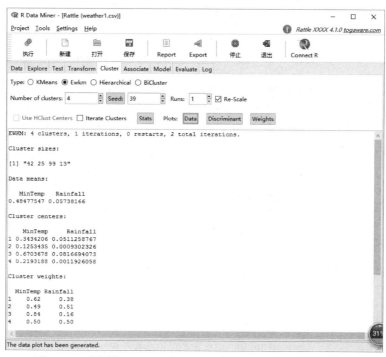

图 10.7　对变量 MinTemp 和 Rainfall 的 Ewkm 聚类结果 （$K=4$）

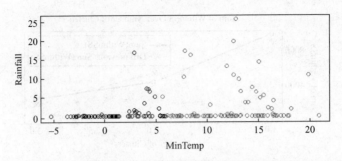

图 10.8　变量 MinTemp 和 Rainfall 的数据分布可视化

Ewkm 聚类的其他参数选择参考 K-means 参数的说明，它比 K-means 多了一个信息熵参数【Weights】，单击【Weights】后的显示结果如图 10.9 所示。

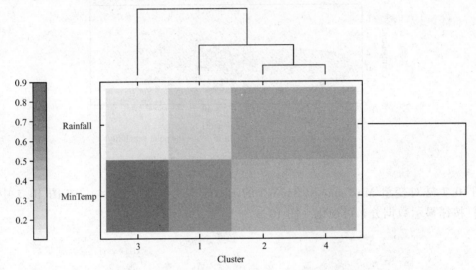

图 10.9　不同簇变量 MinTemp 和 Rainfall 的权重

层次聚类（Hierachical）模型有三个参数：模型度量（Distance）、层次聚类方法（Agglomerate）和进程数（Number of Processors），如图 10.10 所示。

图 10.11 是对变量 MinTemp 和 Rainfall 的 Hierachical 聚类结果。

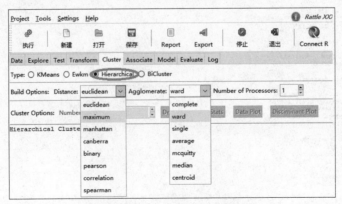

图 10.10　层次聚类模型参数示意

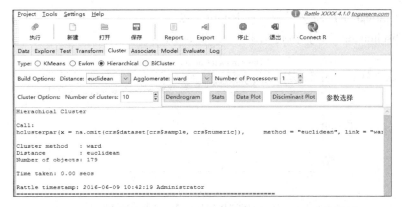

图 10.11 对变量 MinTemp 和 Rainfall 的 Hierachical 聚类结果

指定聚类的类别数为 4，单击【Data Plot】按钮，显示结果如图 10.12 所示。

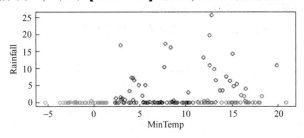

图 10.12 Hierachical 聚类变量 MinTemp 和 Rainfall 的分布（4 类）

对于凝结（Agglomerative）的层次聚类，两个靠近的观测值形成第 1 个簇，接下来两个靠近的观测值，但不包含第 1 个簇，形成第 2 个簇，以此类推，形成了 k 个簇，可以单击【Dendrogram】得到如图 10.13 的结果。

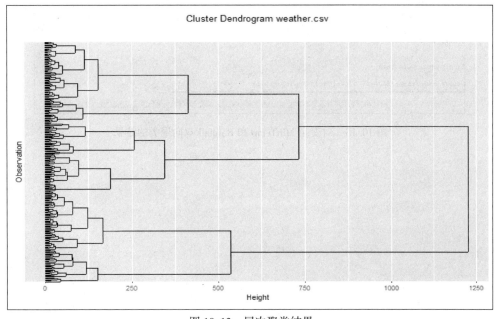

图 10.13 层次聚类结果

执行【Dendrogram】需要安装"ggdendro"包。

参数【Disciminant Plot】执行结果如图 10.14 所示。

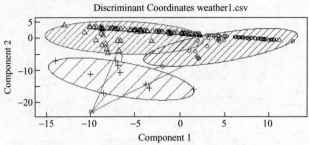

图 10.14　Hierachical 聚类判别式坐标图

在 Rattle 使用双向聚类，需要加载 Biclust 包。

图 10.15 显示对变量 MinTemp 和 Rainfall 双向聚类的结果，共聚为 6 类，并给出前 5 类的观测数据数量。

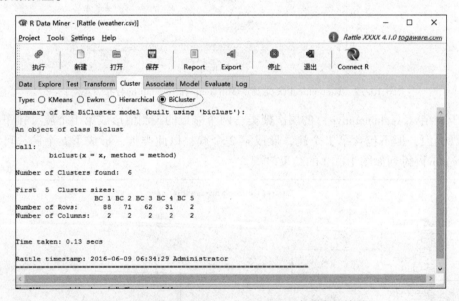

图 10.15　对变量 MinTemp 和 Rainfall 双向聚类的结果

第11章 关 联 分 析

11.1 模型原理

许多年以前，出现了在线书店，它们通过收集销售图书的信息，利用关联分析能够根据顾客的兴趣确定图书分组。后来利用这些信息开发了一个推荐系统，当顾客购买图书时，向其推荐感兴趣的图书，顾客经常发现这样的推荐很有用。

关联分析方法在挖掘传统大型关系数据库非常有效，如购物篮、在线顾客购买兴趣分析。关联分析也是数据挖掘的核心技术。

在线书店的例子，使用了历史数据，如顾客买了 A 书和 B 书，同时也购买了 C 书，并且同时买了 A 书和 B 书的顾客占比为 0.5%，但同时购买 C 书的顾客占比为 70%，这是一个很有趣的信息。作为分店经理可以更多地了解顾客的购物习惯。

特别是，想知道哪些商品顾客可能会在一次购物时同时购买？为回答该问题，可以对商店的顾客交易数量进行购物篮分析（Market Basket Analysis）。该过程通过发现顾客放入"购物篮"中的不同商品之间的关联，分析顾客的购物习惯。这种关联的发现可以帮助零售商了解哪些商品频繁地被顾客同时购买，从而帮助他们开发更好的营销策略。

（1）基本术语

假设 $I=\{i_1,i_2,\cdots,i_m\}$ 是项的集合，给定一个交易数据库 $D=\{t_1,t_2,\cdots,t_m\}$，其中每个事务（Transaction）t 是 D 的非空子集，即 $t\in D$，每一个交易都与一个唯一的标识符 TID（Transaction ID）对应。关联规则是形如 $X\Rightarrow Y$ 的蕴涵式，其中 $X,Y\in D$ 且 $X\cap Y=\varnothing$，X 和 Y 分别称为关联规则的前件（Antecedent 或 Left-Hand-Side，LHS）和后件（Consequent 或 Right-Hand-Side，RHS）。关联规则 $X\Rightarrow Y$ 在 D 中的支持度（Support）是 D 中事务包含 $X\cup Y$ 的百分比，即概率 $P(X\cup Y)$；置信度（Confidence）是包含 X 的事务中同时包含 Y 的百分比，即条件概率 $P(Y|X)$。如果满足最小支持度阈值和最小置信度阈值，则称关联规则是有趣的。这些阈值由用户或者专家设定。下面用一个简单的例子说明。

表 11.1 是顾客购买记录的数据库 D，包含 6 个事务。项集 $I=\{$网球拍,网球,运动鞋,羽毛球$\}$。考虑关联规则：网球拍⇒网球，事务 1、2、3、4、6 包含网球拍，事务 1、2、5、6 同时包含网球拍和网球，支持度 $\text{Support}=\dfrac{3}{6}=0.5$，置信度 $\text{Confident}=\dfrac{3}{5}=0.6$。若给定最小支持度 $\alpha=0.5$，最小置信度 $\beta=0.8$，则关联规则"网球拍⇒网球"是有趣的，认为购买网球拍和购买网球之间存在相关。

表 11.1 购物篮分析例子

TID	网 球 拍	网 球	运 动 鞋	羽 毛 球
1	1	1	1	0
2	1	1	0	0
3	1	0	0	0
4	1	0	1	0
5	0	1	1	1
6	1	1	0	0

(2) Apriori 算法

1994 年 Agrawal 等人建立了项目集格空间理论，并依据上述两个定理，提出了著名的 Apriori 算法。至今 Apriori 仍然作为关联规则挖掘的经典算法被广泛讨论，之后诸多的研究人员对关联规则的挖掘问题进行了大量的研究。

Apriori 算法是挖掘布尔关联规则频繁项集的算法，关键是利用了 Apriori 性质：频繁项集的所有非空子集也必须是频繁的。

Apriori 算法使用了一种称作逐层搜索的迭代方法，k 项集用于探索 $(k+1)$ 项集。首先，通过扫描数据库，累积每个项的计数，并收集满足最小支持度的项，找出频繁 1 项集的集合，该集合记作 L_1；然后，L_1 用于找频繁 2 项集的集合 L_2，L_2 用于找 L_3，如此下去，直到不能再找到频繁 k 项集。找每个 L_k 需要一次数据库全扫描。

Apriori 算法的核心思想简要描述如下。

连接步：为找出 L_k（频繁 k 项集），通过 L_{k-1} 与自身连接，产生候选 k 项集，该候选项集记作 C_k，其中 L_{k-1} 的元素是可连接的。

剪枝步：C_k 是 L_k 的超集，即它的成员可以是也可以不是频繁的，但所有的频繁项集都包含在 C_k 中。扫描数据库，确定 C_k 中每一个候选的计数，从而确定 L_k（计数值不小于最小支持度计数的所有候选是频繁的，从而属于 L_k）。然而，C_k 可能很大，这样所涉及的计算量就很大。为压缩 C_k，使用 Apriori 性质，即任何非频繁的 $(k-1)$ 项集都不可能是频繁 k 项集的子集。因此，如果一个候选 k 项集的 $(k-1)$ 项集不在 L_k 中，则该候选项也不可能是频繁的，从而可以由 C_k 中删除。这种子集测试可以使用所有频繁项集的散列树快速完成。

11.2 进阶指导

Rattle 安装目录提供一个例子（dvdtrans.csv），这个例子包含三个顾客购买 DVD 电影商品的事务，数据结构如图 11.1 所示。

通过【Data】选项卡导入数据（图 11.2）。

变量 ID 自动选择 Ident 角色，但需要改变 Item 变量的角色为 Target。

在【Associate】选项卡下，确保参数【Baskets】勾选，单击【执行】按钮建立由关联规则组成的模型。图 11.3 结果展示区显示相关分析结果，支持度 = 0.1，置信度 = 0.1 的情况下，共挖掘了 29 条规则。

图 11.3 结果展示区接下来的代码块报告了三个度量的分布。单击【Show Rules】按钮，在结果展示区显示全部规则（图 11.4）。

	A	B		D	E	F
1	ID	Item		17	5	Sixth Sense
2	1	Sixth Sense		18	6	Gladiator
3	1	LOTR1		19	6	Patriot
4	1	Harry Potter1		20	6	Sixth Sense
5	1	Green Mile		21	7	Harry Potter1
6	1	LOTR2		22	7	Harry Potter2
7	2	Gladiator		23	8	Gladiator
8	2	Patriot		24	8	Patriot
9	2	Braveheart		25	9	Gladiator
10	3	LOTR1		26	9	Patriot
11	3	LOTR2		27	9	Sixth Sense
12	4	Gladiator		28	10	Sixth Sense
13	4	Patriot		29	10	LOTR
14	4	Sixth Sense		30	10	Gladiator
15	5	Gladiator		31	10	Green Mile
16	5	Patriot				

图 11.1　dvdtrans.csv

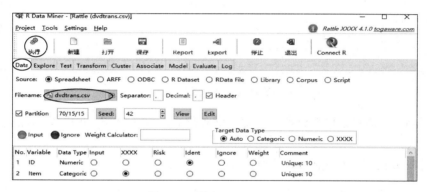

图 11.2　导入 dvdtrans.csv

```
R Data Miner - [Rattle (dvdtrans.csv)]
Project  Tools  Settings  Help                                   Rattle XXXX 4.1.0 togaware.com

执行   新建   打开   保存   Report   Export   停止   退出   Connect R

Data  Explore  Test  Transform  Cluster  Associate  Model  Evaluate  Log

☑ Baskets  Support: 0.1000  Confidence: 0.1000  Min Length: 2

Freq Plot  Show Rules  Sort by: Support  ▼  Plot

Number of Rules: 29

Summary of the Measures of Interestingness:

      support          confidence            lift
Min.    :0.1000   Min.    :0.2500   Min.    : 0.8333
1st Qu.:0.1000   1st Qu.:0.3333   1st Qu.: 2.5000
Median :0.1000   Median :1.0000   Median : 2.5000
Mean   :0.1276   Mean   :0.6954   Mean   : 3.2471
3rd Qu.:0.1000   3rd Qu.:1.0000   3rd Qu.: 5.0000
Max.   :0.4000   Max.   :1.0000   Max.   :10.0000

Summary of the Execution of the Apriori Command:
Apriori

Parameter specification:
 confidence minval smax arem  aval originalSupport support minlen maxlen target
        0.1    0.1    1 none FALSE           TRUE     0.1      2     10  rules
   ext
 FALSE

Algorithmic control:
 filter tree heap memopt load sort verbose
    0.1 TRUE TRUE  FALSE TRUE    2    TRUE

Absolute minimum support count: 1

The Association Rules model has been built. Time taken: 0.02 secs
```

图 11.3　Baskets 执行结果

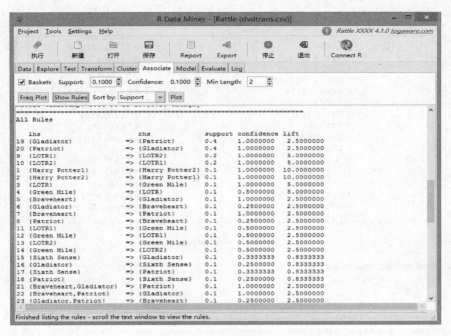

图 11.4　全部规则显示

这些规则的两边只是单频繁项集，支持度和信念度都为 0.1，我们发现第 1、2 条规则提升度非常大。

单击【Freq Plot】按钮显示频繁项直方图（图 11.5）。

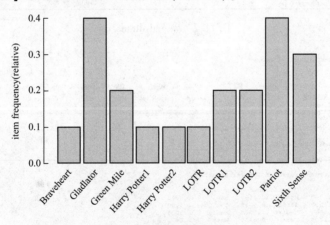

图 11.5　频繁项直方图

单击【Plot】按钮显示可视化规则图（图 11.6）。

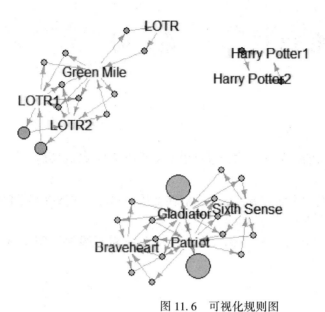

图 11.6   可视化规则图

第12章 决 策 树

12.1 模型原理

相比贝叶斯算法，决策树的优势在于构造过程中不需要任何的参数设置，因此决策树更偏重于探索式的知识发现。

决策树的思想贯穿着我们的生活方方面面，人们在生活中的每一次选择都是树的一个分支节点，只不过生活是一棵走不到尽头的决策树。

举个例子来说明决策树，比如给寝室的室友介绍对象时需要跟他讲明女孩子的如下情况：

家是哪里的？

人脾气如何？

人长相如何？

人个头如何？

室友的要求是：家是北京的，脾气温柔，长相一般，个头一般。那么这个决策树如图 12.1 所示。

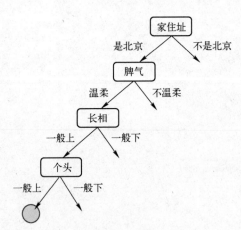

图 12.1　决策树的简单例子

在图 12.1 中，实例的每一个特征在决策树中都会找到一个肯定或者否定的结论，节点可以带权重，根据权重将节点排序。

构造决策树的关键步骤是分裂属性。所谓分裂属性就是在某个节点处按照某一特征属性的不同取值构造不同的分支，其目标是让分裂的子集尽可能地"纯"。尽可能"纯"就是尽量让一个分裂子集中待分类项属于同一类别。分裂属性有不同的情况：

1）属性是离散值且不要求生成二叉决策树，此时用属性的每一个取值作为一个分支。

2）属性是离散值且要求生成二叉决策树，此时使用属性划分的一个子集进行测试，按照"属于此子集"和"不属于此子集"分成两个分支。

3）属性是连续值，此时确定一个值作为分裂点 split_point，按照>split_point 和 ≤ split_point 生成两个分支。

构造决策树的关键性内容是进行属性选择度量，属性选择度量是一种选择分裂准则，它决定了决策树的拓扑结构。

常用决策树算法有 ID3、C4.5 等。

12.2 进阶指导

在 Rattle 中，可以通过【Model】选项卡 Type = Tree 建立决策树模型，实验数据为 weather.csv，单击【执行】按钮得到如图 12.2 所示的决策树模型。

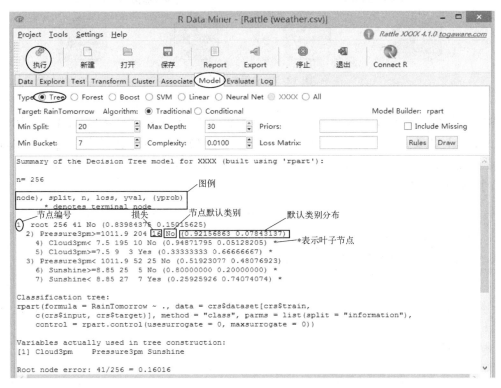

图 12.2　weather 数据集决策树模型

模型显示在结果展示区域内，提供的可视化图例（见图 12.3）能够帮助我们理解决策树模型。决策树的第 1 个节点总是根节点。根节点表示所有的观测数据，其他节点表示简单地把每一个观察分类。这个信息告诉我们大多数观测数据对根节点判为 No，256 个感测数据中有 41 个是错误的分类（实际为 Yes 类）。

图 12.2 "图例"中 Yprob 分量表示观测数据的类分布，从图 12.2 知变量 RainTomorrow

分为 No 类的概率为 0.83984375，16%分为 Yes 类。明天不下雨有 84%概率应该是个不错的结论，但实际是没有用的，因为我们感兴趣的是明天是否下雨。

根节点分裂为两个子节点，这个分裂是依据变量 Pressure3pm 是否大于 1011.9，所以，节点 2 的分裂表达式为 Pressure3pm > = 1011.9。结果有 204 个观测值的 Pressure3pm 值大于 1011.9。

单击【Draw】按钮得到可视化的决策树（图 12.3）。

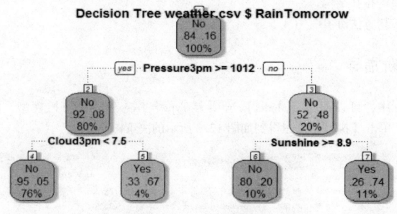

图 12.3　决策树可视化

Rattle 提供了两个调节参数：【Traditional】（默认）和【Conditional】。使用参数【Conditional】需要加载"party"包，执行结果如图 12.4 所示。选择参数【Conditional】有时是必需的，如当目标变量（见图 12.4 文本框 Target）属于感兴趣类别很少，单击【Draw】按钮得到图 12.5。

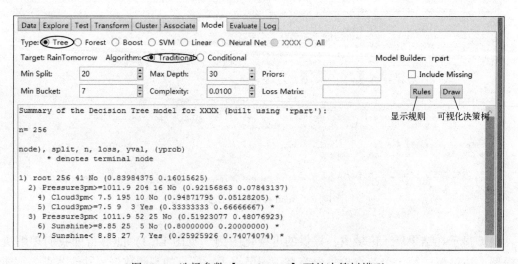

图 12.4　选择参数【Conditional】下的决策树模型

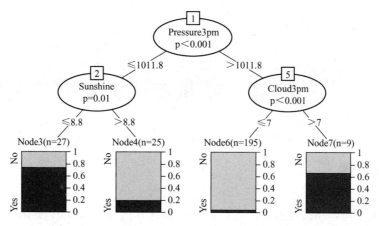

图 12.5　选择参数【Conditional】下决策树的可视化结果

第13章 随机森林决策树

13.1 模型原理

为了克服决策树容易过度拟合的缺点，随机森林算法（Random Forests，RF）把决策树组合成随机森林，即在变量（列）和数据（行）的使用上进行随机化，生成很多决策树，再汇总决策树的结果。在随机森林在运算量没有显著提高的前提下提高了预测精度，对多元共线性不敏感，可以很好地预测多达几千个自变量的作用，被称为当前最好的算法之一。

（1）随机森林的定义

随机森林是一个由决策树分类器集合 $\{h(\boldsymbol{x}, \theta_k), k = 1, 2, \cdots\}$ 构成的组合分类器模型，其中参数集 $\{\theta_k\}$ 是独立同分布的随机向量，$\boldsymbol{x}$ 是输入向量。当给定输入向量时每个决策树有一票投票权来选择最优分类结果。每一个决策树是由分类回归树（CART）算法构建的未剪枝的决策树。因此与 CART 相对应，随机森林也分为随机分类森林和随机回归森林。目前，随机分类森林的应用较为普遍，它的最终结果是单棵树分类结果的简单多数投票，而随机回归森林的最终结果是单棵树输出结果的简单平均。

（2）随机森林的基本思想

随机森林是通过自适应法（Bootstrap）重复采样技术，从原始训练样本集中有放回地重复随机抽取 k 个样本生成新的训练集样本集合，然后根据自适应法生成 k 个决策树组成的随机森林。其实质是对决策树算法的一种改进，将多个决策树合并在一起，每棵树的建立依赖一个独立抽取的样本，森林中的每棵树具有相同的分布，分类误差取决于每一棵树的分类能力和它们之间的相关性。

13.2 进阶指导

在 Rattle 随机森林建模过程中，提供了两个算法：Tranditonal 和 Conditional，其中 Tranditonal 是基本算法（见图 13.1）。

图 13.1 所示为利用 Rattle 的 Algorithm 复选框中的【Tranditonal】选项构建的随机森林模型。从图中可以看到，本次建立的随机森林模型中决策树个数为 500，而每一棵决策树的节点分支处所选择的变量个数为 4 个。

在图 13.1 参数选择区右侧有 4 个按钮，其中【Importance】按钮主要用于绘制模型各变量在两种不同标准下重要值图像（图 13.2）；【Errors】按钮主要用于绘制模型中各个类别以及根据袋外数据计算的误判率图像（图 13.3）；【Rules】按钮主要用于显示根据森林数得到

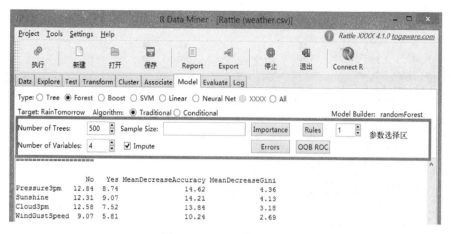

图 13.1　Forest 模型界面

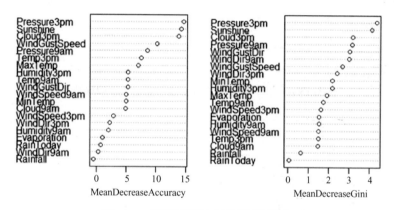

图 13.2　两种不同标准下重要值图像

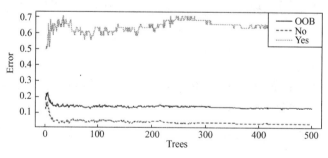

图 13.3　误判率图像

的规则集合（图 13.4）；【OOB ROC】按钮主要用于绘制根据随机森林模型的袋外数据计算而得到的 ROC 图像（图 13.5）。

　　规则多少？规则形式？规则由哪个节点产生？规则由哪棵树产生？这些问题由图 13.4【Rules】按钮右边的数字决定。

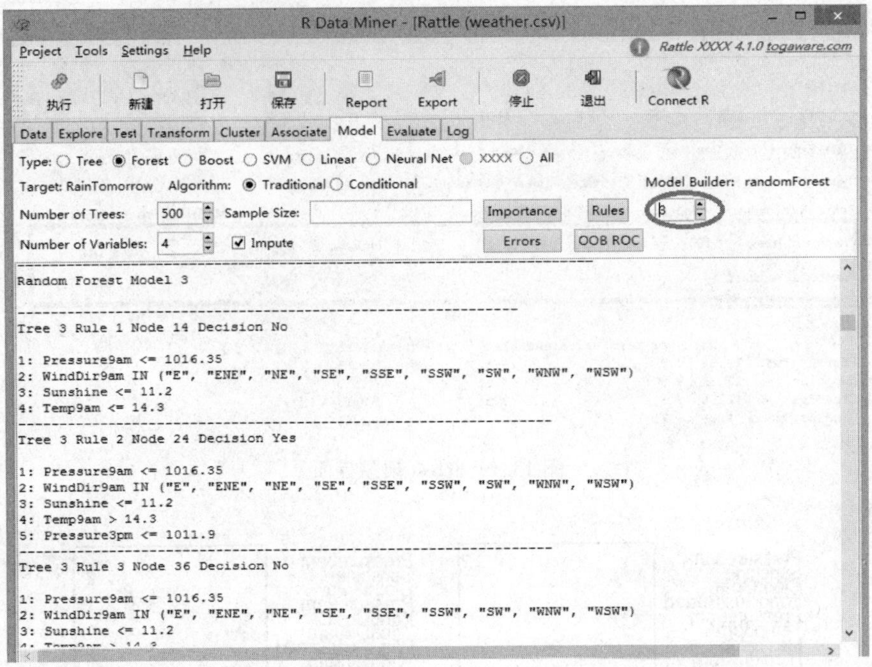

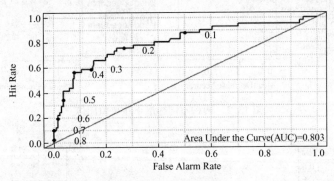

图 13.4　第 3 棵树 14、24、36 号节点产生的规则

图 13.5　ROC 曲线

在有约束的随机森林算法（Algorithm 复选框中的【Conditional】选项，图 13.6 中，"Errors" "OOB ROC" 两个按钮无效。图 13.7 给出了重要值权重图像。

图 13.6　有约束的随机森林算法

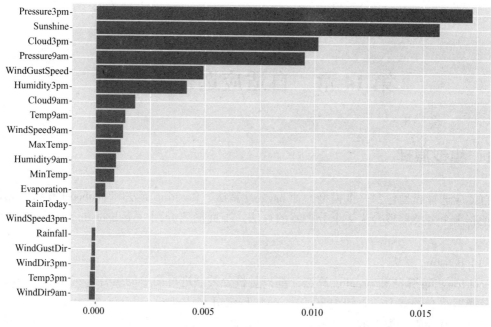

图 13.7   重要值权重图像

第 14 章　自适应选择决策树

14.1　模型原理

自适应选择模型包含一批模型，如 bagging 算法、Boosting 算法和 adaboost 算法，它们是一种把若干个分类器整合为一个分类器的算法。下面简要介绍一下 bootsting 算法和 adaboost 算法。

（1）Boosting 算法

bootstrapping 算法和 bagging 算法，都只是将分类器进行简单的组合，实际上，并没有发挥出分类器组合的威力。直到 1989 年，Yoav Freund 与 Robert Schapire 提出了一种可行的将弱分类器组合为强分类器的算法 Boosting，并由此而获得了 2003 年的哥德尔奖，其主要过程如下：

1）从样本整体集合 D 中，不放回地随机抽样 $n_1 < n$ 个样本，得到集合 D_1；

训练弱分类器 C_1。

2）从样本整体集合 D 中，抽取 $n_2 < n$ 个样本，其中合并进一半被 C_1 分类错误的样本，得到样本集合 D_2；

训练弱分类器 C_2。

3）抽取 D 样本集合中，C_1 和 C_2 分类不一致样本，组成 D_3；

训练弱分类器 C_3。

4）用三个分类器来投票，得到最后分类结果。

（2）adaboost 算法

设输入的 n 个训练样本为 $\{(x_1, y_1), (x_2, y_2), \cdots, (x_n, y_n)\}$，其中 x_i 是输入的训练样本，$y_i \in \{0, 1\}$ 分别表示正样本和负样本，其中正样本数为 k，负样本数 m，$n = k + m$，具体步骤如下：

1）初始化每个样本的权重 w_i，$i \in D(i)$。

2）对每个 $t = 1, \cdots, T$（T 为弱分类器的个数），执行以下步骤：

① 把权重归一化为一个概率分布：

$$w_{t,i} = \frac{w_{t,i}}{\sum_{j=1}^{n} w_{t,j}} \tag{14.1}$$

② 对每个特征 f，训练一个弱分类器 h_j，计算对应所有特征的弱分类器的加权错误率：

$$\varepsilon_j = \sum_{i=1}^{n} w_t(x_i) \, |h_j(x_i) \neq y_i| \tag{14.2}$$

③ 选取最佳的弱分类器 h_t（拥有最小错误率）：ε_t。

④ 按照这个最佳弱分类器，调整权重：

$$w_{t+1,i} = w_{t,i}\beta_t^{1-\varepsilon_i} \tag{14.3}$$

其中 $\varepsilon_i = 0$ 表示被正确地分类，$\varepsilon_i = 1$ 表示被错误地分类。

$$\beta_t = \frac{\varepsilon_t}{1-\varepsilon_t} \tag{14.4}$$

3）最后的强分类器为

$$h(x) = \begin{cases} 1, & \sum_{t=1}^{T}\alpha_t h_t(x) \geqslant \frac{1}{2}\sum_{t=1}^{T}\alpha_t, \quad \alpha_t = \log\frac{1}{\beta_t} \\ 0, & \text{其他} \end{cases} \tag{14.5}$$

14.2 进阶指导

模型的使用同第 13 章，这里不再赘述，只讨论模型的性能评估。

（1）混淆矩阵

图 14.1 显示的混淆矩阵表明，实际有 215 个观测数据标注 RainTomorrow = No，但有 1 个识别为 RainTomorrow = Yes（混淆矩阵第一行）；有 41 个观测数据标注 RainTomorrow = Yes，但有 12 个识别为 RainTomorrow = No（混淆矩阵第二行）。

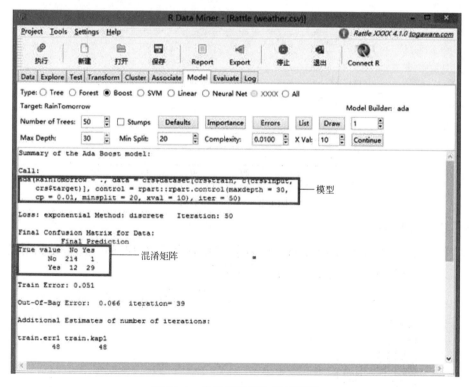

图 14.1　自适应选择决策树模型

（2）训练误差曲线

一旦建好了 Boosting 模型，单击【Errors】按钮显示训练误差曲线（图 14.2）。

图 14.2 显示当决策树增加时，训练误差在减少。误差曲线的重要特性是早期的错误率下降很快，然后变得平缓。根据误差曲线判断决策树数量，一般在 40 个左右。

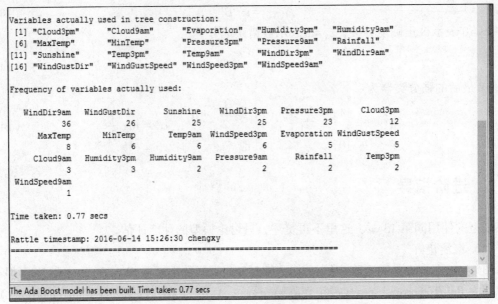

図 14.1　自适应选择决策树模型（续）

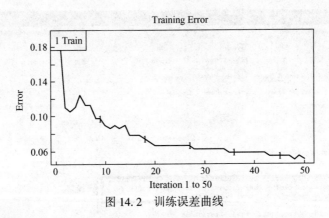

图 14.2　训练误差曲线

（3）变量的重要性

度量变量的重要性通过单击【Importance】按钮查看（图 14.3），度量是相对的，变量的排序、变量之间的距离分数与实际的分数更相关。

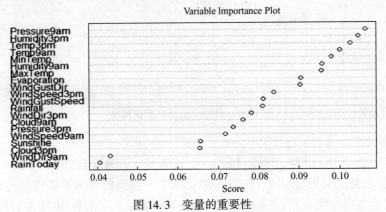

图 14.3　变量的重要性

对每一棵树都要计算变量重要性的度量值，图 14.3 为计算的变量重要性的平均度量值。

在前 5 个最重要的变量中，注意到有两个类别变量（WindDir9am 和 WindDir3pm），因为变量的性质是如何选择决策树算法，很可能对分量变量的偏见，所以对图 14.3 的变量重要性度量打了一个折扣。

单击【List】按钮是以列表的形式显示模型（图 14.4）。

图 14.4　Boosting 模型列表形式

单击【Draw】按钮，显示模型的可视化结果（图 14.5）。

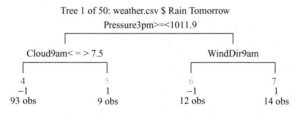

图 14.5　Boosting 模型可视化

（4）增加新的树

单击【Continue】按钮弹出如图 14.6 的信息框，允许通过文本框【Number of Trees】进一步增加树到已有模型中，改进已有模型。

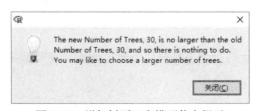

图 14.6　增加树到已有模型信息提示

第 15 章 SVM

15.1 模型原理

支持向量机（Support Vector Machine）是 Cortes 和 Vapnik 于 1995 年首先提出的，它在解决小样本、非线性及高维模式识别中表现出许多特有的优势，并能够推广应用到函数拟合等其他机器学习问题中。

传统的统计模式识别方法在进行机器学习时，强调经验风险最小化。而单纯的经验风险最小化会产生"过学习问题"，泛化能力较差。根据统计学习理论，学习机器的实际风险由经验风险值和置信范围值两部分组成。而基于经验风险最小化准则的学习方法只强调了训练样本的经验风险最小误差，没有最小化置信范围值，因此泛化能力较差。

SVM 是从线性可分情况下的最优分类面发展而来的，基本思想可用图 15.1 来说明。图中实心点和空心点代表两类样本，H 为它们之间的分类超平面，H_1 和 H_2 分别为过各类中离分类面最近的样本且平行于分类面的超平面，它们之间的距离 Δ 叫作分类间隔。

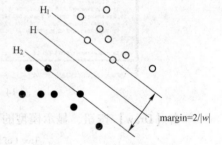

图 15.1 最优分类面示意图

所谓最优分类面是指不但能将两类样本正确分开，而且使分类间隔最大的分类面。将两类正确分开是为了保证训练错误率为 0，也就是经验风险最小（为 0）。使分类空隙最大实际上就是使泛化能力的界中的置信范围最小，从而使真实风险最小。推广到高维空间，最优分类线就成为最优分类面。

设线性可分样本集为 (x_i, y_i)，$i = 1, \cdots, n$，$x \in \mathbf{R}^d$，$y \in \{-1, 1\}$ 是类别符号。d 维空间中线性判别函数的一般形式为 $g(x) = wx + b$，分类线方程为 $wx + b = 0$。将判别函数进行归一化，使两类所有样本都满足 $|g(x)| = 1$，也就是使离分类面最近的样本的 $|g(x)| = 1$，此时分类间隔等于 $2/|w|$，因此使间隔最大等价于使 $|w|$ 最小。要求分类线对所有样本正确分类，即满足：

$$y_i[(wx) + b] - 1 \geq 0, i = 1, 2, \cdots, n \tag{15.1}$$

满足条件（15.1），并且使 $\|w\|^2$ 最小的分类面叫作最优分类面，过两类样本中离分类面最近的点且平行于最优分类面的超平面 H_1、H_2 上的训练样本点就称作支持向量（Support Vector）。

利用 Lagrange 优化方法可以把上述最优分类面问题转化为如下这种较简单的对偶问题，即，在约束条件：

$$\sum_{i=1}^{n} y_i \alpha_i = 0 \tag{15.2}$$

$$\alpha_i \geq 0, i = 1, 2, \cdots, n \tag{15.3}$$

对 α_i 求解下列函数的最大值：

$$Q(\boldsymbol{\alpha}) = \sum_{i=1}^{n} \alpha_i - \frac{1}{2} \sum_{i,j=1}^{n} \alpha_i \alpha_j y_i y_j (x_i x_j) \tag{15.4}$$

若 $\boldsymbol{\alpha}^*$ 为最优解，则

$$\boldsymbol{w}^* = \sum_{i=1}^{n} \boldsymbol{\alpha}^* \boldsymbol{y} \alpha_i \tag{15.5}$$

即最优分类面的权系数向量是训练样本向量的线性组合。

这是一个不等式约束下的二次函数极值问题，存在唯一解。根据 kühn-Tucker 条件，解中将只有一部分（通常是很少一部分）α_i 不为零，这些不为 0 解所对应的样本就是支持向量。求解上述问题后得到的最优分类函数是

$$f(\boldsymbol{x}) = \text{sgn}\{(\boldsymbol{w}^* \boldsymbol{x}) + b^*\} = \text{sgn}\Big\{ \sum_{i=1}^{n} \alpha_i^* y_i (x_i \boldsymbol{x}) + b^* \Big\} \tag{15.6}$$

根据前面的分析，非支持向量对应的 α_i 均为 0，因此式（15.6）中的求和实际上只对支持向量进行。b^* 是分类阈值，可以由任意一个支持向量通过式（15.1）求得（只有支持向量才满足其中的等号条件），或通过两类中任意一对支持向量取中值求得。

从前面的分析可以看出，最优分类面是在线性可分的前提下讨论的，在线性不可分的情况下，可以在条件（15.2），（15.3）中增加一个松弛项参数 $\varepsilon_i \geq 0$，变成

$$y_i [(\boldsymbol{w} x_i) + b] - 1 + \varepsilon_i \geq 0, i = 1, 2, \cdots, n \tag{15.7}$$

对于足够小的 $\varepsilon > 0$，只要使

$$F_\sigma(\varepsilon) = \sum_{i=1}^{n} \varepsilon_i^\sigma \tag{15.8}$$

最小就可以使错分样本数最小。对应线性可分情况下的使分类间隔最大，在线性不可分情况下可引入约束：

$$\|\boldsymbol{w}\|^2 \leq c_k \tag{15.9}$$

在约束条件式（15.7）和式（15.9）下，对式（15.8）求极小，就得到了线性不可分情况下的最优分类面，称作广义最优分类面。为方便计算，取 $\boldsymbol{\varepsilon} = 1$。

为使计算进一步简化，广义最优分类面问题可以进一步演化成在条件（15.7）的约束条件下求下列函数的极小值：

$$\phi(\boldsymbol{w}, \boldsymbol{\varepsilon}) = \frac{1}{2}(\boldsymbol{w}, \boldsymbol{w}) + C\Big(\sum_{i=1}^{n} \varepsilon_i \Big) \tag{15.10}$$

其中 C 为某个指定的常数，它实际上起控制对错分样本惩罚的程度的作用，实现在错分样本的比例与算法复杂度之间的折中。

求解这一优化问题的方法与求解最优分类面时的方法相同，都是转化为一个二次函数极值问题，其结果与可分情况下得到的式（15.2）~式（15.6）几乎完全相同，但是条件（15.3）变为

$$0 \leq \alpha_i \leq C, i = 1, \cdots, n \tag{15.11}$$

15.2　进阶指导

使用 SVM 建模需要加载包 Kernlab，这个包提供了大量的核函数。使用不同的核建立

SVM 模型相当容易, 只要微调参数 C, 模型性能就会相当精确, 图 15.2 是使用构造器 ksvm 对 weather 数据集建模结果。模型参数 C 表示惩罚值或代价, 默认为 1。

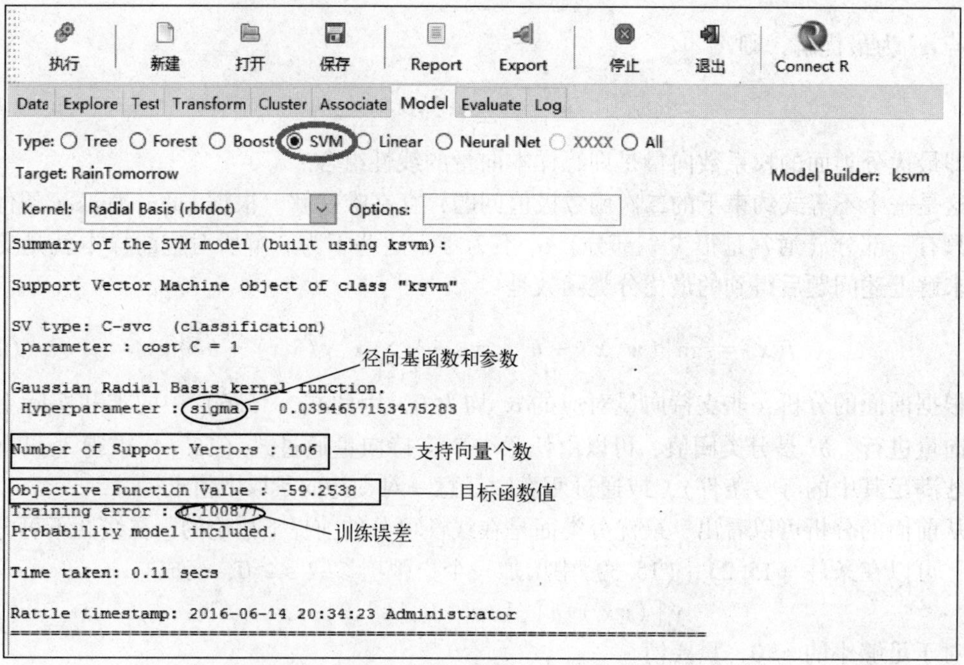

图 15.2 使用构造器 ksvm 对 weather 数据集建模结果

C-svc 表示使用 Standard Regularised Support Vector Classification 算法, 其中 C 为调节参数。另一个参数 sigma (径向基函数核) 的评估是自动进行的。

在 R 环境使用 Kernlab 提供的 ksvm( ) 函数进行 SVM 建模如下:

```
> library(kernlab)
> weatherSVM<-new. env(parent=weatherDS)
> evalq({
    model<-ksvm(form,
    data=data[train, vars],
    kernel="rbfdot",
    prob. model=TRUE)
},weatherSVM)
```

第16章 建 模 指 导

16.1 建模要注意的问题

（1）聚类的类别数确定

K-means 算法的参数 K 的确定对建模有微妙影响。Rattle 默认 $K = 10$，但这不一定是一个好的选择，有时候需要利用知识帮助我们来确定。注意到，K 的大小与样本大小有关，可是，有时样本集很大但类别数却很小，类别数过大，会使每类的观测数据太少。

注意，不同的聚类算法（甚至用简单的随机种子来确定 K）可能导致不同的 K。

Rattle 提供有关迭代聚类器帮助确定一个合适的 K，对每一个 K 观察类内样本平方和，生成一个图显示样本平方和及平方和的变化。选择 K 的启发式规则是在类内平方和的总和最大下降处作为分类边界。

（2）样本分布

使用哪个聚类算法依赖于样本的分布。K-means 是用距离表示类别度量，所以它适合球型分布。EwKm 聚类算法适用于线性分布样本集。

（3）决策树度量

决策树算法能处理混合类型变量和有缺失值的问题，把离群点和没有变化的输入变换转换为与输入无关。决策树的预测能力往往不如其他技术，然而，算法简单，产生的模型更容易解释，这个特点使得决策树多年来一直非常受欢迎。

如何给出一种变量度量，帮助选择一种好的决策树算法是迫切需要解决的问题，随机森林模型是决策树模型的改进模型。

（4）随机森林模型性能对数据集的依赖

当数据集非常大，或变量非常多时，建议使用随机森林模型。一般的随机森林至少由几十个或上百个决策树构成。

随机森林的总体错误率接近最受欢迎的 Boosting 方法，胜过非线性模型，如人工神经网络和 SVM，但其性能依赖于数据集，所以随机森林模型仍然有许多要解决的问题。

随机森林的每一个决策树是由提供训练集的子集来构建的，使用重复采样技术。有些样本可能重复采样多次，有些样本可能一次也采样不到。一般来说，1/3 样本被忽略。

在构建训练数据集的子集决策树模型时，子集的可用变量用于选择如何最佳划分每个节点的数据集。每个决策树没有修剪放在一起，生成的决策树森林模型表示最终的整体模型，其中每个决策树对结果投票，并且多数获胜。

总之，随机森林模型是比较优秀的建模。首先，数据预处理的代价低，数据不需要规范化，处理离群点简单；其次，在建模前不需要对变量选择，随机森林构造器能够把目标变量作为最中意的变量；第三，每一棵树是独立的模型，不存在过拟合问题。

（5）Boosting 的问题

自适应选择模型（Boosting）有效、简单、易理解、不存在过拟合，所以，Boosting 是一个好的模型构造器。Boosting 是对 adaboost 的改进。Boosting 的基本思想是联合其他模型构造器（如决策树、神经网络）构造精度不需要太高的模型（弱分类器），不断提升错分类样本的权值，降低正确分类样本的权值。如果数据不充分或弱分类器太复杂会导致 Boosting 失败，另一个不足是易受脏数据的影响。

16.2 R 语言中建模常用包

表 16.1 列出了本书涉及的 R 包、命令、函数和数据集。

表 16.1 R 包、命令、函数和数据集

关　键　词	类　　别	说　　明
ada( )	function	adaboost 建模
ada	package	adaboost 建模 R 包
agnes( )	function	凝结（Agglomerative）聚类
apriori( )	function	关联规则挖掘模型构造器
arules	package	支持关联规则挖掘 R 包
caTools	package	LogitBoost( )建模 R 包
cforest( )	function	条件随机森林建模
cluster	package	聚类分析各种工具
ctree( )	function	条件推理树建模
draw. tree( )	command	增强的图形决策树
diana( )	function	分裂（Divisive）聚类
ewkm( )	function	加权熵 K-means
gbm	package	boosted 回归模型 R 包
grid( )	command	给图添加网格
hclust( )	function	层次聚类
inspect( )	function	显示模型
kernlab	package	基于核的机器学习算法
ksvm( )	function	SVM 模型构造器
kmeans( )	function	K-means
LogitBoost( )	function	Boosting 算法近似函数
mean	function	计算均值
maptree	package	决策树画图函数 draw. tree( )
Party	package	条件推理树 R 包
path. rpart( )	function	识别决策树路径
plotcp( )	command	复杂参数画图
predict( )	function	把测试数据应用于模型

关　键　词	类　　别	说　　明
printcp( )	command	显示复杂参数表
RWeka	package	Weka 接口
na. roughfix( )	function	缺失值填充
randomForest( )	function	随机森林模型
randomForest	package	随机森林 R 包
set. seed( )	function	数字序列初始化种子
sigest( )	function	核的 Sigma 估计
text( )	command	添加标签到决策树图上
which( )	function	索引向量的元素
WOW( )	function	Weka 选择指导

16.3　数据分析模型的原理和应用场景

表 16.2 给出了相关数据分析模型的原理和应用场景。

表 16.2　数据分析模型的原理和应用场景

模　　型	图　　示	原　　理	应　用　场　景
相关性分析	 两者有很强的正相关性	探索现象之间关系的密切程度和表达形式	研究设备发生的缺陷类型与投运年限的相关性
主成分分析		将多个变量通过线性变换以选出较少个数重要变量的一种多元统计分析方法	用于招投标专家打分数据中各技术要素明细指标中的降维研究

模　型	图　示	原　理	应用场景
因子分析	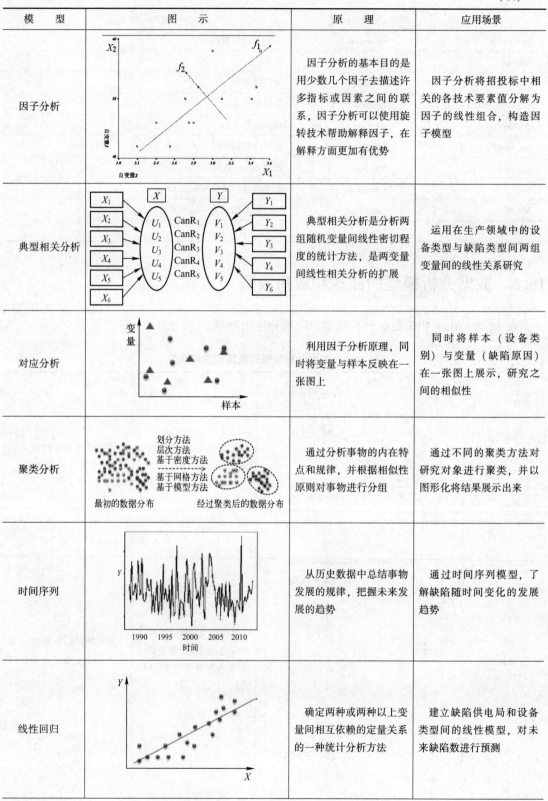	因子分析的基本目的是用少数几个因子去描述许多指标或因素之间的联系，因子分析可以使用旋转技术帮助解释因子，在解释方面更加有优势	因子分析将招投标中相关的各技术要素值分解为因子的线性组合，构造因子模型
典型相关分析		典型相关分析是分析两组随机变量间线性密切程度的统计方法，是两变量间线性相关分析的扩展	运用在生产领域中的设备类型与缺陷类型间两组变量间的线性关系研究
对应分析		利用因子分析原理，同时将变量与样本反映在一张图上	同时将样本（设备类别）与变量（缺陷原因）在一张图上展示，研究之间的相似性
聚类分析		通过分析事物的内在特点和规律，并根据相似性原则对事物进行分组	通过不同的聚类方法对研究对象进行聚类，并以图形化将结果展示出来
时间序列		从历史数据中总结事物发展的规律，把握未来发展的趋势	通过时间序列模型，了解缺陷随时间变化的发展趋势
线性回归		确定两种或两种以上变量间相互依赖的定量关系的一种统计分析方法	建立缺陷供电局和设备类型间的线性模型，对未来缺陷数进行预测

模　型	图　示	原　理	应用场景
Logistic 回归		Logistic 回归只能处理两类分类问题，是一种线性分类器，实现简单，但容易欠拟合，一般精确度不太高	应用在设备是否发生缺陷的业务场景中
生存分析		对管理对象的生存时间进行分析和推断，研究生存时间和结局与众多影响因素间关系及其程度大小的方法	研究设备在投运后开始发生缺陷的危险时刻，并对统计区间内的设备是否发生缺陷进行研究
关联规则		从大量数据中发现潜在的对象之间同时出现的关系，A 现象出现 B 现象也会同时发生的情况	研究设备在不同情况下会发生严重和紧急缺陷的频繁程度和关系
序列模式挖掘		对代表事件之间存在某种序列关系的数据进行相对时间或者其他模式出现频率高的模式挖掘	用在研究某个单体设备随着时间变化而出现不同缺陷类型的模式挖掘
决策树		根据数据规则的生成过程，用倒立的树形图将结果展示出来	将影响缺陷类型的供电局、供应商、设备间的关系用树形图展示出来
贝叶斯分类		贝叶斯分类是一类利用概率统计知识进行分类的算法。该方法简单（利用先验概率）、分类准确性高、速度快	对历史缺陷数据的严重等级进行贝叶斯分类，计算下次缺陷发生出现不同等级的概率来进行分类
GBDT（MART）迭代决策树		GBDT（MART）迭代决策树是一种迭代的决策树算法，该算法由多棵决策树组成，所有树的结论累加起来作最终答案	GBDT 几乎可应用于所有的回归问题（线性/非线性），亦可应用于二分类问题

模 型	图 示	原 理	应用场景
KNN 算法（最近临近法）	查询点、最近临近点	KNN 算法是机器学习中比较简单的一个分类算法：计算一个点 A 与其他所有点之间的距离，然后将 A 点分配到所属类别中比例最大的类别中	用于生成领域、招投标领域等分类问题的研究
Bagging 回归	训练样本 → 分类器1 --- $T_1(x)$，分类器2 --- $T_2(x)$，分类器B --- $T_B(x)$，$\mathrm{sgn}[\Sigma T_b(x)]$	利用不断放回抽样的简单组合方法实现对简单决策树的改良，提高精确性	利用机器学习中的再抽样组合算法建立缺陷预测模型
随机森林	全部训练样本 → 自动样本集1/树分类器1，自动样本集2/树分类器2，自动样本集K/树分类器K → 随机森林 → 投票分类	另一种组合方式，随机产生大量决策树，再进行投票分类	利用抽样组合，对结果进行等权投票的算法建立缺陷预测模型
神经网络	函数信号、误差信号	利用模拟神经网络的自我学习系统进行模型拟合，可以有效地解决很复杂的有大量相互相关变量的分类和回归问题，但对维度多、样本量小的数据模拟效果不好	利用自我学习的机器学习算法建立缺陷预测模型
支持向量机	$x(1)$...$x(n)$，$K(x,x_1)$...$K(x,x_L)$，y_1,a_1...y_L,a_L → y	SVM 核心是寻找最大间隔分类超平面，引入核方法极大提高对非线性问题的处理能力	对一些系统收集数据时间不长、维度复杂的数据进行研究
文本挖掘	文本预处理、特征值降维、文本集、建立特征集、分词词曲、知识模式的学习和提取、质量评价、知识模式	文本挖掘指从文本数据中抽取有价值的信息和知识的计算机处理技术	对大量的缺陷描述的文本信息进行挖掘，迅速找出有价值的关联信息
社会网络	单向关系、双向关系，A C B F E G D Y X O M W H	社会网络是来源于数学的图论，目前被广泛应用于社会学、经济学、管理学领域	应用到生产领域的缺陷数据中，进行设备缺陷的社会网络分析

模 型	图 示	原 理	应用场景
推荐系统	物品信息（关键字、基因、…）　用户信息（性别、年龄、…）　用户对物品的偏好（评分、查看、购买、…）数据来源　推荐引擎　物品　推荐给　用户　A　B　C　D	推荐系统的实现主要分析两个方面：基于内容（用户或者物品基本信息的相似度）和协同滤波（基于历史数据，过滤复杂的、难以表达的概念）的实现	基于营销数据库中的用户信息和用电情况进行针对性营销
LDA（主题模型）	α　θ　z　β　ϕ　T　w　N_d　D	LDA 是一种非监督机器学习技术，可以用来识别大规模文档集（Document Collection）或语料库（Corpus）中潜藏的主题信息	LDA 模型可以运用到营销个性化推荐、电网的社交网络等领域
异常检测	一般模式　异常值	发现与数据一般行为或特征不一致的模式，常用的有基于统计、距离、密度、深度、偏移、高维数据的异常点检测算法	用于用户用电量异常行为检测
EM 算法（最大期望法）	$f(a)$　$E[f(X)]$　$f(b)$　$f(EX)$　f　a　$E(X)$　b	在统计中被用于寻找，依赖于不可观察的隐性变量的概率模型中，参数的最大似然估计	EM 算法常用在机器学习中的数据聚类（Data Clustering）领域
遗传算法	编码和初始群体生成　个体适应度检测评估　选择、交叉、变异　满足迭代条件？　N　Y　结束	遗传算法是由进化论和遗传学机理产生的直接搜索优化方法	遗传算法用于分类和其他优化算法，也可能用于评估其他算法的拟合度
FP-Growth 算法	Header table head of node-links　item　f c a b m p　root　r:4　c:1　c:3　b:1　b:1　a:3　p:1　m:2　b:1　p:2　m:1	FP-Growth 是一种比 Apriori 更高效的频繁项挖掘方法，它采用了一种简洁的数据结构（频繁模式树），在这棵树上找出包含 P 的频繁项集	用于在大量的缺陷数据中快速寻找关联关系，大大提高效率

模　型	图　示	原　理	应用场景
粗糙集方法	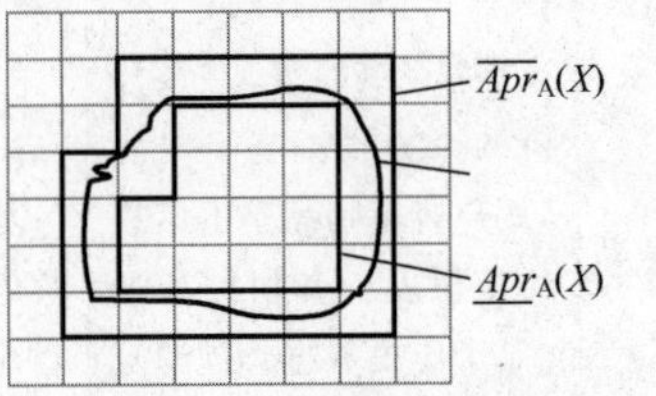	粗糙集理论可以用于分类，发现不准确数据或噪声数据内的结构联系	可对数据集进行降维，发现分类规则，并对得到的结果进行统计评估等应用
模糊集方法	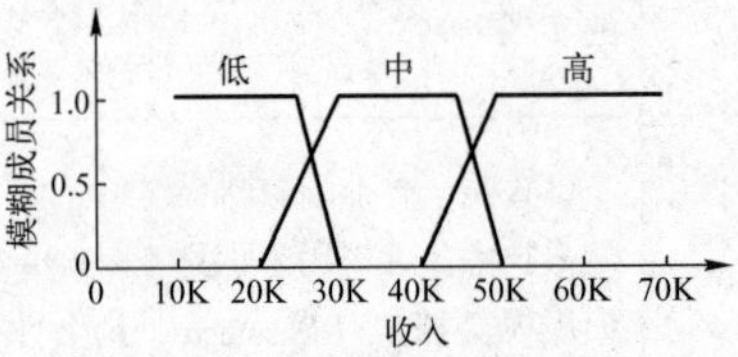	模糊集理论作为传统的二值逻辑和概率论的一种替代，它允许处理高层抽象，并且提供了一种处理数据的不精确测量的手段	模糊集理论允许处理模糊不清或不精确的事实的分类问题
空间数据挖掘	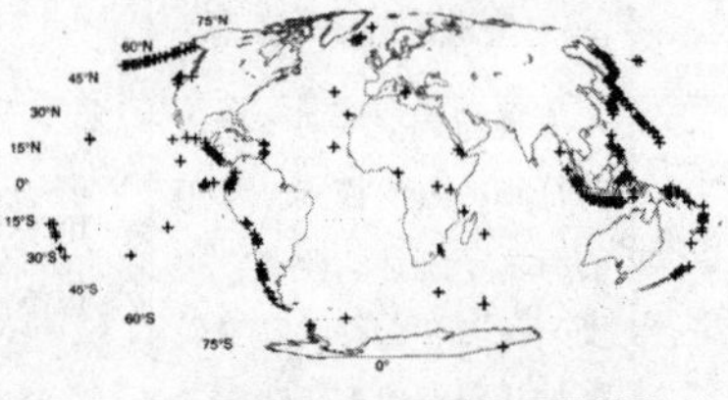 \n1964年以后知道的世界上的火山喷发图（数据来源：国家地球物理中心）	空间数据挖掘是从空间数据中发现模式和知识	可以结合局方的 GIS 系统进行电量、设备等数据的挖掘
深度学习	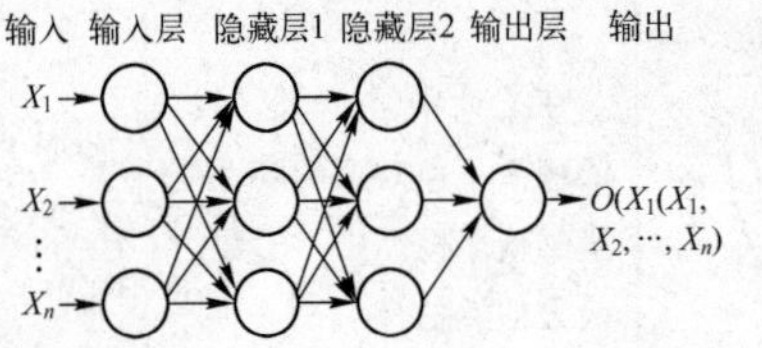	深度学习是机器学习研究中的一个新领域，它模仿人脑的机制来解释数据，例如图像、声音和文本	深度学习是目前最接近人脑的复杂模型，百度在语音、OCR、人脸识别、图片搜索领域有应用

价值展现篇

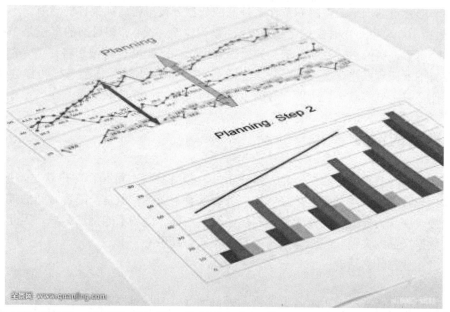

人靠衣装马靠鞍，数据也要包装。数据分析师工作的最重要一环就是写出有情报价值的数据分析报告。直接将数据罗列到 PPT 或 Word 中不仅看上去不美观，而且也会影响报告的可读性，使一份数据分析报告沦为简单的数据展示。数据分析报告的写作除遵守各公司统一规范原则外，还有一些基本要求，即讲故事、针对场合、审美观。本篇探讨写出一份具有情报价值的分析报告的一些技巧。

第 17 章 如何写好数据分析报告

在程序员的世界里，讲究 "No more talk，Show me the code"，在数据分析师世界里，讲究 "Show me the report"。

举一个形象点的例子，理解一下什么是好的数据分析报告。如果你的导航，不是偶然叫一声："限速 100 公里每小时，您已超速"，而是说这么一段："您目前的车速是 100 公里每小时，您距离下一摄像头还有 500 米，如果您继续保持该速度行驶，您将在 17. 8 秒后被闯红灯摄像头拍下，所以建议您现在踩刹车降低到 80 公里每小时" 你会怎样？你会认真听完到底讲了什么吗？显然不会，所以，好的报告是情报式的，能辅助决策。

17.1 数据的价值

如果你做了一款很棒的数据产品，体验很好，创意独特。可是，客户就是不愿意买单。开始，你会非常沮丧，这东西这么好，客户怎么就看不懂呢？但是，随着时间的推移，你的看法会慢慢改变。为什么？就像老师不能挑选学生一样，商场不能挑选客户。因此，我们不能把自己数据产品的失败归咎于客户的无知。我们一起思考一下。

第一，企业靠什么活着？

答：收入！

即使现在没有收入，那也得有未来可预期的收入。什么收入都没有，还敢开店？所以，**请记住数据价值的第一个关键词：收入**。

第二，企业为了达成收入，需要做什么？

答：支出。

支出包括方方面面，例如，原材料、工资、办公场地、营销活动等。所以，**请记住数据价值的第二个关键词：支出**。收入减去支出，就是利润。但是，利润可以暂时是负的，没有问题。

第三，没有任何企业对自己未来的收入和支出是 100%确定的，因为这里面有很大的不确定性，而不确定性带来的是什么？

答：风险。

所以，**数据价值的第三个关键词：风险**。

任何数据产品，如果可以帮助客户，在这三个方面中的任何一个方面，那么这个数据的价值就比较容易说清楚，否则非常困难。

17.1.1 收入

数据价值首先体现在一个数据产品能否帮助客户带来额外的收入。注意关键词是"额外"。这里举三个例子：

1）客户是卖豆浆的，以前没有数据分析，他每天卖100碗。后来，有了的数据分析之后，每天卖多少？还是100碗！那数据分析的价值在哪里？相反，如果客户开始每天销售豆浆150碗，那么数据分析的价值就体现出来了。这个价值有多大？就是那额外的50碗豆浆！

2）十一长假，大家都开车出去玩，造成路面交通拥堵。能否设计一个堵车险？每堵车1分钟，保险公司给赔付1块钱，补偿一下车主郁闷而又心塞的心情。

但是，为什么保险公司不做呢？因为传统的保险公司没有技术手段可以实时监控一辆车的状态。他不知道你是否堵车，更不知道你堵车堵了多久。但是，现在有了车联网数据，这个堵车险就可以做了。

3）个性化推荐。客户是一个电商网站，他的主页上有一个推荐栏。过去这个推荐栏的转化率是2%，也不错。但是，通过数据分析，可以把推荐栏的转化率提高到5%，直接大幅度提高了商家的销售收入。

17.1.2 支出

如果数据产品不能给客户增加收入，但是有可能给客户节约不必要的支出，也就是降低成本。这样更好！因为收入的增加往往具有很强的不确定性，但是成本的控制相对而言却可以做到非常准确。比如要开辟一个新兴的堵车保险市场，但是这个新兴的市场到底能带来多少额外的收入呢？非常不确定。

又比如，超市现有100个收银员，但是通过技术改造、数据分析、合理排班，发现20个就可以了。直接节省了80个人工成本，这是非常确定的事情。因此，如果数据分析可以节省支出，那么数据分析靠谱！

回过头来，看看中国的制造业，体量无比巨大。例如，长安福特一年要生产多少辆车？百万计。如果换成电视机、电冰箱、计算机，这得是一个多么巨大的产量？这么多的设备，上面的每一个功能，每一个按键，都是必需的吗？例如，计算机上需要那么多USB接口吗？现在的台式机、笔记本电脑还需要光驱吗？以前我们很难做这样的一个决策，因为我们不知道用户是如何使用这个设备。但是，现在物联网的兴起，让这样的数据分析正在变为现实，这就是物联网数据的商业价值所在。

17.1.3 风险

如果数据产品第一不能直接增加收入，第二不能直接节省成本，但是可以控制风险。这样的数据分析有商业价值吗？当然有。事实上，风险就是连接收入和支出的一个转化器。对风险的把控，或者可以增加收入，或者可以降低成本。

看一个具体的例子。很多商业银行都有网上申请系统，允许用户通过互联网直接申请信用卡，或者其他金融信贷产品。为什么要在网上做？因为流量大、成本低、效率高。但是缺点是风险比较大。有些线下才能提供的材料无法获得。怎么办？那就只能提高在线申请的门槛，降低通过率。这样做的优点是安全，把坏人拦在外面；缺点是拦截了很多好人。因为我们不了解他们，缺乏信任，无法实现风险管控。这是一件非常遗憾的事情。如果能够为这家银行提供独特的数据和分析，帮助他更加准确地区分哪些线上申请者是好人，哪些是坏人。银行可以放心大胆地给更多的人发卡、放贷，进而增加收入。

这样的数据分析，谁能否认它的价值？数据分析是把对风险的把控，转化为收入的提高。同时，因为风控做得好，所以坏账率就低，还节省了催收成本。因此，对风险的把控，还可以转化为对支出的节省。

17.1.4 参照系

收入、支出和风险这三方面刻画数据价值是否就足够了呢？很遗憾，还不够。还缺最后一项，就是：可以量化的参照系。什么叫作可以量化的参照系？

看一个例子。比如你给客户做一个客户流失预警模型，准确度75%！老总很不满意，说这个准确度太差，连90%都不到！

这里的困难在于客户对预测精度没有一个合理的预期。为什么没有？因为他没有合理的参照系。在没有参照系的情况下，客户就只好参照小学生的考试成绩：认为90%才优秀！那么应该怎么做？我们应该给他树立一个合理的参照系。

为此，你可以摸清楚：客户在没有你的情况下，他自己能做多好？在你到来之前，客户自己是有流失预警得分的，这个得分准确度如何？

很多时候，客户自己都从来没有评价过，自己都不知道。这时候，你可以这么说："张总，您看，之前咱们这边的精度是65%，已经做得非常不错了。但是，现在咱们双方共同努力，这个精度提高到了75%。为此您可以节省多少不必要的支出，或者增加多少额外的收入，等等。"

这样是不是就更有说服力？因为你确立了一个可以量化的参照系。而这个参照系就是客户现有的系统。如果没有这个参照系，而又想说明75%的精度是有价值的，是不是很艰难？

17.2 讲故事

数据分析报告不仅是展示分析过程的成果，也是评定一个行业、竞争对手、产品或营销活动的定性结论。数据分析报告最终的目的是为公司各个部门与管理层提供决策的参考依据，其中的重要性是不言而喻的。所以，在撰写数据分析报告之前不要觉得自己就是在分析数据、呈现结果，而要想像自己是在"讲故事"。讲好一个故事就应该利用生动的语言、精美的图表及层层推进的逻辑线条来使读报告的人深入其中思考。图文并茂是对报告的基本要求，这会让其内容易于理解。

一般来讲，公司高管喜欢读图、看趋势、要结论，而在业务部门则倾向于看数据、读文字、推敲过程。数据分析师下笔之前要看准报告的阅读对象，有的放矢地进行写作。

要写出真正有分量的分析报告，真正缺乏的能力不是用数据证明你的结论，而是如何利用数据来说清楚你的故事。很多分析人员，拿到了或者能够拿到很多的数据，可是仍解决不了任何问题，或者只能写出一些制式化的报告。

17.2.1 数据讲故事的四大要点

当下，对数据的讨论和研究成为一个不可阻挡的大势，不管在任何领域或任何人，或多或少都会接触到数据。这不仅仅体现在我们经常使用的在线服务依赖数据，我们自身也是产生各种信息的源源不断的数据来源。数据广泛地被大众所使用，它向用户提供了有意义和易理解的切实可行方式。这就是让数据讲故事的能量所在：通过讲故事帮助人们在纷繁的数据世界中寻找方向，从而改进人们的生活。这也是为什么近些年来项目数据分析师（CPDA）愈发受到热捧的原因所在。

在处理数据时，数据分析师采用何种方法进行表现与阐述，使之通俗易懂的同时又能具备基本的美感，这其实就是在用数据讲故事。如何才能更好地用数据讲故事，进行数据可视化设计？可参考以下四项。

（1）理解数据源

作为数据分析师，确保了解你拿到的数据，这是讲数据故事至关重要的第一步。你需要对数据宏观的全局有所理解：为什么收集这些数据？公司对于这些数据赋予什么样的价值？用户是谁？如何能让数据作用最大化？深入理解这些问题，能为创造出既有意义又人性化的数据可视化信息，打下重要的基础。

（2）明确你要讲的故事

好的数据可视化不仅仅是一张美丽的图片，它还能讲述一个任何人都能明白的故事。因此，至关重要的是，你首先需明确你想讲的故事，然后将数据作为一种润色故事的方式。

（3）定义用户体验

用数据讲故事，确保你使用的数据是用于引导而非支配整个体验。用户在理解与学习并形成自己体验的过程中，数据应该扮演幕后角色。值得探索的是，如何在可视化数据中融入你的见解，使用户灵活地解读数据，对用户来说极具意义。毕竟，愉悦的体验才能使用户记住并反复使用。

（4）简单法则

数据分析师若能专注于简单法则，将复杂或者零散的信息变得切实可行、易于理解，则数据就有意义和更人性化。毕竟，数据可视化是用来告知用户，而不是让用户接收不需要的过载信息。

17.2.2 阿里指数能告诉你……

阿里指数是阿里巴巴出品的基于大数据研究的社会化数据展示平台，媒体、市场研究员以及其他希望了解阿里巴巴大数据的人可以从这里获取以阿里电商数据为核心的分析报告及相关地区与市场信息。基于阿里大数据，我们面向媒体、机构和社会大众提供地域和行业角度指数化的数据分析、数字新闻、社会热点专题发现，作为市场及行业研究的参考、社会热点的了解。进入阿里指数网址：https://index.1688.com/alizs/home.htm，显示如图 17.1 所示界面。

（1）行业大盘

行业大盘主要包括市场行情、热门行业和企业分析。以某个行业为视角进行分析。

市场行情：市场的综合趋势，价格、采购、供应的趋势。

热门行业：各种热门细分子行业的分析，并对各个子行业做出排序。

企业分析：针对某个行业下的供应商、采购商，根据他们的交易情况分等级，用于表明此行业内大小企业的占比情况。

在阿里指数搜索框里输入想要查询的产品关键词，单击【查询】。比如输入"女装"得到图 17.2 和图 17.3。

图 17.2 中曲线 2 为淘宝采购指数：根据在淘宝市场（淘宝集市+天猫）里所在行业的成交量计算而成的一个综合数值，指数越高，表示在淘宝市场的采购量越多。

图 17.1　阿里指数首页

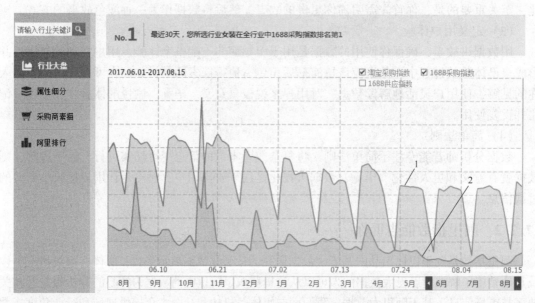

图 17.2　"女装"阿里指数

图 17.3　"女装"相关行业

曲线 1 为 1688 采购指数：根据在 1688 市场里所在行业的搜索频繁程度计算而成的一个综合数值，指数越高，表示在 1688 市场的采购量越多。

图 17.2 数据解读：

1）当淘宝市场的行业无法匹配到 1688 的行业时，淘宝采购指数会出现持续为 0 的情况。

2）趋势图旨在对比展示三个指数的变化趋势：三个指数的变化趋势具有可比性，指标值不具有可比性。

图 17.3 数据解读：

1）最近 30 天在女装相关行业中，数码、电脑在淘宝的市场需求最大。

2）未来一个月，预测热门行业市场需求没有较大增长。预测结果仅供大家参考，建议采购商结合自身实际情况，在关注所选行业之外，了解其他行业相关信息。

可以看到图 17.3 左边有这个关键词的行业数据、属性细分、采购商素描、阿里排行等非常详细的归类。

鼠标放到行业类目后面的倒三角形符号，就会出现更加细致的产品类目（图 17.4）。

图 17.4　细致的产品类目

（2）属性细分

单击图 17.3 左侧"属性细分"，得到图 17.5。

图 17.5　属性细分——基本属性

图 17.5 数据解读：

1）最近 30 天，1688 市场的背心/吊带/抹胸行业，买家浏览最多的商品价格带为 11~19 元，采购最多的商品价格带为 11~19 元，如图 17.6 所示。

2）建议大家根据自身情况，控制采购或生产成本。

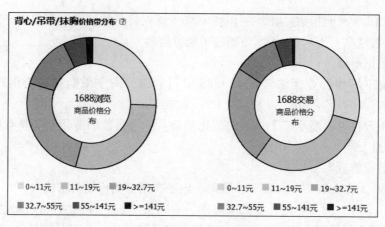

图 17.6　属性细分——价格分布

（3）采购商素描

单击图 17.3 左侧 "采购商素描"，得到图 17.7。

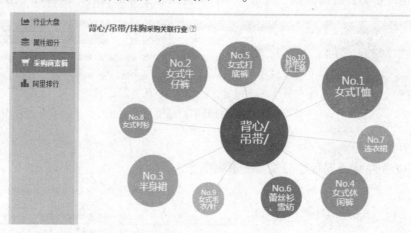

图 17.7　采购商素描

图 17.7 数据解读：

1）最近 30 天，采购背心/吊带/抹胸行业的采购商中，通常还会关联采购女式 T 恤。

2）建议采购商可以结合实际情况，去行业大盘了解女式 T 恤的市场供求趋势。

（4）区域指数

区域指数：从地区角度解读交易发展、贸易往来、商品概况和人群画像。通过区域指数，可以了解一个地方的交易概况，发现它与其他地区之间贸易往来的热度及热门交易类目，找到当地人群关注的商品类目或者关键词，探索交易的人群特征。如果想探索区域经济，从区域指数中可以找到答案！图 17.8 为买家情况统计。图 17.9 为卖家分析。图 17.10 为搜索排行。图 17.11 为热卖区域。

（5）行业指数

行业指数：从行业角度解读交易发展、地区发展、商品概况和人群特征。通过行业指数，可以了解一个行业的现状，获悉它在特定地区的发展态势，发现热门商品，知晓行业下卖家及买家群体概况。

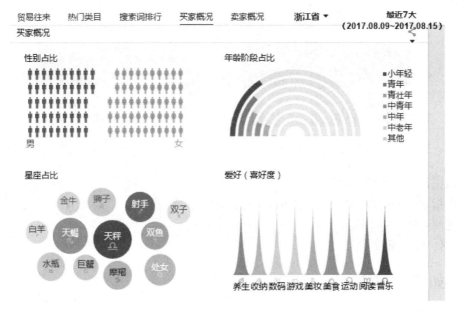

图 17.8 买家占比分析

图 17.9 卖家分析

排名	搜索词	搜索指数	搜索涨幅	操作
1	连衣裙	134,164	3.54% ↓	⬚
2	秋装新款女	78,598	15.57% ↑	⬚
3	连衣裙女夏2017	57,692	15.83% ↓	⬚
4	女装	57,664	5.65% ↓	⬚
5	秋装女2017新款	52,491	61.84% ↓	⬚
6	背带裙	45,703	2.68% ↓	⬚
7	裙子女2017新款	44,667	12.52% ↓	⬚
8	2017款连衣裙	43,751	1.18% ↓	⬚
9	雪纺连衣裙	43,589	9.39% ↓	⬚
10	套装裙	41,848	2.83% ↓	⬚

图 17.10 搜索排行

图 17.11　热卖区域

让数据讲故事的数据源还有许多，如：

百度指数：http://index.baidu.com/（分析市场容量）；

梅花网：http://adm.meihua.info/（分析广告投放）；

CNZZ、微博指数等。

17.3　如何写报告

17.3.1　写作原则

（1）规范性

名词术语要规范，标准统一，前后一致。

（2）重要性

体现数据分析的重点，重点选取关键指标，分级阐述。

（3）谨慎性

基础数据真实，分析过程科学合理全面，实事求是，结果可靠。

（4）创新性

适时引入各种新型研究模型与分析方法，与时俱进。

17.3.2　报告的类型和分析能力

对于数据分析报告，首先要有个概念性认识，按照报告陈述的思路，数据分析报告可分为四类，见表 17.1。

表 17.1　报告类型

数据分析报告的四种类型	4W 模型	
	必　选	可　选
描述类报告	发生了什么事？	
因果类报告	发生了什么事？	
	为什么发生？	
预测类报告	发生了什么事？	事情为什么会发生？
	未来如何发展？	
咨询类报告	发生了什么事？	这事为什么发生？
	应如何决策？	未来如何发展？

这四类报告由浅入深，分析难度递增，对企业决策支持程度也递增，尤其是当企业面临某个决策难题时，分析工作要做得足够系统和深刻。

1）描述类报告类似记叙文，像个扫描仪一样描绘市场轮廓，不求最深但求最全。

2）因果类报告类似议论文，像打水井，集中一点，一直探到底。

3）预测类报告类似幻想小说，像个预言家，根据市场的过去推断市场的未来。

4）咨询类报告类似推理小说，像小马过河，投石问路，根据分析结论指导企业一路前进。

下面按照不同分析方法所能给人带来的智能程度，把分析能力划分为8个等级。

（1）标准报表

回答：发生了什么？什么时候发生的？

示例：月度或季度财务报表

我们都见过报表，它们一般是定期生成，用来回答在某个特定的领域发生了什么。从某种程度上来说它们是有用的，但无法用于制定长期决策。

（2）即席查询

回答：有多少数量？发生了多少次？在哪里？

示例：一周内各天各种门诊的病人数量报告。

即席查询的最大好处是，让你不断提出问题并寻找答案。

（3）多维分析

回答：问题到底出在哪里？我该如何寻找答案？

示例：对各种手机类型的用户进行排序，探查他们的呼叫行为。

通过多维分析（OLAP）的钻取功能，可以让你有初步的发现。钻取功能如同层层剥笋，发现问题所在。

（4）警报

回答：我什么时候该有所反应？现在该做什么？

示例：当销售额落后于目标时，销售总监将收到警报。

警报可以让你知道什么时候出了问题，并当问题再次出现时及时告知你。警报可以通过电子邮件、RSS订阅、评分卡或仪表盘上的红色信号灯来展示。

（5）统计分析

回答：为什么会出现这种情况？我错失了什么机会？

示例：银行可以弄清楚为什么重新申请房贷的客户在增多。

这时可以进行一些复杂的分析，比如频次分析模型或回归分析等。统计分析是在历史数据中进行统计并总结规律。

（6）预报

回答：如果持续这种发展趋势，未来会怎么样？还需要多少？什么时候需要？

示例：零售商可以预计特定商品未来一段时间在各个门店的需求量。

预报可以说是最热门的分析应用之一，各行各业都用得到。特别对于供应商来说，能够准确预报需求，就可以让他们合理安排库存，既不会缺货，也不会积压。

（7）预测型建模

回答：接下来会发生什么？它对业务的影响程度如何？

示例：酒店和娱乐行业可以预测哪些VIP客户会对特定度假产品有兴趣。

如果你拥有上千万的客户，并希望展开一次市场营销活动，那么哪些人会是最可能响应的客户呢？如何划分出这些客户？哪些客户会流失？预测型建模能够给出解答。

（8）优化

回答：如何把事情做得更好？对于一个复杂问题来说，那种决策是最优的？

示例：在给定了业务上的优先级、资源调配的约束条件以及可用技术的情况下，给出IT平台优化的最佳方案，以满足每个用户的需求。

优化带来创新，它同时考虑到了资源与需求，从而帮助我们找到实现目标的最佳方式。

17.3.3 报告的细节

图 17.12 以专业的细节来"包装"数据。

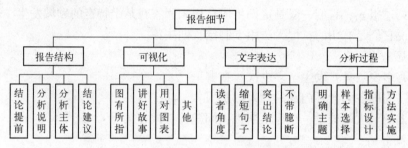

图 17.12　报告的细节

17.4　报告的结构

一份"骨架"很规整的报告，能提升理解效率，会给人严谨可靠的感觉。图 17.13 给出了参考的报告结构。

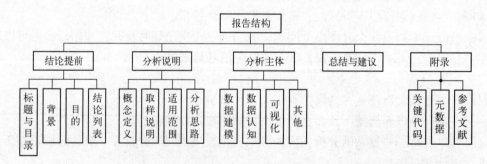

图 17.13　经典报告结构

17.4.1 标题

标题是一篇文章的大门，这道大门在许多的商品文案营销上扮演了重要的角色。好的标题应该有个故事，即要针对我们的目标客户，撰写出对应他们期待的标题，当各行各业都在提及要内容营销的同时，我们要怎么从标题的精神、内容与形式，提供给关心我们的读者阅读？标题常用类型如下：

（1）解释基本观点

例如《数据分析师成为 IT 界"大熊猫"》。

（2）概述主要内容

例如《数据敏感对数据分析师的影响》。

（3）提出问题

例如《数据分析师的职业规划在哪里》。

（4）交代分析结果

例如《数据分析师在人工智能大环境下需求直线上升》。

17.4.2 背景与目标

回答问题是怎么提出来的？分析的意义何在？要达到怎样的目标？例如：

1）经过近几年的发展，公司的客户规模达到××万户，业务收入达到××万元，在诸多方面都取得了令人瞩目的增长，也使得业务发展至一个新的阶段。

2）在公司业务高增长、大发展的同时，接踵而至的是业务竞争不断加剧、销售单价的不断下降、产品结构也日趋不合理等问题。

3）期望通过对公司业务进行诊断分析，以及剖析已发现的问题，为明年的运营工作提供参考与指导，为取得新的成绩打下坚实的基石。

17.4.3 分析说明

回答数据的来源、结构、质量、概念定义、取样说明、适用范围、分析思路、因变量和自变量等。

一个数据报告的核心不是面面俱到的内容，而是让读者读懂"问题——假设——原因——验证过程——结论——背后现象——可推行的决策"这样一个脉络的故事。类同于咨询和投资机构，在做咨询之前会先花时间理清楚故事线。其实各种报告都应该这样，先理清楚思路，就有了故事。

图 17.14 给出了正确的分析思路。

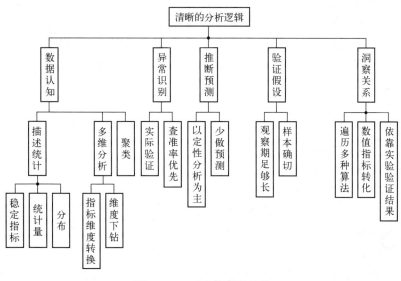

图 17.14　正确的分析思路

17.4.4　分析主体

分析主体是报告最长的部分，包含所有数据分析事实和观点，常需要通过图表结合相关文字进行分析。主要包括：

1）数据认识。如：

产品分析：公司提供哪些产品和服务？哪里的产品销售最好？产品与用户需求是否一致？

渠道分析：有多少销售渠道？用户通过何种渠道购买？

价格分析：销售收入？可接受的合理价格？

促销分析：投入多少促销资源？效果如何？

2）数据建模。根据因变量的类型，确定合适的模型；模型结果的解读、模型的评价、模型选择以及预测等，都是建模部分的重要环节；注意这里不是在写教材，不需要介绍方法的原理，更不需要写公式，只需用业务语言阐述模型结果。

3）可视化。

17.4.5　总结与建议

总结与建议很关键，它是考量一个数据分析师有没有潜力的最直接的方式。如果在基础的数据之上进行了深入的分析，那么你将比别人都更清楚数据分析报告所呈现出来的现象和本质，以及它们的来龙去脉。你所要做的不仅仅是解读数据分析的结果，如果只做到这一步，只能算是一名合格的数据分析师。优秀的数据分析师，通常会在分析结果之上，进一步深入挖掘、探索和研究导致分析结果现状和问题的真正原因，并基于分析知识和信息之上给出建议和解决方案。而且这是你的管理者或者上司常常都会期望看到的结果，因为他不仅仅希望你是那个发现问题的人，而且也期望你能够凭借你的经验和认识成为那个解决问题的人。

总结与建议一般要经过5步：

第1步：有没有问题。

这一步关注核心指标是否达标。销售部门100%要靠业绩。具体考核是看销售金额还是毛利或者其他指标要看公司具体要求，但核心指标必须第一位突出。

第2步：有多大问题。

1）达标差额是多少？

2）大问题还是小问题？

3）一次性问题还是连续性问题？

4）缺口越来越大还是越来越小？

5）整体问题、局部问题还是个案问题？

这里可以配合PEST分析，把外部环境因素引入，判断是否基本盘出了状况。

第3步：是谁的问题。

1）按区域分解：哪些区域问题更严重？

2）按团队分解：哪些团队问题更严重？

3）按类型分别：哪些类型的问题更严重？

4）按生命周期分解：新店/老店问题更严重？

这里可以配合业务标签法，从不同维度切入，将问题聚焦到某一点上，便于寻找对策。

第4步：为什么出问题。

一条主线：销售额＝客流量×转化率（付费率）×客单价（付费金额）；

三大辅助：产品结构、人员结构、客户结构。

这里可以配合推算法，不单单指出问题门店/团队的某个指标低了，更要进一步指出这背后的逻辑。

1）产品结构：是否主推产品出现问题？是否连带销售没有跟上？是否产品与客户群不匹配？

2）人员结构：是否大部分业务员表现没有达标？是否团队结构出现断层？

3）客户结构：是否是会员扩展少？是否只重新客不跟老客？是否重大客不养散客？

第5步：如何应对问题。

这里可以配合标杆法，按照符合假设、距离近、可持续的原则，选定参照标杆，方便销售团队学习经验，复制优秀做法，也为我们提炼核心业绩逻辑打下基础。

这样层层深入的方法，便于把销售部门的注意力聚焦到自己可以做的事情上。如果大家一致判断宏观形式有压力，就可以转入市场部提供什么样的支援，不会干扰后边的思维逻辑，避免陷入到底是内因还是外因的喋喋不休的争论里。

5步下来还是有问题。这种细致的剖析需要较长时间准备，至少是月度分析级别。然而对销售的日报、周报又如何体现价值呢？这就涉及如何搭建一套合理的数据支持体系。

17.5　文字表达

要把自己的想法传递给阅读者，是数据分析中最难的环节。其中涉及的要点如图17.15所示。

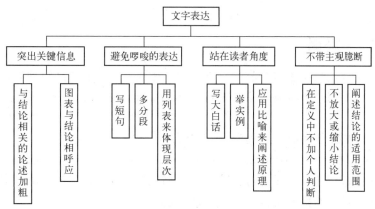

图17.15　文字表达要点

17.5.1　突出关键信息

每个分析都有结论，而且结论一定要明确，如果没有明确的结论那分析就不叫分析，也失去了它本身的意义，因为分析的目的就是要去寻找或者印证一个结论，所以千万不要忘本舍果。

分析结论不要太多要精，如果可以的话一个分析有一个最重要的结论就好了，很多时候分析就是发现问题,如果一个分析能发现一个重大问题,就达到目的了,不要事事求多,宁要仙桃一口,不要烂杏一筐,精简的结论也容易让阅者接受,减少重要阅者的阅读心理门槛,如果别人看到问题太多,结论太繁,不读下去,一百个结论也等于0。

分析结论一定要基于紧密严谨的数据分析推导过程,不要有猜测性的结论,太主观的东西会没有说服力,如果一个结论连自己都没有肯定的把握就不要拿出来误导别人了。

17.5.2 避免啰唆的表达

表达60%,接受40%比表达120%,接受5%要好。表达需要简洁,且有主次。

例如"平均配送时长在调控期间处于较高的平稳状态,调控后处于较低的平稳状态,调控期间的平均配送时长相比于调控前并未降低太多。"可简洁表达为"平均配送时长,调控时比调控后略高。"

"并不能很显性地得出缩小紧急配送范围对调控期间的平均配送时长带来很显性的影响,但临近于调控结束时间片的平均配送时长呈现出偏离趋势,紧急配送范围对平均配送时长可能存在延后的影响。"可简洁表达为"紧急配送范围,没有降低平均配送时长。"

17.5.3 站在读者角度

了解听众非常重要。分析的是要推动业务部门做出业绩的,所以必须了解听众的需求。具体来说,需要了解以下三点:

1)听众关心的重点。以销售分析为例,一般来说,听众关心的是业绩!

2)听众的背景知识。以销售分析为例,销售部门对一线情况、外部环境有切身感受,会有一堆假设和疑问。

3)听众的能力范围。以销售分析为例,销售部门的能力有限,他们没有权力改变产品、品牌,也没有权力定促销政策,核心就是执行,如何用现有的产品匹配客户需求是数据分析师的职责。

17.5.4 不带主观臆断

好的分析一定是出自于了解产品的基础上的,做数据分析的产品经理本身一定要非常了解所分析的产品,如果连分析的对象基本特性都不了解,分析出来的结论肯定是空中楼阁,无法叫人信服?

好的分析一定要基于可靠的数据源,其实很多时候收集数据会占据更多的时间,包括规划定义数据、协调数据上报、让开发人员提取正确的数据或者建立良好的数据体系平台,最后才在收集的正确数据基础上做分析,既然一切都是为了找到正确的结论,那么就要保证收集到的数据的正确性,否则一切都将变成了误导别人的努力。

17.6 分析过程

17.6.1 样本选择

数据采集处于大数据生命周期中第一个环节,它通过 RFID 射频数据、传感器数据、社交网络数据、移动互联网数据等方式获得各种类型的结构化、半结构化及非结构化的海量数据。由于可能有成千上万的用户同时进行并发访问和操作，因此，必须采用专门针对大数据的采集方法，其主要包括以下四种：

（1）系统日志采集

许多公司的业务平台每天都会产生大量的日志数据。日志收集系统要做的事情就是收集业务日志数据供离线和在线的分析系统使用。

高可用性、高可靠性和可扩展性是日志收集系统所具有的基本特征。

目前常用的开源日志收集系统有 Flume、Scribe 等。Flume 是 Cloudera 提供的一个高可用的、高可靠的、分布式的海量日志采集、聚合和传输系统，目前是 Apache 的一个子项目。Scribe 是 Facebook 开源日志收集系统，它为日志的分布式收集、统一处理提供一个可扩展的、高容错的解决方案。

（2）网络数据采集

网络数据采集是指通过网络爬虫或网站公开 API 等方式从网站上获取数据信息的过程。这样可将非结构化、半结构化数据从网页中提取出来，并以结构化的方式将其存储为统一的本地数据文件。它支持图片、音频、视频等文件的采集，且附件与正文可自动关联。对于网络流量的采集则可使用 DPI 或 DFI 等带宽管理技术进行处理。

（3）数据库采集

一些企业会使用传统的关系型数据库 MySQL 和 Oracle 等来存储数据。除此之外，Redis 和 MongoDB 这样的 NoSQL 数据库也常用于数据的采集。这种方法通常在采集端部署大量数据库，并对如何在这些数据库之间进行负载均衡和分片进行深入的思考和设计。

近年来，各类大数据公司在互联网时代下如雨后春笋般涌现。不论规模大小，是否能持续地获取可供挖掘的数据是判断某公司是否有前景和价值的标准之一。互联网企业巨头存在规模庞大的用户，通过对用户的电商交易、社交、搜索等数据进行充分挖掘后，拥有了稳定且安全的数据资源。

（4）公开的数据集

1）金融。

中国保险数据：http://www.circ.gov.cn/web/site0/tab5179/

中国保险网——数据中心：http://www.china-insurance.com/info/list.aspx? cid=21

和讯保险数据中心：http://datainfo.stock.hexun.com/。和讯保险数据中心里，用户可以查到全国和地方的保险相关的数据及其可视化图表，可清晰地看到保险行业的各项指标的变化趋势。

世界银行数据库：https://data.worldbank.org.cn/? year_high_desc=false。世界银行数据库列出了世界银行数据库的七千多个指标，所有用户都可以免费使用和分享数据。用户也可以按照国家、指标、专题和数据目录浏览数据。

CEIC：http://www.ceicdata.com/zh-hans。该网站拥有一套最完整的超过 128 个国家的经济数据，能够精确查找 GDP、CPI、进口、出口、外资直接投资、零售、销售，以及国际利率等深度数据。

Wind（万得）：http://www.wind.com.cn/。万得被誉为中国的 Bloomberg，在金融业有着全面的数据覆盖，金融数据的类目更新极快，很受国内的商业分析者和投资人的青睐。

2）交通。

2013 年纽约出租车行驶数据：

http://dataju. cn/Dataju/web/datasetInstanceDetail/76

2013 年芝加哥出租车行驶数据：

http://dataju. cn/Dataju/web/datasetInstanceDetail/323

Udacity 自动驾驶数据：

http://dataju. cn/Dataju/web/datasetInstanceDetail/86

英国车祸数据（2005-2015）【Kaagle 数据】：

http://dataju. cn/Dataju/web/datasetInstanceDetail/232

交通信号识别数据：

http://dataju. cn/Dataju/web/datasetInstanceDetail/339

3）商业。

Airbnb 开放的民宿信息和住客评论数据：

http://dataju. cn/Dataju/web/datasetInstanceDetail/309

Amazon 食品评论数据【Kaggle 数据】：

http://dataju. cn/Dataju/web/datasetInstanceDetail/207

17.6.2 方法实施

方法实施的细节未必在正文中面面俱到，但要理解（见图 17.16），这是保证分析严谨性的好习惯。

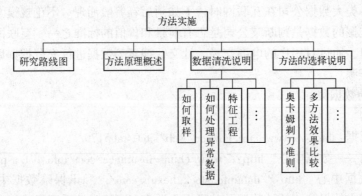

图 17.16 方法实施细节

17.7 注意事项

分析报告的输出是整个分析过程的成果，是评定一个产品、一个运营事件的定性结论，很可能是产品决策的参考依据。

一份好的分析报告，有以下一些要点：

1）要有一个好的框架，像盖房子一样，好的分析肯定是有基础有层次，基础坚实，并且层次明了才能让阅读者一目了然，架构清晰、主次分明才能让别人容易读懂，这样才让人有读下去的欲望。

2）好的分析要有很强的可读性，这里是指易读性，每个人都有自己的阅读习惯和思维方式，写东西时你总会按照自己的思维逻辑来写，自己觉得很明白，别人不一定如此了解，要知道阅读者往往只会花10分钟以内的时间来阅读，所以要考虑你的分析阅读者是谁？他们最关心什么？你必须站在读者的角度去写分析报告。

3）数据分析报告尽量图表化，用图表代替大量堆砌的数字会有助于人们更形象更直观地看清楚问题和结论，当然，图表也不要太多，过多的图表一样会让人无所适从。

4）不要害怕或回避"不良结论"，分析就是为了发现问题，并为解决问题提供决策依据，发现产品问题，在产品缺陷和问题造成重大失误前解决它也是分析的价值所在。

5）不要创造太多难懂的名词，如果你的老板在看分析报告10分钟内让你三次解释名词，那么你写出来的价值又在哪里呢，当然如果无可避免地要写一些名词，最好要有让人易懂的"名词解释"。

6）要感谢那些为你的这份分析报告付出努力、做出贡献的人，包括那些为你上报或提取数据的人，那些为产品提供支持和帮助的人（如果分析的是你自己负责的产品），肯定和尊重伙伴们的工作才会赢得更多的支持和帮助，懂得感谢和分享成果的人才能成为一个有素养和受人尊敬的产品经理。

第 18 章 数据可视化

18.1 什么是数据可视化

数据可视化技术的基本思想是将数据的各个属性值以多维数据的形式表示,可以从不同的维度观察数据,从而对数据进行更深入的观察和分析。

数据可视化主要是借助于图形化手段,清晰有效地传达与沟通信息。但是,这并不意味着,为了看上去绚丽多彩,为了有效地传达思想观念,美学形式与功能需要齐头并进,通过直观地传达关键的方面与特征,从而实现对于相当稀疏而又复杂的数据集的深入洞察。然而,设计人员往往并不能很好地把握设计与功能之间的平衡,从而创造出华而不实的数据可视化形式,无法达到其主要目的。

数据可视化与信息图形、信息可视化、科学可视化以及统计图形密切相关。当前,在研究、教学和开发领域,数据可视化是大数据时代一个极为活跃而又关键的方面,R 语言在数据可视化方面有很多独特的方面。

从概念层面,数据可视化理解如图 18.1 所示;从应用层面,数据可视化理解为图 18.2;从感官层面,数据可视化理解为视觉形式,如图 18.3 所示。

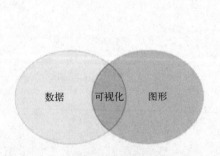

图 18.1 从概念层面理解数据可视化

图 18.2 从应用层面理解数据可视化

图 18.3 从感官层面理解数据可视化

数据可视化是一门交叉学科，涉及领域众多，如图 18.4 所示。

广义上的可视化无处不在，打开浏览器，网站就是个数据可视化，背后是密密麻麻的数据表，而显示在浏览器上则是浅显易懂的页面；淘宝是商品的可视化，上面有价格、发货地种种过滤器；微信是实时数据的可视化，围起了你的社交网络，让你一眼看到最新的消息流；小学的教科书里就有折线图，后来有了 Excel 可以在计算机里画，这几年增加了交互体验。

狭义上的数据可视化，更多是用纯图形来代表数据。

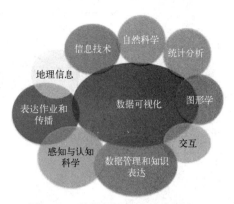

图 18.4　数据可视化涉及的领域

18.2　数据可视化的作用

可视化分析作用如下：

1）使人们能够快速吸取大量信息（信息）。

2）正确的数据可视化可以清晰展现数据背后的意义（知识）。

3）数据可视化可以帮助人们做出准确的决策（价值）。

图 18.5 以经典的安斯库姆四重奏案例来说明可视化在数据价值发现过程中的作用。

一		二		三		四	
x	y	x	y	x	y	x	y
10.0	8.04	10.0	9.14	10.0	7.46	8.0	6.58
8.0	6.95	8.0	8.14	8.0	6.77	8.0	5.76
13.0	7.58	13.0	8.74	13.0	12.74	8.0	7.71
9.0	8.81	9.0	8.77	9.0	7.11	8.0	8.84
11.0	8.33	11.0	9.26	11.0	7.81	8.0	8.47
14.0	9.96	14.0	8.10	14.0	8.84	8.0	7.04
6.0	7.24	6.0	6.13	6.0	6.08	8.0	5.25
4.0	4.26	4.0	3.10	4.0	5.39	19.0	12.50
12.0	10.84	12.0	9.13	12.0	8.15	8.0	5.56
7.0	4.82	7.0	7.26	7.0	6.42	8.0	7.91
5.0	5.68	5.0	4.74	5.0	5.73	8.0	6.89

图 18.5　安斯库姆四重奏数据

四组不同的数据做线性相关，得到相关系数一样（0.816），但实际作图可以看出很大差异，如图 18.6 所示。

散点图完全不同的数据画成条形图是一样的，误差线一样长，图 18.7 中的检验结果，参数方法与非参方法完全不同。图 18.7 与安斯库姆四重奏有异曲同工之处，本质上都是在表示没有图形展示的假设检验可能会遗漏或掩盖重要信息。

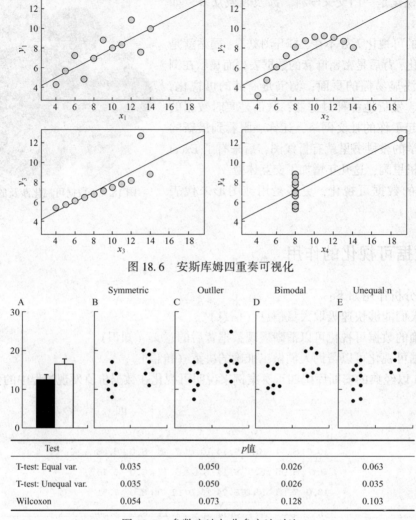

图 18.6　安斯库姆四重奏可视化

图 18.7　参数方法与非参方法对比

Test	*p*值			
T-test: Equal var.	0.035	0.050	0.026	0.063
T-test: Unequal var.	0.035	0.050	0.026	0.035
Wilcoxon	0.054	0.073	0.128	0.103

展示的方法不同给人的视觉冲击不同。

（1）小提琴图（可替代箱式图，图 18.8）

```
par( mfrow=c(1,2) )
mu<-2
si<-0.6
bimodal<-c( rnorm( 1000,-mu,si) , rnorm( 1000,mu,si) )
uniform<-runif( 2000,-4,4)
normal<-rnorm( 2000,0,3)
vioplot( bimodal,uniform,normal)
boxplot( bimodal,uniform,normal)
```

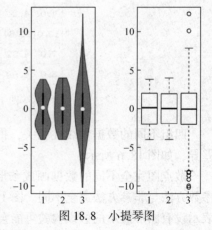

图 18.8　小提琴图

（2）差异散点图（可替代配对柱形图，图 18.9）

这类图就是当要展示的两组数据为配对数据时，直接对其差异作普通散点图并附上参考线，生物信息学里常用一种 MA plot，它可看作是差异散点图的高维版本。

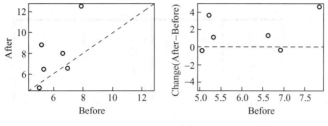

图 18.9　差异散点图

（3）抖动散点图（替代条形图，图 18.10）

```
number1<-rhyper(400,3,6,3)
number2<-rhyper(400,4,5,3)
par(mfrow=c(1,2))
plot(number1,number2)
plot(jitter(number1),jitter(number2))
```

（4）平滑散点图（替代条形图，图 18.11）

```
par(mfrow=c(1,1))
number1<-rhyper(30,4,5,4)
number2<-rhyper(30,4,5,4)
smoothScatter(number1,number2)
```

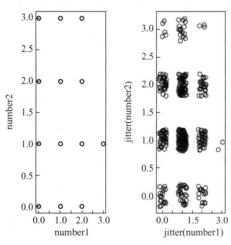

图 18.10　抖动散点图

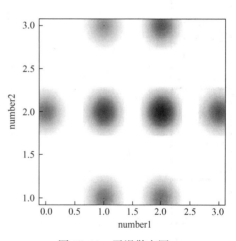

图 18.11　平滑散点图

其实数据展示在能表意清晰的条件下越原始越好，这样能更好地展示原始数据的意义，如果加入过多的总结性描述，会有种隐藏信息的感觉。

18.3　可视化建议

图表种类繁多，什么情况下用什么图表示数据，图 18.12 给出了一些建议。

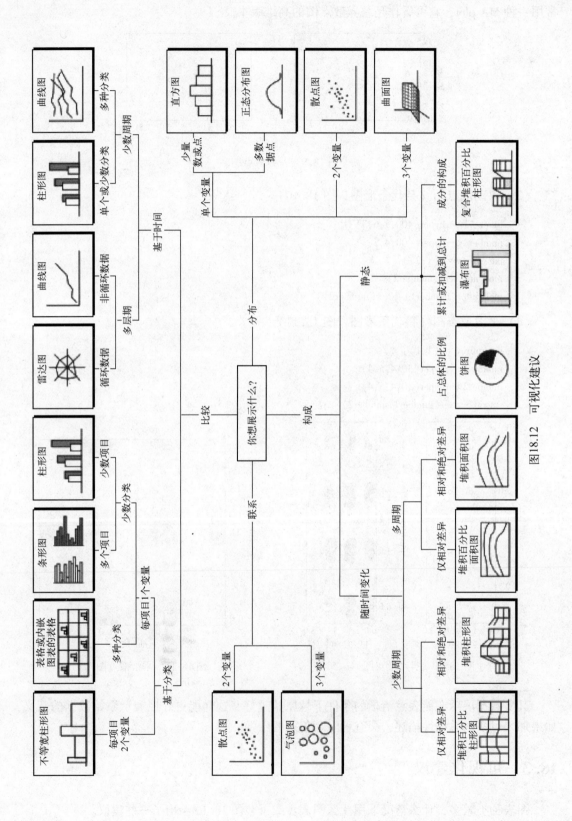

图18.12　可视化建议

数据分析师要擅于用可视化图表，用更优良的数据分析编程语言来让分析过程和结果更具有竞争力。因为数据分析的套路其实挺简单，难的是不熟悉使用可视化工具，又不愿意去学习新的数据分析编程语言……那你的核心竞争力体现在哪里？用图表代替大量堆砌的数字会有助于管理者更形象更直观地看清楚运营的现状和问题，以及数据分析报告里所呈现的分析结论、知识或者信息。当然，凡事都需要有度，图表也不要太多，过多的图表一样会让人无所适从。另外需要注意的一点是，使用合理而贴切的图表进行数据可视化的阐释，该用折线图的时候就用折线图，该用雷达图的时候就用雷达图……如果这样的问题区分不清楚，所做出来的可视化图表只能是画蛇添足，而不是锦上添花。

18.4 科学与艺术的结合

数据可视化素来有"科学与艺术的结合"的说法。事实上，数据可视化是一个处于不断演变之中的概念，其边界在不断地扩大。这里的变化主要指的是技术上较为高级的技术方法，而这些技术方法允许利用图形、图像处理、计算机视觉和用户界面，通过表达、建模以及对立体、表面、属性和动画的显示，对数据加以可视化解释。与立体建模之类的特殊技术方法相比，数据可视化所涵盖的技术方法要广泛得多。

数据可视化的魅力并不在于统计，而是在于表现数据与数据之间的关系。

通常一个数据可视化的表格需要的数据有两个：

1）维度。

2）度量（数字）。

一个完整的图表是必须同时有维度和度量两个指标的。

对应图表中的指标通常有四个：

1）行。

2）列。

3）筛选逻辑（变量关系）。

4）标记（图形表现）。

下面以某地区海鲜餐馆数据为例制作了一张散点气泡图（图 18.13），旨在表现不同餐馆在不同人均消费和人气间的分布关系。

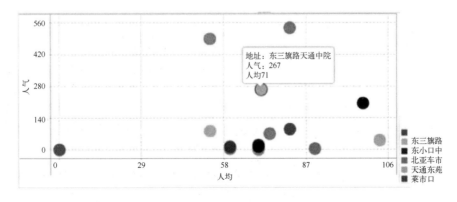

图 18.13 散点气泡图

其中人气和人均是度量,地址是维度,以人气和人均生成数轴,以地址为颜色筛选信息,就会以不同地址不同颜色的形式生成气泡,分布在各个人气和人均的范围内。

如果着重表现对比情况,可以用更直观的大线条大色块图表,图 18.14 所示条形图。

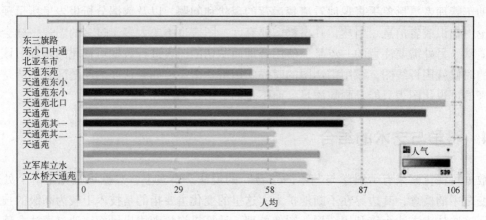

图 18.14　更直观的大线条大色块图表

经过样本分析可以发现,该地区的便宜海鲜小馆子人气都很低,越靠近 90 元,人气越高;越靠近 60 元,人气越低。其中最受欢迎的人均消费段在 80~100 元之间(图 18.15)。

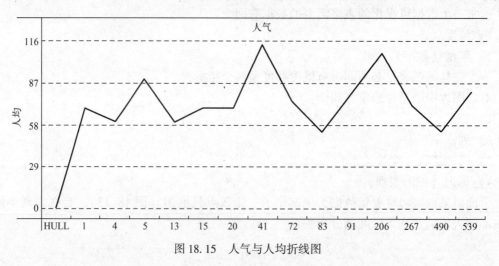

图 18.15　人气与人均折线图

图 18.16 为该地区人气值最高(评论数最多)的 14 家海鲜餐馆人气与人均关系溯源图,其中深灰色代表人均价位,浅灰色代表人气,从中可以发现该地区似乎越贵越受欢迎。

生意好必须要新鲜,服务受欢迎。

把整个地区海鲜餐馆在网上的评论(每家的前 15 条)都集中起来,几百条评论绘制成词云图,如图 18.17 所示。

由图可以看出,大家首先最关注的是新鲜不新鲜,然后是服务。经过调查发现,该地区居民对一家餐馆的印象好坏主要取决于服务人员的服务水平,并且我们发现了一个问题,一家海鲜餐厅在该地区做得好不好很大程度上取决于好不好停车。

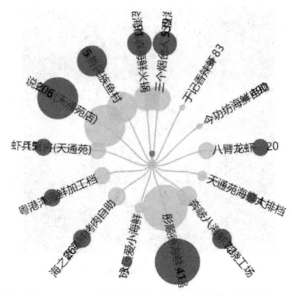

图 18.16　14 家海鲜餐馆人气与人均关系溯源图

图 18.17　整个地区海鲜餐馆在网上的评论词云图

当要参考的维度足够多，和弦图更适合这样的情况。

对于一个报表而言，其展现的逻辑关系是与其维度的数量息息相关的。当维度足够多时，就需要更复杂的力布局图形，一般这种图表在各大公司是收费的，如图 18.18 所示。

目前，在研究、教学和开发领域，数据可视化仍是一个极为活跃而又关键的方面。"数据可视化"这条术语实现了成熟的科学可视化领域与较年轻的信息可视化领域的统一。

尽管看起来只是简单的表格，但实际上数据可视化包含了数据空间、数据开发、数据分析和数据可视化。

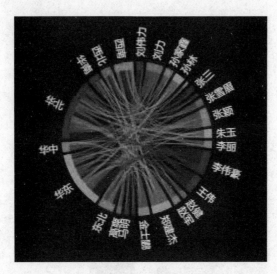

图 18.18　和弦图

　　数据可视化方法有很多种，这些方法根据其可视化的原理不同可以划分为基于几何的技术、基于像素技术、基于图表的技术、基于层次的技术、基于图像的技术和分布式技术等。

18.5　可视化细节

　　作图，看似简单，但实现途径很多。把握细节，才能让读者更高效地理解，如图 18.19 所示。

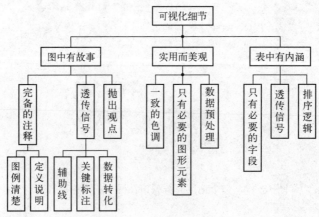

图 18.19　可视化细节

　　辅助线：标注了降本目标和成本结构的变化（图 18.20）。

　　观点 & 建议：在图中添加了文字说明，给出了建议（图 18.20）。

　　透传信号：①设计信号灯，表示利润的健康情况；②数值加粗显示，表示利润下降；③条形图直观呈现每个月的趋势变化（图 18.21）。

　　排序逻辑：以 4 个渠道的利润贡献进行降序排列（图 18.21）。

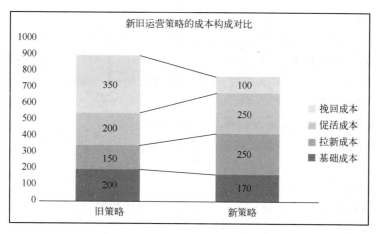

图 18.20　辅助线和观点 & 建议

时间	SAAS软件利润	电商平台利润	实体软件利润	数据咨询利润
	某软件2016年月度利润评价表			
2016年1月	150	0	25	5
2016年2月	100	12	20	10
2016年3月	150	20	23	12
2016年4月	200	45	28	15
2016年5月	230	70	35	20
2016年6月	250	95	30	25
2016年7月	300	105	29	30
2016年8月	350	100	50	32
2016年9月	350	90	60	40
2016年10月	360	85	65	45
2016年11月	370	210	65	50
2016年12月	375	110	60	52
总计	3185	942	490	336

图 18.21　透传信号和排序逻辑

18.6　R 语言绘图

18.6.1　低水平绘图命令

（1）点

【例 18.1】随机产生 80 个点，并绘制这 80 个点。

```
>set. seed( 1234)
>x<-sample( 1：100,80,replace = FALSE)
>y<-2 * x+20+rnorm( 80,0,10)
>plot( x = x,y = y)
>plot( x,y)
```

执行结果得到图 18.22。

其中：

1）set. seed( )，该命令的作用是设定生成随机数的种子，种子是为了让结果具有重复性。如果不设定种子，生成的随机数无法重现。

2）sample(x,size,replace=FALSE,prob=NULL)。

这里，x可以是任何对象；

size规定了从对象中抽出多少个数，size应该小于x的规模，否则会报错；

replace默认是FALSE，表示每次抽取后的数就不能在下一次被抽取，TRUE表示抽取过的数可以继续拿来被抽取。

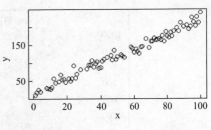

图18.22　例18.1执行结果

3）正态分布随机数rnorm()

句法是：rnorm(n,mean=0,sd=1),n表示生成的随机数数量，mean是正态分布的均值，默认为0，sd是正态分布的标准差，默认时为1。

4）可以使用plot(formula)这样的形式去绘制散点图，即plot(y~x)。

5）可以使用plot(matrix)这样的形式去绘制散点图，即

```
>z<-cbind(x,y)
>plot(z)
```

6）添加标题和标签。

```
plot(x,y,xlab="name of x",ylab="name of y",main="Scatter Plot")
```

执行结果如图18.23所示。

7）设置坐标界限。

可先用range(x)或range(y)查看x,y的取值范围。

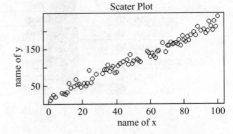

图18.23　例18.1添加标题的结果

```
>range(x)
[1]   1 100
>range(y)
[1]  10.92682 240.70271
plot(x,y,xlab="name of x",ylab="name of y",main="Scatter Plot",xlim=c(1,80),ylim=c(0,
200))
```

执行结果（略）。

8）更改点的形状。

默认情形下，绘图字符为空心点，可以使用pch选项参数进行更改。

```
plot(x,y,xlab="name of x",ylab="name of y",main="Scatter Plot",xlim=c(1,80),ylim=c(0,
200),pch=19)
```

执行结果如图18.24所示。

9）更改颜色。

默认情况下，R语言绘制的图像是黑白的。但其实R语言中有若干和颜色相关的参数（见表18.1）。

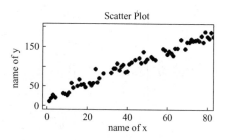

图 18.24 例 18.1 添加标题、取值范围、点的形状的结果

plot(x,y,main="Plot",sub="Scatter Plot",col="red",col. axis="green",col. lab="blue",col. main ="#999000",col. sub="#000999",fg="gray",bg="white")

表 18.1 与颜色相关的参数

参 数	作 用
col	绘图字符的颜色
col. axis	坐标轴文字颜色
col. lab	坐标轴标签颜色
col. main	标题颜色
col. sub	副标题颜色
fg	前景色
bg	背景色

10）更改尺寸。

与颜色类似，R 语言中存在若干参数可以用来设置图形中元素的尺寸，而且与表 18.1 中设置颜色的参数相对应，只需将 col 更换成 cex 即可。

plot(x,y,main="Plot",sub="Scatter Plot",cex=0.5,cex. axis=1,cex. lab=0.8,cex. main=2, cex. sub=1.5)

（2）线

有时候，我们不仅需要散点图，更需要折线图，比如时间序列。

【例 18.2】随机产生 50 个时间点，并绘制图形。

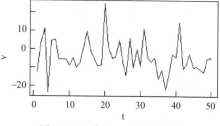

```
t<-1:50
set. seed(1234)
v<-rnorm(50,0,10)
plot(t,v,type="l")
```

图 18.25 例 18.2 执行结果

执行结果如图 18.25 所示。

1）type 的取值。

type 的取值为 p 点、l 线、b 点或线。

2）更改线条类型。

R 语言中提供了很多类型的线条，可以通过 lty 选项来设定。

执行·plot(t,v,type="l",lty=2)结果如图 18.26 所示。

lty 取值对应的线型如图 18.27 所示。

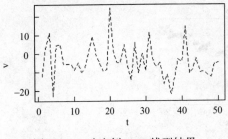

图 18.26　改变例 18.2 线型结果

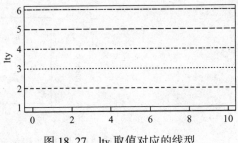

图 18.27　lty 取值对应的线型

3）更改颜色。

与前面更改点的颜色方法相同。

4）线条变宽。

```
plot(t,v,type="l",lwd=2)
```

5）点与线。

有时候，还需要将点突出显示出来，此时需要利用 type 选型。

```
plot(t,v,type="b")
```

6）散点图与平滑线。

在做线性回归时，常常会在散点图中添加一条拟合直线以查看效果。

```
>model<-lm(y~x)                    #线性回归模型
>plot(x,y)                         #画点
>abline(model,col="blue")          #画回归直线
```

执行结果如图 18.28 所示。

7）在散点图上画一条拟合的平滑线，使用 loess 函数。

```
plot(x,y)
model_loess<-loess(y~x)
fit<-fitted(model_loess)
ord<-order(x)
lines(x[ord],fit[ord],lwd=2,lty=2,col="blue")
```

执行结果如图 18.29 所示。

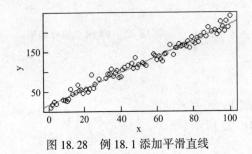

图 18.28　例 18.1 添加平滑直线

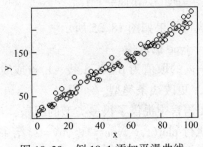

图 18.29　例 18.1 添加平滑曲线

（3）面

1）饼图。

饼图就是将一个圆（或者圆饼）按类别变量分成几块，每一块所占的面积比例就是相对应的变量在总体中所占的比例。

【例18.3】随机产生10年的数据。

```
year<-2001:2010
set. seed(1234)
counts<-sample(100:500,10)
lb<=-paste(year,counts,sep=":")        #构造标签
pie(counts,labels=lb)                  #画饼图
```

执行结果如图18.30所示。

如果让饼图颜色更美观实用，执行：

```
pie(counts,labels=lb,col=rainbow(10))
```

如果想画出3D效果的饼图，执行：

```
>library(plotrix)
>pie3D(counts,labels=lb)
```

2）条形图。

条形图就是通过垂直或者水平的条形去展示分类变量的频数。

利用例18.3的数据绘制条形图：

```
>barplot(counts,names. arg=year,col=rainbow(10))
```

执行结果如图18.31所示。

图18.30　例18.3执行结果

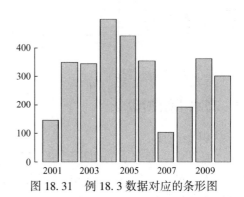

图18.31　例18.3数据对应的条形图

3）直方图。

前面介绍的两种图形，一般都是用来处理二维数据的。那么对于一维数据，常用的图形就有这里所说的直方图。直方图在横轴上将数据值域划分成若干个组别，然后在纵轴上显示其频数。

在R语言中，可以使用hist( )函数来绘制直方图：

```
set. seed(1234)
x<-rnorm(100,0,1)
hist(x)
```

执行结果如图 18.32 所示。

修改颜色、组数：

```
>hist(x,breaks=10,col="gray")
```

添加核密度曲线：

```
>hist(x,breaks=10,freq=FALSE,col="gray")
>lines(density(x),col="red",lwd=2)
```

添加正态密度曲线：

```
>h<-hist(x,breaks=10,col="gray")
>xfit<-seq(min(x),max(x),length=100)
>yfit<-dnorm(xfit,mean=mean(x),sd=sd(x))
>yfit<-yfit*diff(h$mids[1:2])*length(x)
>lines(xfit,yfit,col="blue",lwd=2)
```

4) 箱线图。

箱线图通过绘制连续型变量的五个分位数（最大最小值、25% 和 75% 分位数以及中位数），描述变量的分布。绘制例 18.3 中数据 counts 箱线图：

```
>boxplot(counts)
```

执行结果如图 18.33 所示。

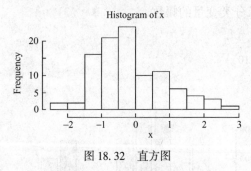

图 18.32　直方图　　　　　图 18.33　箱线图

18.6.2　高水平绘图命令

（1）认识 ggplot2

ggplot2 是基于一种全面的图形语法，提供了一种全新的图形创建方法，能够自动处理位置、文本等注释，也能够按照需求自定义设置。默认情况下有很多选项以供选择，在不设置时会直接使用默认值。

1) 特点。

ggplot2 的核心理念是将绘图与数据分离，数据相关的绘图与数据无关的绘图分离；

ggplot2 是按图层作图；

ggplot2 保有命令式作图的调整函数，使其更具灵活性；

ggplot2 将常见的统计变换融入到了绘图中。

2) 画布。

```
ggplot(data=,mapping=)
```

3）图层。

图层可以允许用户一步步地构建图形，方便单独对图层进行修改。图层用"+"表示，如：

p<-ggplot(data=,mapping=)
p<-p+绘图命令

4）绘图命令。

几何绘图命令：geom_XXX(aes=,alpha=,position=)，见表18.2。

其中，alpha 表示透明度，position 表示位置。

统计绘图命令：stat_XXX()，见表18.3。

标度绘图命令：scale_XXX，见表18.4。

其他修饰命令：标题、图例、统计对象、几何对象、标度、分面等。

5）说明。

绘图命令不能独立使用，必须与画布配合使用。

（2）几何对象

几何对象代表我们在图中实际看到的图形元素，如点、线、多边形等类型（表18.2）。

表18.2　几何对象函数

几何对象函数	描　　　　述
geom_area	面积图（即连续的条形图）
geom_bar	条形图
geom_boxplot	箱线图
geom_contour	等高线图
geom_density	密度图
geom_errorbar	误差线（通常添加到其他图形上，比如条形图、点图、线图等）
geom_histogram	直方图
geom_jitter	点、自动添加了扰动
geom_line	线
geom_point	散点图
geom_text	文本

（3）映射

映射指将数据中的变量映射到图形属性（坐标、颜色等）。映射（Mapping）控制了二者之间的关系（图18.34）。

length	width	depth	trt
2	3	4	a
1	2	1	a
4	5	15	b
9	10	80	b

x	y	colour
2	3	a
1	2	a
4	5	b
9	10	b

图18.34　变量映射到图形属性

映射用函数 aes(x =,y =,color =,size =)表示。

【例 18.4】将数据集 mpg 中的 cty 映射到 x 轴，hwy 映射到 y 轴，并画散点图。

```
>library(ggplot2)
>str(mpg)                          #查看数据集内容
Classes 'tbl_df', 'tbl' and 'data.frame':       234 obs. of  11 variables:
 $ manufacturer: chr  "audi" "audi" "audi" "audi" ...
 $ model       : chr  "a4" "a4" "a4" "a4" ...
 $ displ       : num  1.8 1.8 2 2 2.8 2.8 3.1 1.8 1.8 2 ...
 $ year        : int  1999 1999 2008 2008 1999 1999 2008 1999 1999 2008 ...
 $ cyl         : int  4 4 4 4 6 6 6 4 4 4 ...
 $ trans       : chr  "auto(l5)" "manual(m5)" "manual(m6)" "auto(av)" ...
 $ drv         : chr  "f" "f" "f" "f" ...
 $ cty         : int  18 21 20 21 16 18 18 18 16 20 ...
 $ hwy         : int  29 29 31 30 26 26 27 26 25 28 ...
 $ fl          : chr  "p" "p" "p" "p" ...
 $ class       : chr  "compact" "compact" "compact" "compact" ...
>p<-ggplot(data=mpg,mapping=aes(x=cty,y=hwy))#第一层,画布
>p+geom_point()                              #第二层,画散点图
```

效果图如图 18.35 所示。

说明：① 画布命令可简化为 ggplot(mpg,aes(x=cty,y=hwy))。

② 将年份映射到颜色属性（图 18.36），执行

ggplot(mpg,aes(x=cty,y=hwy,color=factor(year)))

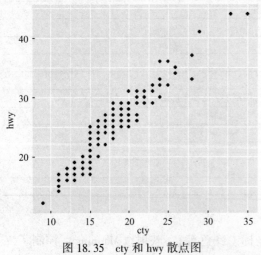

图 18.35 cty 和 hwy 散点图

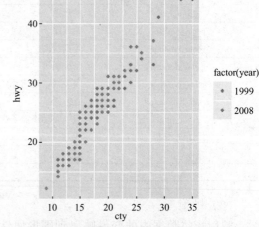

图 18.36 将年份映射到颜色属性的散点图

③ 画布命令 ggplot() 必须为第一图层。

④ 将排量映射到散点大小（图 18.37）。

（4）统计对象

统计对象是对原始数据进行某种计算。

【例 18.5】对例 18.4 的散点图加上一条回归线（图 18.38）。

统计对象用函数 stat_X() 表示。绘制图 18.38 的命令如下：

```
>p<-ggplot(data=mpg,mapping=aes(x=cty,y=hwy))   #第一层,画布
>p<-p+geom_point(aes(color=factor(year)))       #第二层,画散点图
>p+stat_smooth()                                #第三层,画平滑曲线
```

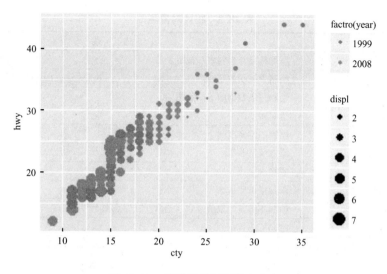

图 18.37 将排量映射到散点大小

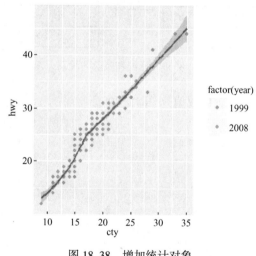

图 18.38 增加统计对象

说明：

① 多个图层可以写在一行，例如，上面三行命令，可简写为

ggplot(mpg, aes(x = cty, y = hwy)) + geom_point( ) + stat_smooth( )

所以，图层的表达比较灵活，建议初学者一行一个图层。

② 如果一行一个图层，除最后图层不用赋值外，其他各层必须用赋值语句，并且赋值变量要相同。

③ 如果有颜色映射，需要作为绘图命令参数，否则颜色失效。

统计变换函数见表 18.3。

（5）标度

标度（Scale）负责控制映射后图形属性的显示方式，具体形式上来看是图例和坐标刻度。标度和映射是紧密相关的概念（图 18.39）。

表 18.3 统计对象函数

统计对象函数	描 述
stat_abline	添加线条，用斜率和截距表示
stat_boxplot	绘制带触须的箱线图
stat_contour	绘制三维数据的等高线图
stat_density	绘制密度图
stat_density2d	绘制二维密度图
stat_function	添加函数曲线
stat_hline	添加水平线
stat_smooth	添加平滑曲线
stat_sum	绘制不重复的取值之和（通常用在三点图上）
stat_summary	绘制汇总数据

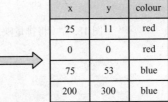

图 18.39 标度和映射的关系

【例 18.6】用标度来修改颜色取值（图 18.40）。

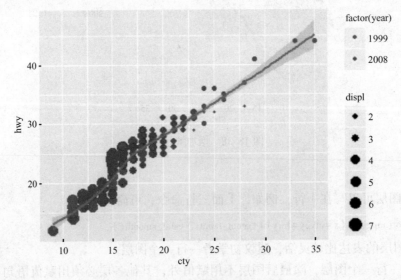

图 18.40 用标度来修改颜色取值

p<-ggplot(data=mpg,mapping=aes(x=cty,y=hwy))

p<-p+geom_point(aes(colour=factor(year),size=displ))

p<-p+stat_smooth()

p+scale_color_manual(values=c('blue2','red4'))   #增加标度

说明：①其他标度函数见表 18.4。

表 18.4　标度函数

标 度 函 数	描　　述
scale_alpha	alpha 通道值（灰度）
scale_brewer	调色板，来自 colorbrewer.org 网站展示的颜色标度
scale_continuous	连续标度
scale_data	日期
scale_datetime	日期和时间
scale_discrete	离散值
scale_gradient	两种颜色构建的渐变色
scale_gradient2	3 种颜色构建的渐变色
scale_gradientn	n 种颜色构建的渐变色
scale_grey	灰度颜色
scale_hue	均匀色调
scale_identity	直接使用指定的取值，不进行标度转换
scale_linetype	用线条模式来展示不同
scale_manual	手动指定离散标度
scale_shape	用不同的形状来展示不同的数值
scale_size	用不同大小的对象来展示不同的数值

② 用标度来修改大小取值，即 scale_size_continuous(range = c(4,10))。

③ 用标度设置填充值，即 scale_fill_continuous(high = 'red2', low = 'blue4')。

（6）分面

条件绘图，将数据按某种方式分组，然后分别绘图。分面就是控制分组绘图的方法和排列形式（图 18.41）。

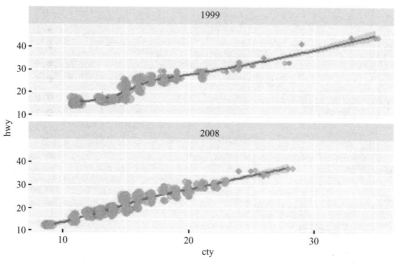

图 18.41　按年分组可视化

分面函数见表 18.5。

表 18.5　分面函数

分 面 函 数	描　　述
facet_grid	将分面放置在二维网格中
facet_wrap	将一维的分面按二维排列

【例 18.7】 按年分组，一列显示。

```
p<-ggplot(data=mpg,mapping=aes(x=cty,y=hwy))
p<-p+geom_point(aes(colour=class,size=displ))
p<-p+stat_smooth()
p<-p+geom_point(aes(colour=factor(year),size=displ))
p<-p+scale_size_continuous(range=c(4,10))        #增加标度
p+facet_wrap(~ year,ncol=1)                      #分面
```

（7）其他修饰

【例 18.8】 增加图名并精细修改图例（图 18.42）。

```
p<-ggplot(mpg,aes(x=cty,y=hwy))
p<-p+geom_point(aes(colour=class,size=displ))
p<-p+stat_smooth()
p<-p+scale_size_continuous(range=c(2,5))
p<-p+facet_wrap(~ year,ncol=1)
p<-p+ggtitle('汽车油耗与型号')                      #添加标题
p<-p+labs(y='每加仑高速公路行驶距离',               #坐标轴修饰
          x='每加仑城市公路行驶距离')
p<-p+guides(size=guide_legend(title='排量'),        #修改图例
          colour=guide_legend(title='车型',override.aes=list(size=5)))
p
```

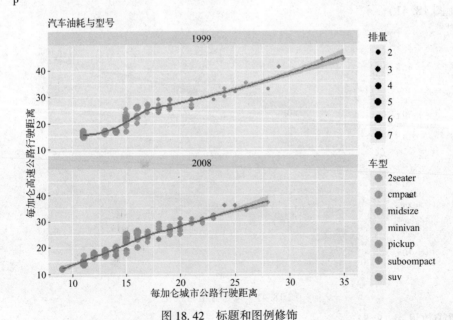

图 18.42　标题和图例修饰

【例 18.9】 条形图排序（图 18.43）。

```
class2<-mpg$class                               #取出一列
class2<-reorder(class2,class2,length)           #排序
```

```
mpg$class2  <-  class2              #对 mpg 增加一列
p  <-ggplot( mpg, aes( x = class2 ) )   #画布
p  +geom_bar( aes( fill = class2 ) )    #绘制条形图
```

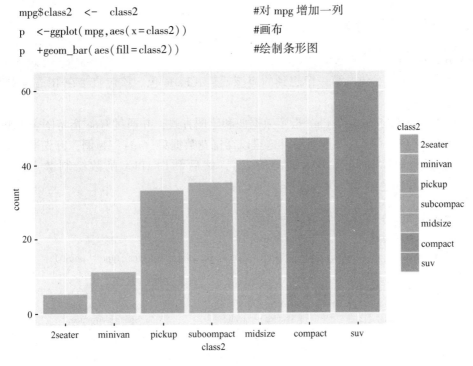

图 18.43 条形图排序

【例 18.10】 根据年份分别绘制条形图，position 控制位置调整方式，图 18.44 为 position ='identity'的结果。position ='dodge','stack','fill'的结果，请读者自行实验。

```
p<-ggplot( mpg, aes( class2, fill = factor( year ) ) )   #分组填充
p  +geom_bar( position ='identity', alpha = 0. 5 )
```

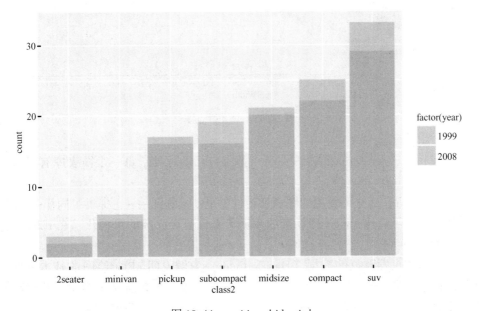

图 18.44　position ='identity'

18.6.3　交互式绘图命令

（1）rCharts 包

说起 R 语言的交互包，第一个想到的应该就是 rCharts 包。该包直接在 R 语言中生成基于 D3 的 Web 界面。

rCharts 函数通过 formula、data 指定数据源和绘图方式，并通过 type 指定图表类型。

下面通过例子来了解其工作原理。这里以鸢尾花数据集（iris）为例，首先通过 name 函数对列名进行重新赋值（去掉单词间的点），然后利用 rPlot 函数绘制散点图（type = "point"），并利用颜色进行分组（color="Species"）。

```
library(rCharts)
names(iris) = gsub("\\.","",names(iris))
rPlot(SepalLength ~ SepalWidth | Species,data=iris,color='Species',type='point')
```

执行结果如图 18.45 所示。

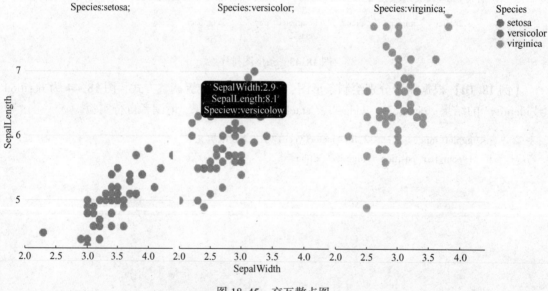

图 18.45　交互散点图

rCharts 支持多个 javascript 图表库，每个都有自己的长处。每一个图表库有多个定制选项，其中大部分 rCharts 都支持。

NVD3 是一个旨在建立可复用的图表和组件的 d3.js 项目——它提供了同样强大的功能，且更容易使用。它可以让我们处理复杂的数据集来创建更高级的可视化。在 rCharts 包中提供了 nPlot 函数来实现。

下面以眼睛和头发颜色的数据（HairEyeColor）为例说明 nPlot 绘图的基本原理。将数据按照眼睛的颜色进行分组（group="eye"），对头发颜色人数绘制条形图，并将类型设置为条形图组合方式（type="multiBarChart"），这样可以实现分组和叠加效果。

```
library(rCharts)
hair_eye_male<-subset(as.data.frame(HairEyeColor),Sex=="Male")
hair_eye_male[,1]<-paste0("Hair",hair_eye_male[,1])
hair_eye_male[,2]<-paste0("Eye",hair_eye_male[,2])
n1<-nPlot(Freq ~ Hair,group="Eye",data=hair_eye_male,type="multiBarChart")
n1
```

执行结果如图 18.46 所示。

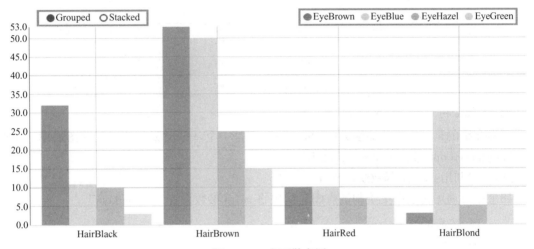

图 18.46　交互散点图

可以通过图形右上角选择需要查看或隐藏的类别（默认是全部类别显示），也能通过左上角选择柱子是按照分组还是叠加的方式进行摆放（默认是分组方式）。如果选择 Stacked，就会绘制叠加条形图。

Highcharts 是一个制作图表的纯 Javascript 类库，支持大部分的图表类型：直线图、曲线图、区域图、区域曲线图、条形图、饼状图和散布图等。在 rCharts 包中提供了 hPlot 函数来实现。

以 MASS 包中的学生调查数据集 survery 为例，说明 hPlot 绘图的基本原理。绘制学生身高和每分钟脉搏跳动次数的气泡图，以年龄变量作为调整气泡大小的变量。

```
library(rCharts)
a<-hPlot(Pulse ~ Height,data=MASS::survey,type="bubble",
title="Zoom demo",subtitle="bubble chart",size="Age",group="Exer")
a$colors('rgba(223,83,83,.5)','rgba(119,152,191,.5)','rgba(60,179,113,.5)')
a$chart(zoomType="xy")
a$exporting(enabled=T)
a
```

执行结果如图 18.47 所示。

rCharts 包可以画出更多漂亮的交互图，有兴趣的读者可登录网站 https://ramnathv.github.io/rCharts/ 和 https://github.com/ramnathv/rCharts/tree/master/demo，上面有更多的例子可供学习参考。

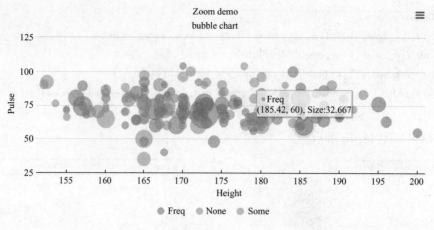

图 18.47　交互气泡图

（2）plotly 包

下面介绍的是另一个功能强大的 plotly 包。它是一个基于浏览器的交互式图表库，建立在开源的 JavaScript 图表库 plotly. js 之上。

plotly 包利用 plot_ly 函数绘制交互图。

如果相对鸢尾花数据集绘制散点图，需要将 mode 参数设置为"markers"。

```
library( plotly )
data( "iris" )
p<-plot_ly( iris, x = Petal. Length, y = Petal. Width,
color = Species, colors = "Set1", mode = "markers" )
p
```

执行结果如图 18.48 所示。

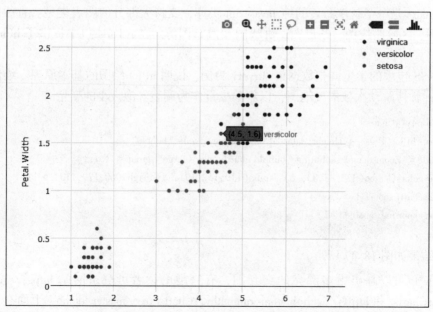

图 18.48　plotly 包绘制的交互散点图

如果想绘制交互箱线图，需要将 type 参数设置为"box"。

```
library( plotly )
plot_ly( midwest, x = percollege, color = state, type = "box" )
```

执行结果如图 18.49 所示。

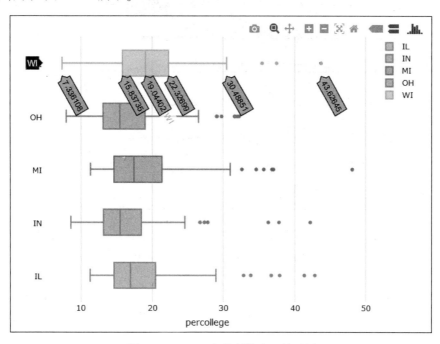

图 18.49　plotly 包绘制的交互箱型图

如果已熟悉 ggplot2 的绘图系统，也可以利用 ggplotly 函数实现交互效果。例如，对 ggplot 绘制的密度图实现交互效果，执行以下代码即可：

```
library( plotly )
p<-ggplot( data = lattice::singer, aes( x = height, fill = voice. part ) ) +
geom_density( ) +
facet_grid( voice. part~. )
( gg<-ggplotly( p ) )
```

执行结果如图 18.50 所示。

（3）其他交互图绘制包

1）交互时序图的 dygraphs 包。

```
library( dygraphs )
lungDeaths<-cbind( mdeaths, fdeaths )
dygraph( lungDeaths )%>%
dySeries( "mdeaths" , label = "Male" )%>%
dySeries( "fdeaths" , label = "Female" )%>%
dyOptions( stackedGraph = TRUE )%>%
dyRangeSelector( height = 20 )
```

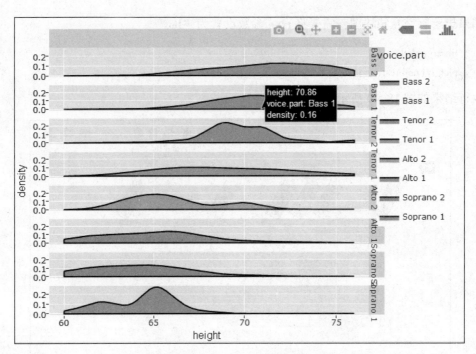

图 18.50　plotly+ggplot2 包绘制的交互密度图

执行结果如图 18.51 所示。

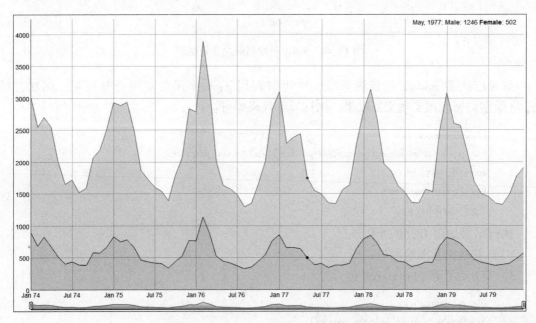

图 18.51　dygraphs 包绘制的交互时序图

2）DT 包使得 R 数据对象可以在 HTML 页面中实现过滤、分页、排序以及其他许多功能。

以鸢尾花数据集 iris 为例，执行以下代码：

```
library(DT)
datatable(iris)
```

3）networkD3 包可实现 D3 JavaScript 的网络图。

下面是绘制一个力导向的网络图的例子。

```
data(MisLinks)        # 加载数据
data(MisNodes)
forceNetwork(Links = MisLinks, Nodes = MisNodes,   #画图
Source = "source", Target = "target",
Value = "value", NodeID = "name",
Group = "group", opacity = 0.8)
```

执行结果如图 18.52 所示。

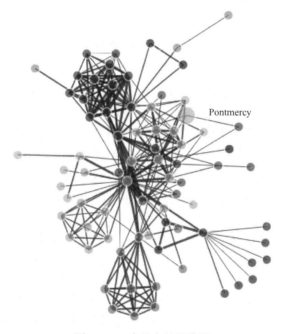

Pontmercy

图 18.52   力导向的网络图

4）d3treeR 包绘制交互热力图：

```
library(treemap)
library(d3treeR)
data("GNI2014")
tm<-treemap(GNI2014, index = c("continent", "iso3"),
vSize = "population", vColor = "GNI", type = "value")
d3tree(tm, rootname = "World")
```

执行结果如图 18.53 所示。

在 R 环境中，动态交互图形的优势在于能和 shiny 框架整合在一起，能迅速建立一套可视化 web 原型系统。

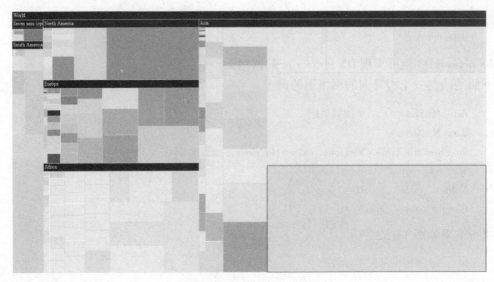

图 18.53　可交互热力图

（4）shiny 包

shiny 是 RStudio 公司开发的新包，有了它，可以用 R 语言轻松开发交互式 Web 应用。它具有如下特性：

1）只用几行代码就可以构建有用的 Web 应用程序，不需要用 JavaScript。

2）shiny 应用程序会自动刷新计算结果，这与电子表格实时计算的效果类似。当用户修改输入时，输出值自动更新，而不需要在浏览器中手动刷新。

3）shiny 用户界面可以用纯 R 语言构建，如果想更灵活，可以直接用 HTML、CSS 和 JavaScript 来编写。

4）可以在任何 R 环境中运行（R 命令行、Windows 或 Mac 中的 Rgui、ESS、StatET、RStudio 等）。

5）基于 Twitter Bootstrap 的默认 UI 主题很吸引人。

6）高度定制化的滑动条小工具（Slider Widget），内置了对动画的支持。

7）预先构建有输出小工具，用来展示图形、表格以及打印输出 R 对象。

8）采用 websockets 包，做到浏览器和 R 语言之间快速双向通信。

9）采用反应式（Reactive）编程模型，摒弃了繁杂的事件处理代码，这样可以集中精力于真正关心的代码上。

10）开发和发布自己独立的 shiny 小工具，其他开发者也可以非常容易地将它加到自己的应用中。

安装：shiny 可以从 CRAN 获取，所以可以用通常的方式来安装，在 R 语言的命令行里输入：

```
install. packages( "shiny" )
```

【例 18.11】 Hello Shiny（图 18.54）。

Hello Shiny 是个简单的应用程序，这个程序可以生成正态分布的随机数，随机数个数可以由用户定义，并且可以绘制这些随机数的直方图。要运行这个例子，只需键入：

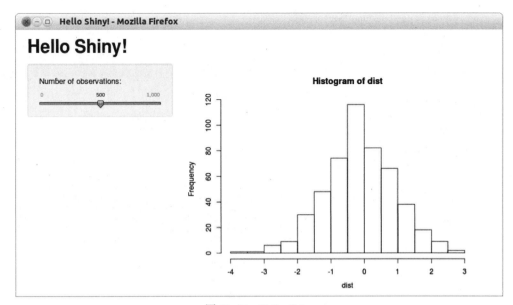

图 18.54　Hello Shiny

```
library( shiny)
runExample( "01_hello" )
```

shiny 应用程序分为两个部分：用户界面定义（UI）和服务端脚本（Server）。

```
ui. R
library( shiny)
shinyUI( pageWithSidebar(                        # 网页布局
        headerPanel( "Hello Shiny!" ) ,          # 标题
        sidebarPanel(                            # 侧边栏设置
            sliderInput( "obs" ,"观测值个数:" ,min = 0,
                        max = 1000,value = 500)
                ) ,                              #滑动条,改变观测值数量
        mainPanel(                               #主面板设置
            plotOutput( "distPlot" )             #显示观测值的分布
            )
        )
    )
```

server. R 从某种程度上说，它很简单——生成给定个数的随机变量，然后将直方图画出来。不过，应注意返回图形的函数被 renderPlot 包裹着。

```
server. R
library( shiny)
shinyServer( function( input ,output) {(
        output$distPlot<-renderPlot( {
        #脚本主体,注意 distPlot 要与 plotOutput 参数一致
        dist<-rnorm( input$obs)
```

```
# obs 要与 sliderInput 第一个参数一致
hist(dist)
})
})
```

【例 18.12】 Shiny Text（图 18.55）。

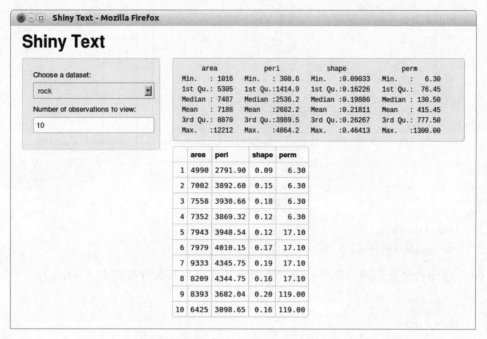

图 18.55　Shiny Text

这个例子将展示其他输入控件的用法，以及生成文本输出的被动式函数的用法。

Shiny Text 这个应用程序展示的是直接打印 R 对象，以及用 HTML 表格展示数据框。要运行例子程序，只需键入：

```
>library(shiny)
>runExample("02_text")
```

前面那个例子里用一个滑动条来输入数值，并且输出图形。而这个例子更进了一步：有两个输入，以及两种类型的文本输出。

如果改变观测个数，将会发现 shiny 应用程序的一大特性：输入和输出是结合在一起的，并且"实时"更新运算结果（就像 Excel 一样）。在这个例子中，当观测个数发生变化时，只有表格更新，而不需要重新加载整个页面。

下面是用户界面定义的代码。请注意，sidebarPanel 和 mainPanel 的函数调用中有两个参数（对应于两个输入和两个输出）。

```
ui. R
library(shiny)
shinyUI(
    pageWithSidebar(                          # 网页侧边栏布局
```

```
            headerPanel("Shiny Text"),
            sidebarPanel(
                selectInput("dataset","Choose a dataset:",
                    choices=c("rock","pressure","cars")),#下拉列表
            numericInput("obs","输入观测值个数:",10)   #文本框
                ),                          #sidebarPanel 结束
            mainPanel(                      #主面板设计
                verbatimTextOutput("summary"),    #输出小结
                tableOutput("view")              #输出表格
                )                           #mainPanel 结束
            )                               #pageWithSidebar 结束
        )                                   #shinyUI 结束
```

服务端的程序要稍微复杂一点,涉及:

① 一个反应性表达式来返回用户选择的相应数据集;

② 两个渲染表达式,分别是 renderPrint 和 renderTable,以返回 output$summary 的 output
$view 的值。

这些表达式和第一个例子中的 renderPlot 运作方式类似:通过声明渲染表达式,也就告
诉了 shiny,一旦渲染表达式所依赖的值 (在这里例子中是两个用户输入值的任意一个:
input$dataset 或 input$n)发生改变,表达式就会执行。

```
        server. R
        library(shiny)
        library(datasets)                      #加载依赖包
        shinyServer(function(input,output){
                datasetInput<-reactive({        #反应表达式,接收返回的数据集
                switch(input$dataset,
                            "rock"=rock,
                            "pressure"=pressure,
                            "cars"=cars)
                })
                output$summary<-renderPrint({   #渲染表达式对数据集 dataset 的响应
                    dataset<-datasetInput()
                    summary(dataset)
                    })
                output$view<-renderTable({      #渲染表达式对观测值个数 n 的响应
                    head(datasetInput(),n=input$obs)
                    })
        })
```

【例 18. 13】构建 shiny 应用。

构建应用程序之初,先建一个空目录,在这个目录里创建空文件 ui. R 和 server. R。为
了便于解释,假定选择在 shinyapp 创建程序。

现在在每个源文件中添加所需的最少代码。先定义用户接口,调用函数
pageWithSidebar,并传递它的结果到 shinyUI 函数:

```
ui. R
library( shiny)
shinyUI( pageWithSidebar(
    headerPanel( "Miles Per Gallon" ),          #设置标题
        sidebarPanel( ),                        #增加侧边栏容器
    mainPanel( ) ) )                            #处理服务器返回的计算结果
```

三个函数 headerPanel、sidebarPanel 和 mainPanel 定义了用户接口的不同区域。程序被命名为 "Miles Per Gallon"，所以在创建 headerPanel 的时候把它设置为标题。其他 Panel 到目前为止还是空的。

服务端调用 shinyServer 并传递给它一个函数，用来接收两个参数：input 和 output。

```
server. R
library( shiny)
# Define server logic required to plot various variables against mpg
shinyServer( function( input ,output) {
} )
```

服务端程序现在还是空的，不过之后要用它来定义输入和输出的关系。

下面来创建一个最小的 shiny 应用程序。可以调用 runApp 函数来运行这个程序：

```
>runApp( "shinyapp" )
```

如果一切正常，在浏览器里将看到如图 18.56 所示的结果。

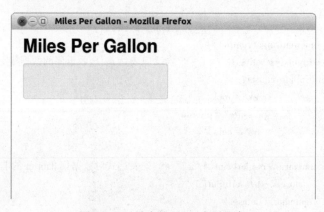

图 18.56　最小的 shiny 应用程序

至此，创建好了一个可运行的 shiny 程序，尽管它还做不了什么。接下来通过完善用户接口并实现服务端脚本，来完成这个应用程序。

① 在 sidebar 容器上添加输入。

使用 R 语言内置的 datasets 包中的 mtcars 数据构建程序，允许用户查看箱线图来研究英里每加仑（简称 MPG）和其他三个变量（气缸、变速器、齿轮）之间的关系。

shiny 程序中想提供一种方式来选择绘制 MPG 与哪个变量的图形，也提供一个可选择绘图时包含或剔除异常值的选项。为了完成这个目标，需要往 sidebar 上加两个元素：一个是 selectInput，用来指定变量；另一个是 checkboxInput，用来控制是否显示异常值。添加这些

元素后的用户接口定义如下：

```
ui. R
library(shiny)
shinyUI(pageWithSidebar(
    headerPanel("Miles Per Gallon"),
  sidebarPanel(
    selectInput("variable","Variable:",
                    list("Cylinders"="cyl",
                            "Transmission"="am",
                            "Gears"="gear")),
    checkboxInput("outliers","Show outliers",FALSE)
),
    mainPanel()))
```

如果在做了这些修改之后再运行该程序，则会在 sidebar 看到两个用户输入（图 18.57）。

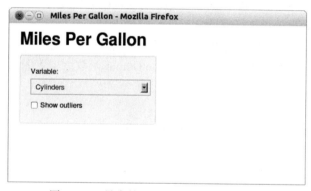

图 18.57　最小的 shiny 应用程序添加输入

② 创建服务端脚本。

服务端脚本用来接收输入，并计算输出。文件 server. R 如下所示，它说明了下面几个重要的概念。

使用 input 对象的组件来访问输入，并通过向 output 对象的组件赋值来生成输出。在启动的时候初始化的数据可以在应用程序的整个生命周期中被访问，使用反应表达式来计算被多个输出共享的值。

shiny 服务端脚本的基本任务是定义输入和输出之间的关系。脚本访问输入值，然后计算，接着向输出的组件赋以反应表达式。

下面是全部服务端脚本的代码：

```
server. R
library(shiny)
library(datasets)                          #加载依赖包
mtcarsmpgData$am<-factor(mpgData$am,labels=c("Automatic","Manual"))
mpgData<-mtcarsmpgData$am
ShinyServer(function(input,output){
```

```
    formulaText<-reactive({                    #对输入字符串的反应
        paste("mpg ~",input$variable)          #拼接字符串
    })
    output$caption<-renderText({               #文本渲染
        formulaText()                          #显示字符串
    })
    output$mpgPlot<-renderPlot({               #画箱线图渲染
        boxplot(as.formula(formulaText()),data=mpgData,outline=input$outliers)
    })
})
```

shiny 用 renderText 和 renderPlot 生成输出（而不是直接赋值），这样做是为了让程序成为反应式的。这一层封装返回特殊的表达式，只有当其所依赖的值改变的时候才会重新执行，这就使 shiny 在输入值发生改变时自动更新输出。

③ 展示输出。

服务端脚本给两个输出赋值：output$caption 和 output$mpgPlot。为了让用户接口能显示输出，需要在主 UI 面板上添加一些元素。

在下面修改后的用户接口定义中，可以看到，这里用 h3 元素添加了说明文字，并用 textOutput 函数添加了其中的文字，还调用了 plotOutput 函数渲染了图形。

```
mainPanel(
    h3(textOutput("caption")),
    plotOutput("mpgPlot")
)
```

运行应用程序，就可以显示它的最终形式，包括输入和动态更新的输出（图 18.58）。

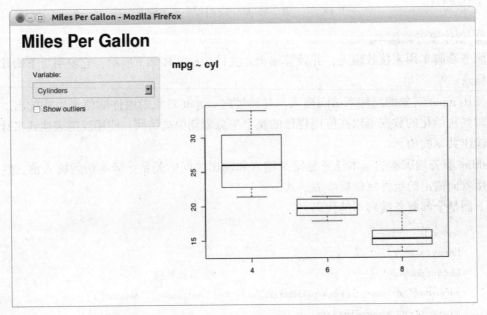

图 18.58 包括输入和动态更新输出的 shiny 应用程序

④ 发布。

程序调式成功后就可以发布了。

步骤 1：library(devtools)。

```
# install. packages(' devtools')
```

步骤 2：library(shinyapps)。

```
#devtools::install_github(' rstudio/shinyapps')
```

步骤 3：注册账号。

步骤 4：登录。

```
shinyapps::setAccountInfo(name=' xycheng',token=' D6DD6AB32E1C1B10F26FC5FB92868166',
secret='<SECRET>')
```

步骤 5：上传。

```
shinyapps::deployApp(' yourpath/app')
```

18.7　图形适用场景

描述性分析要用到很多图表，这些图表都有各自使用的场景、各自使用的优势和劣势。因为表格只是展示数据，每个场景可能都能用，只是不够直观而已，所以本节主要介绍图形的适用场景。

（1）柱状图

柱形图是最常用到的图表类型，柱形图按显示的形状可分为二维、三维和圆柱，按数据坐标轴可分为单体、堆积和百分比（图 18.59）。

百分比堆积柱状图如图 18.60 所示。

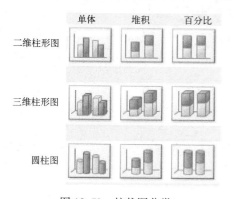

图 18.59　柱状图分类

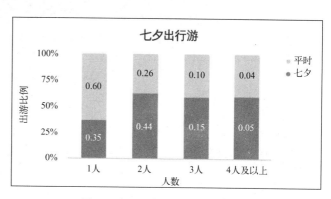

图 18.60　百分比堆积柱状图示例

适用场景：二维数据集（每个数据点包括两个值 x 和 y），但只有一个维度需要比较。

优势：柱状图利用柱子的高度，反映数据的差异，肉眼对高度差异很敏感。

劣势：柱状图的局限在于只适用中小规模的数据集。

（2）条形图

适用场景：显示各个项目之间的比较情况，和柱状图有类似的作用（图 18.61）。

图 18.61　条形图示例

优势：每条都清晰表示数据，直观。

（3）折线图

适用场景：适合二维的大数据集，还适合多个二维数据集的比较（图 18.62）。

优势：容易反映出数据变化的趋势。

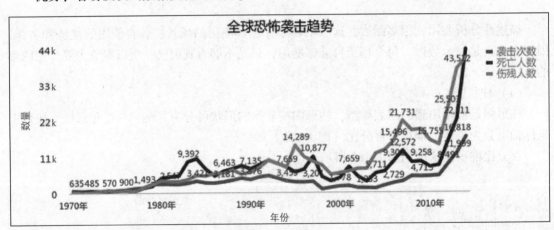

图 18.62　折线图示例

（4）地图

适用场景：适用于有空间位置的数据集。

优劣势：特殊状况下使用，涉及行政区域；只要有经纬度数据，全球地图 R 语言都能画出。

（5）饼图（环图）

适用场景：简单的占比比例图，在不要求数据精细的情况下适用（图 18.63）。

优势：明确显示数据的比例情况，尤其适合渠道来源等场景。

劣势：肉眼对面积大小不敏感。

（6）雷达图

适用场景：适用于多维数据（四维以上），且每个维度必须可以排序，适用场合较有限（图 18.64）。

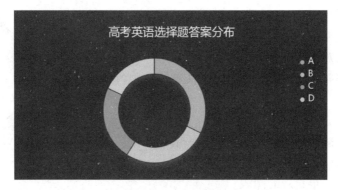

图 18.63　环图示例

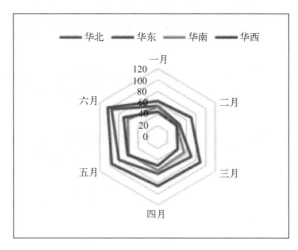

图 18.64　雷达图示例

优势：主要用来了解公司各项数据指标的变动情形及其好坏趋向。

劣势：理解成本较高。

（7）漏斗图

适用场景：适用于业务流程多的流程分析（图 18.65）。

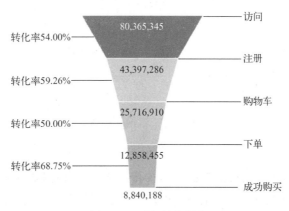

图 18.65　漏斗图示例

优势：在网站分析中，通常用于转化率比较，它不仅能展示用户从进入网站到实现购买的最终转化率，还可以展示每个步骤的转化率，能够直观地发现和说明问题所在。

劣势：单一漏斗图无法评价网站某个关键流程中各步骤转化率的好坏。

（8）词云

适用场景：显示词频，可以用来做一些用户画像、用户标签的工作（图18.66）。

优势：很酷炫、很直观的图表。

劣势：使用场景单一，一般用来做词频。

图18.66　词云示例

（9）散点图

适用场景：显示若干数据系列中各数值之间的关系，类似XY轴，判断两变量之间是否存在某种关联。

优势：对于处理值的分布和数据点的分簇，散点图都很理想。如果数据集中包含非常多的点，那么散点图便是最佳图表类型。

劣势：在点状图中显示多个序列看上去非常混乱。

气泡图是散点图的一种变体，能展示三个变量的可视化关系（图18.67），其基本原理是：先创建一个二维散点图，然后用点的大小来代表第三个变量的值。

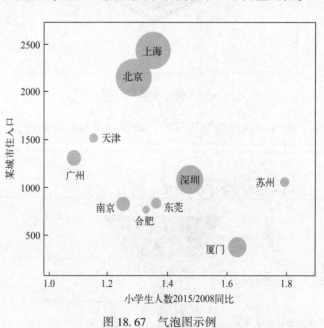

图18.67　气泡图示例

（10）面积图

适用场景：强调数量随时间而变化的程度，也可用于引起人们对总值趋势的注意（图18.68）。百分比堆积面积图、堆积面积图还可以显示部分与整体之间（或者几个数据变量之间）的关系。

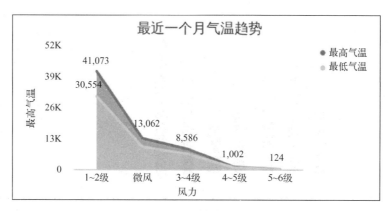

图 18.68 面积图示例

（11）指标卡

适用场景：显示某个数据结果 & 同环比数据（图 18.69）。

图 18.69 指标卡示例

优势：适用场景很多，很直观告诉看图者数据的最终结果，一般是昨天、上周等，还可以看不同时间维度的同环比情况。

劣势：只是单一的数据展示，最多有同环比，但是不能对比其他数据。

（12）仪表盘

适用场景：一般用来显示项目的完成进度（图 18.70）。

优势：很直观展示项目的进度情况，类似于进度条。

劣势：表达效果很明确，但数据场景比较单一。

图 18.70 仪表盘示例

（13）双轴图

适用场景：柱状图+折线图的结合，适用情况很多，数据走势、数据同环比对比等情况都能适用（图 18.71）。

优势：特别通用，是柱状图+折线图的结合，图表很直观。

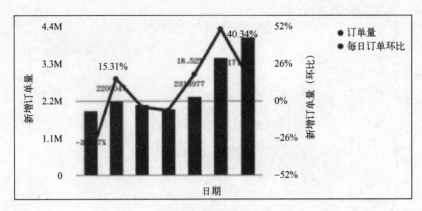

图 18.71 双轴图示例

第 19 章 数据分析报告制作工具

数据报告是作为数据分析师必不可少的工作之一，而目前大部分数据分析师还是用 Excel 画图制表，然后制作成 Word 或者 Email 的方式。对于周期性的报告，每次重复操作是很烦琐的。

本章介绍一个可以自动化生成报告的工具。

19.1 knitr 包

19.1.1 安装 knitr

（1）配置 knitr

安装新版 RStudio 后，打开"Tools"→"Global Options"→"Sweave"，进行如图 19.1 配置。

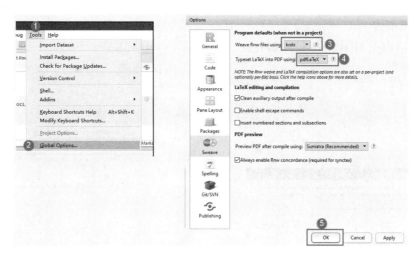

图 19.1 knitr 配置

knitr 配置完成之后，可以通过"File"→"New File"→"R Markdown"来新建 R Markdown 文件进行编写，如图 19.2 所示。

启动后将出现如图 19.3 所示提示，要求安装缺少的包，可以选择"Yes"在线安装，也可以在控制台中键入 install. packages("包名")命令安装。

例如，这里需要安装灰底标记的包：

    install. packages(c("htmltools","caTools","bitops","rmarkdown"))

选择输出分析报告的格式如图 19.4 所示。

图 19.2　启动 R Markdown

（2）编辑报告

图 19.5 给出了 Markdown 的编辑界面。

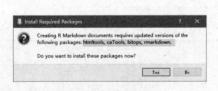

图 19.3　依赖包安装

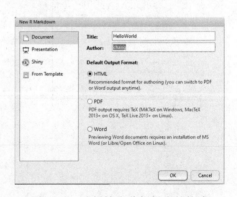

图 19.4　选择输出分析报告的格式

（3）报告预览

报告编辑好后，可以通过单击工具条上的 Knit HTML 进行预览（图 19.6 箭头指向），可以通过选项选择是在 Pane 中还是独立窗口中预览（图 19.6 方框），图 19.6 右侧为预览效果。

19.1.2　Markdown 语法

（1）斜体

　　* two stars *

图 19.5　Markdown 的编辑界面

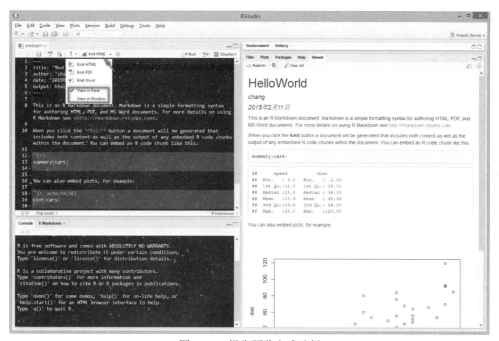

图 19.6　报告预览方式选择

（2）粗体

　　** four stars **

（3）标题

　　## This is a secondary heading

　　### This is a tertiary heading

（4）无序列表

　　- first item

    - second item

(5) 有序列表

    1. first item
    2. second item

(6) 链接

    ［imooc］（http：//www.imooc.com）

(7) 新行／换行

    在上一行结尾添加两个空格

更多请参见 http：//daringfireball.net/projects/markdown/basics。

19.1.3　报告制作

(1) 软件自带案例

```
---
title："test"
author："Wayne"
date："2017 年 2 月 25 日"
output：html_document
---
'''｛r setup,include＝FALSE｝
knitr：：opts_chunk＄set（echo＝TRUE）
'''
'''｛r cars｝
summary（cars）
    ｛r pressure,echo＝FALSE｝
plot（pressure）
'''
```

其运行结果如图 19.7 所示。

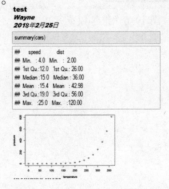

图 19.7　自带例子的运行结果

（2）一个简单案例

```
---
title:"Welcome to R Visualization"
author:"Wayne"
date:"2018 年 2 月 25 日"
output:html_document
---
''' {r setup,include=FALSE}
knitr::opts_chunk $set(echo=TRUE)
'''
## R Visualization
## Base Plotting System
- plot
-prictice
## Lattice Plotting System
##ggplot2 Plotting System
1. qplot
2. ggplot
Welcome to [imooc](http://www.imooc.com)
```

其运行结果如图 19.8 所示。

图 19.8　简单案例的运行结果

19.2　rmarkdown 包

R 语言中有 rmarkdown 包来支持整个报告的生成过程，直接安装即可。

install. packages("rmarkdown")

19.2.1 创建 R Markdown

首先在 Rstudio 中创建一个 txt 文档并将其另存为 .Rmd 格式，如图 19.9 所示。

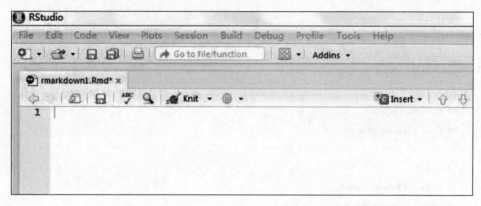

图 19.9　创建 *.Rmd 文档

创建完 .Rmd 格式文档后，就可以开始着手写一份基于 R Markdown 的报告。

.Rmd 文档由 txt 文本、嵌入式的 R 代码块以及相应的文档渲染参数组成。当在 Rstudio 中打开一个 .Rmd 文档并单击运行时，相应的代码和运行结果会被同时保存，也可自由插入后续代码，之后可以由 knit 将结果通过 pandoc 转化为指定的文档格式。R Markdown 的运作流程如图 19.10 所示。

图 19.10　R Markdown 运作流程

19.2.2　R Markdown 文本处理

R Markdown 有自身文本格式规范，对于标题、列表、超链接以及字体等都有相应的格式约束，先看一个例子（图 19.11）。

由图 19.11 可以看出，Pandoc's Markdown 的一些文本格式规范和渲染参数：

1）双虚线里的内容规定了报告的标题、输出格式。

2）单星号 * 代表斜体字体，双星号 ** 代表加粗字体。

3）#代表标题，单#表示一级标题，双##表示二级标题。

4）相应地还可以在报告中按照要求添加列表、图片、链接、LaTeX 公式、表格、参考文献等报告所需的其他元素。

相应的 HTML 输出效果如图 19.12 所示。

图 19.11　一个例子

图 19.12　图 19.11 的运行结果

19.2.3　插入代码块

作为 R Markdown 三大结构中最重要的一个组成部分，代码块在报告中扮演着重要的角色。它可以清晰地展示数据分析的思路过程，全部的代码都会被公开呈现，那么在 Rmd 中插入 R 代码有哪些需要注意的呢？

除了手动输入''' 符号插入代码之外，最方便的插入代码的方法莫过于通过菜单栏的"Insert" 命令来执行插入代码的功能，如图 19.13 所示。

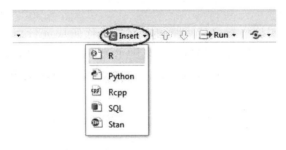

图 19.13　执行插入 R 代码

插入之后代码块如图 19.14 所示。

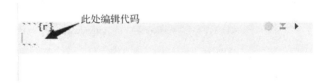

图 19.14　插入代码

由图 19.15 可以看到，除了主要的 R 代码之外，R Markdown 对于 Python、SQL 等也是支持的。单击之后会在 Rmd 中自动生成代码块，这样可以在代码块中编写代码了。可以在代码块中直接编写程序，也可以将事先在 R 脚本中编辑好的代码复制到代码块中去，然后单击代码块最右上角的运行按钮即可运行代码块。为了满足不同的代码需要，Rmd 代码块还为我们提供了多种个性化的设置。单击代码块右上角第一个齿轮按钮即可对代码块进行各种设置。打开后设置界面如图 19.15 的所示。

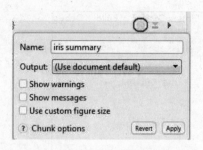

图 19.15　代码块设置界面

当然，这里面还有很多设置选项，比如 R 语言运行时会出现一些 warning，如果不想让它们出现在 R Markdown 里面，可以在这里设置。除此之外，还有一些其他的输出设置，读者可以自行尝试一下。在进行代码块选择输出设置的时候，除了齿轮按钮之外，也还可以在代码块里手动输入命令参数进行设置，如图 19.16 所示。

图 19.16　手动代码参数设置

在完成自定义的代码块设置之后，就可以对单个代码块进行运行测试了，如果没有报错，代码块运行会出现一个包含代码运行结果的 R Console；如果代码中有绘图命令，还会出现单独的绘图框结果，比如，用 iris 数据集中的花瓣长度与鸢尾花类型作一个简单的箱线图，如图 19.17 所示。

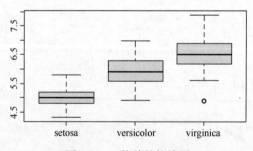

图 19.17　简单的箱线图

19.2.4　结果的输出

以上全部工作完成之后，就可以将 R Markdown 文档的结果输出为其他形式的报告展示出来。为了生成所想要的 R Markdown 结果，需要对创建的文件对象执行 render 命令，如果代码块不报错，在 RStudio 右侧的 viewer 一栏会显示运行结果（图 19.18）。

除了这些常见格式文档的输出之外，Rmd 还能做很多事情，图 19.19 所示。

图 19.20 是基于 shiny 做出来的 R Markdown 交互式文档展示，这个实际效果就很清晰直观，有兴趣的读者也可以去尝试一下。

```
library(rmarkdown)
render("example1.Rmd")
```

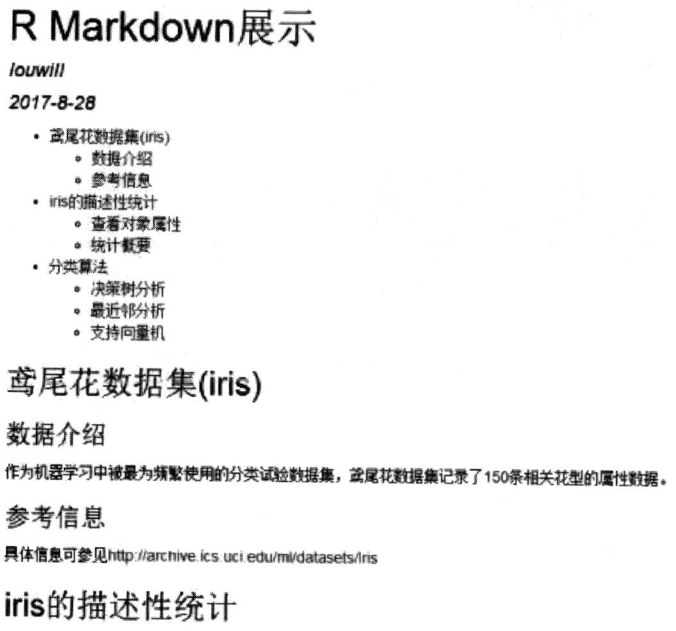

R Markdown展示

louwill

2017-8-28

- 鸢尾花数据集(iris)
  - 数据介绍
  - 参考信息
- iris的描述性统计
  - 查看对象属性
  - 统计概要
- 分类算法
  - 决策树分析
  - 最近邻分析
  - 支持向量机

鸢尾花数据集(iris)

数据介绍

作为机器学习中被最为频繁使用的分类试验数据集，鸢尾花数据集记录了150条相关花型的属性数据。

参考信息

具体信息可参见http://archive.ics.uci.edu/ml/datasets/Iris

iris的描述性统计

图 19.18　iris 数据集执行结果

- **交互式文档 Interactive Documents**
  HTML Widgets
  Shiny
- **仪表盘 Dashboards**
  Dashboard with HTML Widgets
  Dashboard with Shiny
  Dashboard with Storyboard
- **演示文稿 Presentations**
  Beamer slideshow
  Slidy slideshow
  reveal.js slideshow
- **书籍 Books**
- **网站 Websites**
- **模板 Templates**
- **R 包小品文 Package Vignettes**

图 19.19　R Markdown 功能

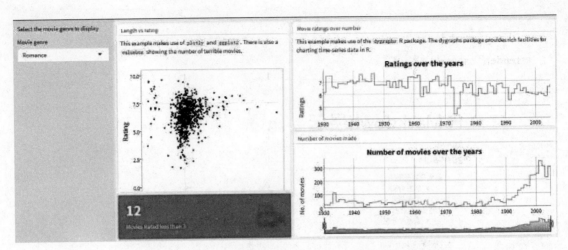

图 19.20　基于 shiny 做出来的 R Markdown 交互式文档展示

为了将报告输出为 HTML、PDF 或者 word 等规范的文档格式，需要单击 knit 转化功能（图 19.21）。

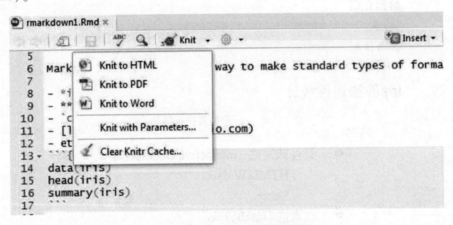

图 19.21　分析报告输出格式选择

选定相应的文本格式后，knit 就生成对应的文本并保存到工作目录中。这样一个简单的 R Markdown 报告就做好了，排版既简约又美观。

当然，要想用 R Markdown 做一份美观完整的数据分析报告需要花费些时间。R Markdown 也远不止这里所列举的这些功能，Rstudio 官方的 R Markdown 帮助文档介绍了更多的包括 R Notebooks、幻灯片、交互式文档等方面内容，有兴趣的读者可以自行去参考学习。

http://www.biotrainee.com/jmzeng/html_report/d/e/e/p/i/n/Ref_RNAseq_result/index.html 给出了一个用 R Markdown 写的完整数据分析报告案例。

实战进阶篇

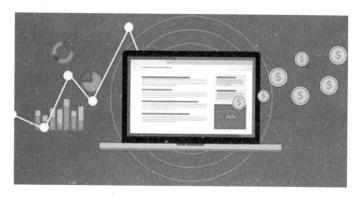

数据是一座丰富的矿产，但价值不会自动产生，需要人工去挖掘。在数据价值产生过程中，思维和技能有着各自的边界；思维提供方向、思路、解读；技能负责实现，包括定义、采集、清洗、入库、分类、预测，只有紧密结合起来才能够形成正循环，源源不断产生更多的价值。

本篇以 R 语言为计算平台，探讨数据分析项目落地案例。

本篇 8 个案例，分三个级别：第 20、21 章为简单的数据分析案例，这类案例几乎没有任何数据集成，或者说裸数据就是专家数据；第 22~25 章为中等难度的案例，需要有一定的业务灵感；第 26、27 章为较复杂的案例，不但要求业务熟悉，而且还要求有一定的统计基础，对数据足够敏感。

第 20 章　校园网中推荐者的推荐价值分析

20.1　业务理解

与零售行业一样，无线通信行业的竞争也日趋激烈，各大运营商都通过各种手段努力扩大市场份额，提高盈利能力。在整个市场渐趋饱和的情况下，拉拢竞争对手的客户资源成了最常见的一种手段，而这就造成了客户离网率居高不下的现象。很多低端客户，今天用 A 公司的服务，明天只要 B 公司给一点点好处，就用 B 公司的，再过几天，一看 A 公司有新的打折促销计划，又改用 A 公司。在这样一个周而复始的拉锯战中，企业耗尽了有限的营销资源，甚至该客户本身也没有得到什么实质性的好处，因为对客户而言，更换服务商何尝不是一种消耗？因此，本案例思考有无其他更好的方式为客户带来真正的价值，并以此提高客户忠诚度。

校园网计划是一个客户忠诚度的培养计划。该运营商的客户大部分是高校在校生，他们本身就是一批非常优良的客户，有稳定的消费（如话费、短信、流量等）；此外，他们对各种新鲜的增值业务也乐于尝试。该运营商的很多新业务都是以高校在校生为切入点的。特别值得关注的是，高校在校生毕业后往往能找到较稳定且收入良好的工作，有潜质成长为高价值客户。因此，如何深度"套牢"这样一批优质客户是该运营商一直都很关注的问题。按照校园网运营规则，如果一名高校在校生希望加入校园网，他首先必须已经是该运营商的客户，此外，还得由已有校园网用户进行短信邀请，接受邀请后则成为校园网的一员。作为回报，所有的校园网内通话资费都会非常便宜。当然，与网外朋友通话，资费照旧。所以，为了进一步降低自身的资费水平，网内成员有很大的动力邀请朋友加入校园网。而已经加入校园网的成员则发现很难离开，因为大部分朋友及主要的社交网络都还滞留在校园网中，一旦离开，与他们的沟通交流将变得非常昂贵。

那么，运营商的付出与回报又如何呢？首先，为了深度"套牢"学生客户，运营商有重大付出，即降低资费；此外，为了迅速扩张，鼓励大家推荐新客户，运营商对推荐者有一定的现金奖励。那么，运营商希望的回报是什么呢？第一，高忠诚度，低离网率，这样可以间接地降低客户的获取以及维护成本；第二，通过资费的下调，刺激消费量的上升，使得总利润不降反升。然而真实情况怎样呢？好消息是离网率确实下降不少，但坏消息是总利润上升并不明显。一线业务员反馈的信息表明，由于缺乏可靠的手段识别被邀请的用户是否真的是高校在校生，很多非高校在校生的低端客户也被加进来。这部分客户的总消费量（如通话时长）并没有因为入网而有任何上升，相反，由于资费的下降，他们对公司利润的贡献大幅下降。当然，也有正面案例，有的客户自己入网后，能够进一步吸引一大批优质客户入网，相比入网前，他们的沟通交流更加密切。因此，尽管单位时长的资费水平下降很多，但是他们对企业的总利润贡献上升不少。

这说明不同的客户影响是不一样的。此外，一线业务员还反馈了一个重要信息，即一名客户作为一个"被推荐者"对校园网贡献大小，除了依赖于自身的消费者特征以外，还极大地依赖于推荐者，即向他发送短信邀请的那个人。这个发现很重要。前面提到，为了在最短的时间内以最快的速度扩张网络，运营商对推荐者有一定的现金奖励。但是，现在看来并非每个人都能推荐有价值的客户，甚至有的推荐者带来的客户对企业的贡献是负的。因此，有必要研究一下，带来低价值客户的推荐者与带来高价值客户的推荐者之间有没有系统性的差异？如果能够在一定程度上认识把握该规律，就可以把有限的现金奖励资源，有针对性地投放到那些能够为企业带来高价值客户的推荐者身上。这样，既能节省企业有限而宝贵的营销资源，还能改善客户结构。因此，本章将详细研究：什么样的推荐者能够带来高（或者低）价值客户？

目标：通过某公司校园网中推荐者的消费行为数据分析，理解推荐者的推荐价值，为公司后续的营销措施提供参考。

20.2 指标设计

什么样的指标能够刻画推荐者价值，这是问题的因变量。首先，推荐者本身也是校园网的普通消费者。因此，毋庸置疑，他对企业的直接利润贡献是其价值的一个重要组成。为方便起见，简称这部分价值为该客户的"直接价值"。但本案例更关注推荐者通过推荐其他客户所带来的"间接价值"。在现有的营销文献中，研究客户直接价值的数不胜数，但关于间接价值的数据资源奇缺，相关研究很少。这部分价值的重要性广为人知，与客户的口碑价值紧密相关。

如何量化一个推荐者的间接价值呢？假如一名推荐者为企业推荐了三名客户，那么，他为企业带来了多少利润呢？这依赖于这三名客户在被推荐前后的行为变化。如果在被推荐加入校园网之前，他们每个月总共贡献利润100元，加入校园网后变成了80元，那么这就是一个失败的推荐者，他的推荐行为为企业带来的利润相对变化为$(80-100)/100 = -20\%$；如果在加入校园网后，这三名客户的利润贡献是120元，那么推荐者对企业的间接利润贡献为$(120-100)/100 = 20\%$。因此，因变量就是某推荐者所有推荐客户在加入校园网前后的相对利润变化。

上面定义的推荐者间接价值度量，不可避免地带有很多局限性。例如，目前只考虑了入网当月同前一个月的对比，这种对比刻画的是入网当月这个特定的时刻，对未来的借鉴意义尚不清楚。理论上我们不排除这种可能，被推荐的客户入网前每月消费100元，入网当月由于新奇消费120元，此后好奇感渐趋减少，最终变成每月消费80元。在这种情况下，我们就不能只考虑一个变量，而应考虑多个，这样会更加全面一些。从统计学方法论的角度来看，研究一个因变量与分别研究多个因变量没有本质差异，因此，在这里只集中讨论一个因变量。

确定了因变量以后，再考虑自变量。对一个自然人的描述要靠高矮胖瘦等指标，但是，对一个推荐者的刻画就得靠具有营销实践意义的消费者特征。在实际工作中，研究者已经积累了大量的有用指标，能够极其详细地刻画一个推荐者的方方面面。例如，可以考虑消费者的消费行为，主要包括该用户在各项通信及增值业务（如通话、短信、彩铃、上网）上的花费；还可以考虑消费者的通话特征，包括该用户的通话时长、通话频率、通话时间（早上、中午、晚上）；进一步还可以将通话时长拆分成主叫、被叫、本地、长途、漫游等。总而言之，实际工作中可以考虑的自变量可以很多，为简单起见，这里只考虑下面几种。同前，自变量的多少，一般不引起统计学方法论的本质改变。

经分析，设计如下指标：

（1）通话总量（X_1）

通话总量以分钟计。毫无疑问，这是一个很重要的变量，它直接刻画了用户的活跃程度。由于校园网提供非常优惠的通话资费，对那些高通话总量的用户有很强的吸引力。因此，具有高通话总量特征的推荐者也更有可能带来优质的客户。

（2）大网占比（X_2）

该变量衡量了用户的所有通话时长中，有多少发生在该运营商的网内。如果将一个人的通话总量看作他的社会关系网络，那么大网占比测算了该推荐者的社会关系网络被现运营商所覆盖的程度。

（3）小网占比（X_3）

该变量是大网占比的有力补充，它衡量的是用户所有发生在大网（即本运营商的网络）内的通话时长中，有多少发生在校园网（即一个更小的网络）内。直观地想，如果一名用户小网占比很高，那么他的主要可被推荐社会关系网络（请注意，大网以外的客户是不能加入小网的）中的绝大部分已经加入了校园网。因此，该用户没有充足的被推荐对象，所以，他能为企业带来的价值应该不大。

由于实际经验的积累，一线工作者往往能够构造出更好的自变量，人们很容易就能够获得几十个甚至几百个自变量。在这里我们仅仅以上面三个指标为例。

很多分析师不假思索地把所有的自变量放入模型中一起分析。但这种做法反映的是不深刻理解管理问题本身，完全依赖统计学软件的一种盲目的统计分析过程，并不值得提倡。自变量的设计不需要太多，但是要精，要深思熟虑，要对管理实践有指导意义。

表 20.1 列出了数据的一部分。

表 20.1　手机推荐数据

因 变 量	通话总量	大 网 占 比	小 网 占 比
0.21262	2.822822	0.903759	0.219549
0.275616	2.628389	0.971765	0.028235
0.168753	2537819	0.991304	0.223188
0.154443	3.201124	0.898678	0.112649
0.333799	3.13258	0.846721	0.153279
-0.20649	0.845098	1	0
0.08958	2.624282	0.869359	0.130641
0.258323	2.778151	0.488333	0.531667
0.329656	2.906874	0.997522	0.215613

（续）

因 变 量	通 话 总 量	大 网 占 比	小 网 占 比
0.225374	2.85248	0.852528	0.231742
0.146016	2.815578	0.732416	0.792049
0.062843	2.39794	0.988	0.472
0.166619	2.549003	0.774011	0.225989
-0.11469	1.986772	0.587629	0.412371
0.13304	2.630428	0.955504	0.044496
0.310932	3.071882	0.916949	0.162712
0.248091	2.904174	0.839152	0.78803
0.24973	2.428135	0.914179	0.343284
0.192738	2.489958	0.731392	0.472492
0.02025	1.662758	1	0
0.247624	2.963316	0.704026	0.295974
0.147522	2.79588	0.6768	0.3232
-0.00716	1.857332	0.375	0.625

20.3 数据认知

导入数据

a＝read.csv("F:\\案例数据\\第20章.csv",header＝T)
names(a)＝c("Y","X1","X2","X3")
head(a)

	Y	X1	X2	X3
1	0.2126197	2.822822	0.9037594	0.21954887
2	0.2756156	2.628389	0.9717647	0.02823529
3	0.1687526	2.537819	0.9913043	0.22318841
4	0.1544425	3.201124	0.8986784	0.11264947
5	0.3337990	3.132580	0.8467207	0.15327929
6	-0.2064917	0.845098	1.0000000	0.00000000

Y 代表因变量，X_1 代表通话总量，X_2 代表大网占比，X_3 代表小网占比。

> summary(a)#每个变量的各种描述统计

Y	X1	X2	X3
Min. :-0.4980	Min. :0.7782	Min. :0.09867	Min. :0.00000
1st Qu. :0.1127	1st Qu. :2.3483	1st Qu. :0.77763	1st Qu. :0.07798
Median :0.1871	Median :2.5832	Median :0.89835	Median :0.19837
Mean :0.1930	Mean :2.5804	Mean :0.84572	Mean :0.25213
3rd Qu. :0.2669	3rd Qu. :2.8463	3rd Qu. :0.96089	3rd Qu. :0.38111
Max. :0.9926	Max. :3.6010	Max. :1.00000	Max. :0.97349

从 X_1 的数据可以看到，该数据中用户的平均通话总量为 2.580log（min），大概对应 exp（2.580）= 13.2 min。如果以两倍标准差计算，绝大多数现有用户的通话总量都保持在 exp（2.580−2×0.408）= 5.8 ~ exp（2.580+2×0.408）= 29.8 min 之间。接下来，再关注 X_2 的结果，从中可以发现，大网占比平均为 84.6%，如果以中位数计大约为 89.8%，这是一个很高的比例，这说明用户的绝大部分社会关系网络已经被该运营商覆盖。X_3 的结果表明，小网覆盖率偏低，以样本平均值计大约 25.2%，而以样本中位数计大概只有 19.8%，这说明，样本用户的可推荐社会关系网络只有很小一部分进入了校园网，未来应该还有可观的待开发空间。Y 的结果表明，就平均水平而言，推荐者确实为校园网带来了正的相对利润，平均水平以样本均值计为 19.3%，以样本中位数计为 18.7%，无论如何计算，这都是一个可观的比例。但是同时值得注意的是，其最小值为−49.8%，这说明确实有推荐者为企业带来了巨大的利润损失。因此，研究并区分哪些推荐者能够为企业带来正价值很有意义。

```
> dim( a )    #数据规模
[1] 1123      4
library( VIM )   #缺失值分析
aggr( a )
```

图 20.1a 显示了各变量缺失数据比例，图 20.1b 显示了各种缺失模式和对应的样本数目，本案例数据集无缺失值。

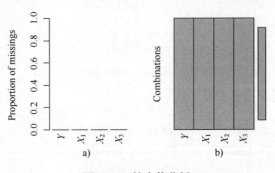

图 20.1　缺失值分析

变量 X_1 的分布如图 20.2 所示。

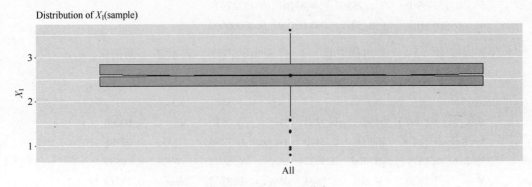

图 20.2　变量 X_1 的分布

20.4　模型分析

（1）线性回归

```
> lm1<-lm(Y~X1+X2+X3,data=a)>lm1
Call：
lm(formula=Y~X1+X2+X3,data=a)
```

```
Coefficients：
(Intercept)        X1         X2         X3
-0.488566   0.235569   0.089486   -0.007807
```

（2）方差分析

```
>anova(lm1)
Analysis of Variance Table
```

Response：Y

	Df	Sum Sq	Mean Sq	F value	Pr(>F)
X1	1	10.7177	10.7177	1375.7807	< 2.2e-16 ***
X2	1	0.2448	0.2448	31.4279	0.00000002606 ***
X3	1	0.0017	0.0017	0.2216	0.638
Residuals	1119	8.7173	0.0078		

```
---
Signif. codes：0 ' *** ' 0.001 ' ** ' 0.01 ' * ' 0.05 '.' 0.1 ' ' 1
```

（3）参数估计

```
> summary(lm1)
Call：
lm(formula=Y~X1+X2+X3,data=a)
```

Residuals：

Min	1Q	Median	3Q	Max
-0.62789	-0.04540	-0.01281	0.03177	0.62598

Coefficients：

	Estimate Std.	Error	t value	Pr(>|t|)
(Intercept)	-0.488566	0.026160	-18.676	<2e-16 ***
X1	0.235569	0.006519	36.135	<2e-16 ***
X2	0.089486	0.022915	3.905	0.0000998 ***
X3	-0.007807	0.016586	-0.471	0.638

```
---
Signif. codes：0 ' *** ' 0.001 ' ** ' 0.01 ' * ' 0.05 '.' 0.1 ' ' 1
```

Residual standard error:0.08826 on 1119 degrees of freedom

Multiple R-squared： 0.5571,Adjusted R-squared： 0.5559

F-statistic:469.1 on 3 and 1119 DF， p-value:< 2.2e-16

（4）模型诊断

```
par( mfrow = c( 2,2) )
plot( lm1,which = c( 1:4) )
```

线性模型诊断结果如图 20.3 所示。

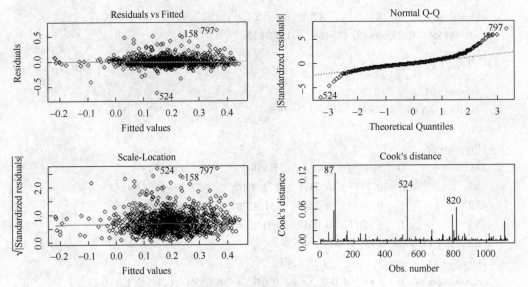

图 20.3　线性模型诊断结果

20.5　分析报告

（1）背景与目标

当前的移动通信市场竞争日趋激烈，如何稳定现有客户、提高客户忠诚度、降低本公司客户离网率是一个很重要的课题。为此，该公司从 2007 年起，尝试推广校园网计划，希望通过该计划的推广，达到稳定高校在校生客户，培养并提高他们客户价值的目的。

具体来说，校园网计划就是一个客户忠诚度的培养计划。在公司现有客户中，有一大部分是高校在校生，他们本身就是一批非常优良的客户，有稳定的消费（如话费、短信、彩铃等）；此外，他们对各种新鲜的增值业务也乐于尝试。公司的很多新业务都是以高校在校生为切入点的。特别值得关注的是，高校在校生毕业后往往能找到较稳定且收入良好的工作，有潜质成长为高价值客户。因此，如何深度"套牢"这样一批优质客户是公司很关注的问题。按照校园网运营规则，如果一名高校在校生希望加入校园网，他首先必须是公司的现有客户。此外，还得由已有校园网用户进行短信邀请，接受邀请后则成为校园网的一员。作为回报，所有的校园网内通话资费会变得非常便宜，当然，与网外朋友通话，资费照旧。

所以，为了进一步降低自身的资费水平，网内成员有很大的动力邀请朋友加入校园网，而已经加入校园网的成员则发现很难离开，因为大部分朋友及主要的社交网络都还滞留在校园网中，一旦离开，与他们的沟通交流将变得非常昂贵。

经过几年的实践，结果喜忧参半。喜的一面是相关客户的离网率确实有明显下降，忧的是并不是每一个客户都为公司创造了价值。为了推广校园网计划，公司有着巨大的投入，其中包括对推荐者的现金激励。但现有数据表明，有的推荐者确实能够为公司带来优质客户，但有的却带来低价值，甚至负价值客户。为此，我们需要深刻理解：什么样的推荐者能真的带来客户价值，什么样的不能？如果能够有一个良好的判断，公司未来的营销资源的投入将更有目的性。

目标：通过本公司校园网中推荐者的消费行为数据分析，理解推荐者的推荐价值，为公司后续的营销措施提供参考。

（2）指标设计

1）通话总量（X_1）。

通话总量以分钟计，它直接刻画了该推荐者的活跃程度。具有高通话总量特征的推荐者也更有可能带来优质的客户。

2）大网占比（X_2）。

该变量衡量了在某推荐者的所有通话时长中，有多少发生在该运营商的网内。

3）小网占比（X_3）。

该变量衡量的是在推荐者所有发生在大网（即本运营商的网络）内的通话时长中，有多少发生在校园网（即一个更小的网络）内。因此，推荐者没有充足的被推荐对象，他能为企业带来的价值应该不大。

（3）描述分析

在正式的模型分析之前，首先对数据做简要描述，以达到了解数据、发现问题的目的。具体分析结果见表20.2，从中可以看到的主要结论如下：

表 20.2　各变量的描述分析

变 量 名 称	样本量	均值	标准差	最大值	中位数	最小值
通话总量	1123	2.580	0.408	3601	2.583	0.778
大网占比	1123	0.846	0.154	1.000	0.898	0.099
小网占比	1123	0.252	0.211	0.973	0.198	0.000
相对利润变化	1123	0.193	0.132	0.993	0.187	-0.498

1）样本量是1123个，所有变量都没有缺失。

2）根据第二行统计分析可以看到，客户的平均通话总量为 2.580log（min），大概对应 exp（2.580）= 13.2 min。如果以两倍标准差计算，绝大多数现有客户的通话总量都保持在 exp（2.580-2×0.408）= 5.8 ~ exp（2.580+2×0.408）= 29.8 min 之间。

3）第三行的结果表明，大网占比平均为 84.6%，如果以中位数计大约为 89.8%，这是一个很高的比例，这说明客户中的绝大部分社会关系网络已经被运营商覆盖。

4）第四行的结果表明，小网覆盖率偏低，以样本平均值计大约为 25.2%，而以样本中位数计大概只有 19.8%，这说明样本客户的可推荐社会关系网络只有很小一部分进入了校园网。因此，未来应该还有可观的待开发空间。

5) 最后一行的结果表明，就平均水平而言，推荐者确实为校园网带来了正的相对利润。平均水平以样本均值计为 19.3%，以样本中位数计为 18.7%，无论如何计算，这都是一个可观的比例。但是同时值得注意的是，其最小值为 -49.8%，这说明确实有推荐者为企业带来了巨大的利润损失。因此，研究并区分哪些推荐者能够为企业带来正价值很有意义。

（4）模型分析

在描述分析的基础上，通过普通线性回归对各个因素同相对利润变化之间的关系做了模型分析。模型整体的 F 检验高度显著（$p<0.0001$），这说明推荐者所带来的推荐价值确实同他的消费行为有关，同我们目前考虑的三个因素（即通话总量、大网占比、小网占比）有关。模型拟合度良好，判决系数为 55.7%。相关参数估计以及检验结果见表 20.3。

表 20.3　各参数估计以及检验结果

变 量 名 称	参 数 估 计	标 准 误 差	t-统计量	p 值
截距项	-0.489	0.0262	-18.68	<0.0001
通话总量	0.236	0.0065	36.13	<0.0001
大网占比	0.089	0.0229	3.91	<0.0001
小网占比	-0.008	0.0166	-0.47	0.6380

从表 20.3 可以看到，除了最后一个自变量"小网占比"以外，其他的各个因素都高度显著（$p<0.0001$）。具体理解如下：

1) 通话总量的系数估计为 0.236，这说明在给定其他特征（即大网占比和小网占比）不变的情况下，高通话总量的推荐者相比低通话总量的推荐者，能够带来更多的间接价值。

2) 大网占比的参数估计为 0.089，这说明在给定其他特征（即通话总量和小网占比）不变的情况下，大网占比高的推荐者相比大网占比低的推荐者，能够带来更多的利润。

3) 由于小网占比的 p 值（0.638）高度不显著，因此没有证据证明小网占比同被推荐客户的推荐价值相关。当然不能排除这种可能性：可能因为样本量不够大，发现不了。所以目前不对小网占比下任何结论。

（5）总结与建议

本研究通过相对利润变化刻画了推荐者价值。通过通话总量、大网占比以及小网占比描述了推荐者的行为特征。本研究对数据做了描述分析以及回归分析，其中回归分析的判决系数良好。研究发现，通话总量以及大网占比同推荐者的推荐利润正相关，而缺乏足够证据刻画小网占比所起到的作用。

在未来的后续研究中，可以考虑两方面的改进：第一，在现有三个因素的基础上，采集更多更丰富的影响因素；第二，目前的研究忽略了消费者的生命周期特征，处在不同生命周期的推荐者以及被推荐者可能有不同的规律特征，值得研究。

第 21 章　上市企业财务报表分析与 ST 预测

21.1　业务理解

特别处理（Special Treatment, ST）政策是我国股市特有的一项旨在保护投资者利益的政策。具体地说，当上市公司出现财务状况或其他状况异常，导致投资者难以判断公司前景，投资者利益可能受到损害时，交易所要对该公司股票交易实行特别处理。被特别处理的股票每日涨跌幅度是受到限制的。正常情况下，证监会规定一只股票的每日最高涨跌幅为10%，而被特别处理的股票其日涨跌幅被限制在 5% 以内，这样就通过政策性的限制约束了该股票的日内波动程度。如果把一只股票收益率的波动程度看作其风险的一个重要含义，限制股票的每日涨跌幅度似乎可以在一定程度上控制风险。不过对一只被特别处理的股票而言，虽然其每日涨跌幅度不能超过 5%，但是它可以通过连续的涨停板或者跌停板使得（例如周度）收益率变化幅度极大。因此，限制日度收益率的波动幅度能否减小周度（甚至月度）收益率是一个非常有争议的话题，很多学者对此有不同的看法。如果一个 ST 企业仍然持续亏损，那么它将有被退市的风险。

那么什么样的企业会被 ST 呢？在上海证券交易所公布的《上海证券交易所股票上市规则（2008 年修订）》第十三章特别处理中有详细规定：

1）最近两年连续亏损（以最近两年年度报告披露的当年经审计净利润为依据）。

2）因财务会计报告存在重大会计差错或者虚假记载，公司主动改正或者被中国证监会责令改正后，对以前年度财务会计报告进行追溯调整，导致最近两年连续亏损。

3）因财务会计报告存在重大会计差错或者虚假记载，被中国证监会责令改正但未在规定期限内改正，且公司股票已停牌两个月。

4）未在法定期限内披露年度报告或者中期报告，且公司股票已停牌两个月。

5）公司可能被解散。

6）法院受理关于公司破产的案件，公司可能被依法宣告破产。

7）本所认定的其他情形。

由此可见，判定一只股票是否应该被特别处理是一个重大而又复杂的过程。被特别处理可能有很多原因，其中最主要的原因是第一条："最近两年连续亏损（以最近两年年度报告披露的当年经审计净利润为依据）。"当然，这是否是一个合理的规定，业界对此都颇有争议。

一个更加合理的规则应该惩罚的是披露虚假信息的企业（不管其是否盈利），而不应该惩罚那些亏损但是诚实的企业。因为一个企业是否有投资价值，能否为投资者带来合理回报，同其最近两年是否亏损没有必然联系。实际工作中，如何理解会计报表上的"亏损"也是一件很困难的事情。一个企业的账面亏损有可能因为该企业真的运作有问题，也有可能是因为会计准则的保守性造成的。还有一个可能的原因：企业正处在成长扩张阶段，没有立刻的盈利能力，但其未来的盈利能力很好，因此，这类企业仍然有很好的投资价值。这样的企业在国外的资本市场上比比皆是。

图 21.1 是中美上市公司股东权益回报率的比较。

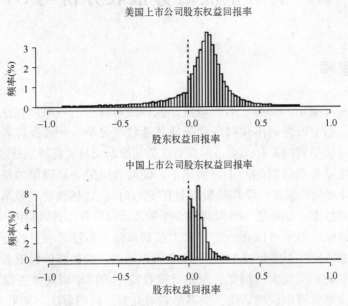

图 21.1　中美上市公司股东权益回报率比较

如图 21.1 所示，可以看到在 0 点有一个巨大的不规则的跳跃，这说明很多企业为了避免账面亏损，避免被 ST，千方百计通过各种手段将企业做成微利。这样做的后果是什么？第一，误导投资者对企业价值的判断；第二，更严重地影响企业的正常经营管理活动，伤害了企业的长期盈利能力。

由于被特别处理的企业面临着退市的风险，因此投资者需要对这类企业多加小心。所以，投资者有必要关心什么样的企业更有可能被 ST，它们有什么共同特征，通过正常的财务报表分析能否察觉。

目标：通过分析上市公司的公开财务报表信息，预测其未来两年内被 ST 的可能性，并以此警示投资风险。

21.2　指标设计

本案例应该考虑哪些自变量 X 呢？换句话说，哪些公开的财务指标会和公司是否被特殊处理相关？

（1）ARA（X_1）

该指标是应收账款与总资产的比例，它反映的是盈利质量。对于绝大多数企业来说，没有应收账款是不可能的，一定的回款期限已经是行业内的惯例。如果对方确实是诚实可信的，能够在约定的时间内完成现金支付，应收账款就不是一个大问题。但是，天有不测风云，应收账款只要还没兑现，就一定存在违约的风险。因此，从这个角度看，对于一个企业来说，其资产中应收账款所占的比重应该是越低越好。比重越低说明该企业的盈利质量越好；相反，比重越高说明该企业的盈利质量越差。有学者的研究表明，对我国上市企业而言，应收账款在资产中所占的比率同大股东对小股东的资金侵占挪用也有紧密关系，这也是我们对此变量异常关注的另外一个原因。

（2）ASSET（X_2）

该指标是对数变换后的资产规模，用于反映公司规模，但这不是反映公司规模的唯一指标，甚至不是最好指标，例如，还可以考虑净资产收益率。但是很多经营不善的企业，资不抵债，因此净资产收益率为负数。如何合理解读负的净资产收益率同公司规模之间的抽象关系，没有一个显而易见的答案。此外，可以注意到，对于金融类企业（如基金公司）来说，资产规模其实是一个相当不错的指标，但是对于制造类企业，也许员工数量也是不错的选择。因此，依赖于具体问题，什么叫作"公司规模"是一个很复杂的问题，几乎不大可能有一致的答案。这里采用了资产规模，为了提高该指标的实际解读能力，对其做了对数变换。

（3）ATO（X_3）

该指标是资产周转率。按照定义，它是一个企业在一定时期内（如一年以内）的销售收入净额除以资产平均总额而得。假设两个不同的企业（A和B）都有1个单位的平均资产。在一年以内，A企业总共做了10单生意，而B企业只做了1单。因此，A企业的营业额会高于B企业，A企业的资产周转率也会高于B企业。这说明，A企业对资产的利用率要高于B企业。所以，ATO量化的是一个企业对资产的利用效率。

（4）ROA（X_4）

该指标是资产收益率。按照定义，它是一个企业在一定时期内（如一年以内）的利润总额除以总资产而得，它反映的是每单位资产能够给企业带来的利润如何。因此，该指标可以看作对企业盈利能力的反映，但它不是反映企业盈利的唯一指标，甚至不是最好的指标。例如，如果企业净资产不是负数，还可以考虑净资产收益率。此外，对于某些特定行业，人们还会关注销售收益率等。总而言之，资产收益率不是最好的盈利指标，但它是一个常用指标。

（5）GROWTH（X_5）

该指标是销售收入增长率。按照定义，它是一个企业在一定时期内（如一年以内）的销售总额除以前一个时期的销售总额而得，它反映的是企业的增长速度。对于很多新兴的高科技企业，在其成立之初，很难实现盈利，但这并不妨碍企业高速增长。企业的高速增长会反映在什么指标上呢？可能是销售收入，也可能是资产、净资产，还可能是市场占有率等其他非财务指标。企业的高速成长会如何影响其盈利，进而影响其被特别处理的概率呢？这不是一个简单的问题。简而言之，如果企业的销售是盈利的，那么高速成长的销售带来的应该是更好的盈利和更小的特别处理概率；但是，如果企业的销售是亏损的，那么高速成长的销售带来的应该是更大的亏损和更大的特别处理概率。

（6）LEV（X_6）

该指标是债务资产比率，也叫作杠杆比率。按照定义，它是一个企业债务在其总资产中所占的比率，反映的是企业的总资产中来自于债权人的比率。企业的债务资产比率是如何影响企业盈利，进而影响特别处理的概率呢？这是一个颇有争议的问题。一方面，过高的债务资产比显然不好，这会使企业背上沉重的债务负担，企业每年盈利中的一大部分将用于偿还利息，因此损伤盈利；但是，另外一方面，几乎没有企业不举债，适当举债能给企业带来很多好处，如很多创业初期的企业，发展势头很好，但是缺乏资金，那么合理举债能够帮助企业迅速成长，占领市场，确立优势。因此，从平均水平上来讲，债务资产比率到底如何影响特别处理概率不是一个显而易见的问题。

（7）SHARE（X_7）

该指标是企业第一大股东的持股比例，反映的是该企业的股权结构。如果企业的第一大股东持股比例很高（如大于70%），说明该企业一股独大，其持有者对企业的方方面面具有绝对权威；如果企业的第一大股东持股比例很低（如小于10%），说明该企业股权分散。企业的股权结构如何影响盈利呢？过度分散的股权结构是不好的，因为这使得所有人都不会真正地关心企业，承担责任；过度集中的股权结构也不好，因为这使得第一大股东有能力侵害小股东的利益。怎样才是一个合理的比例，使得企业的利润最大化，特别处理概率最小化，是一个值得研究的问题。

需要特别强调，以上设计的指标体系有一定的实际意义，但也可以肯定地说是不完备的。例如，如果企业的 ST 状态是一个随着时间变化的动态过程，就应该在自变量里面加入该企业前一期的指标；如果企业 ST 同行业有关系，行业特征也应该作为自变量考虑进来。总而言之，不同的学者结合自己的研究经历和目的，完全有可能提出自己的指标体系。

表 21.1 列出了数据的一部分。

表 21.1　部分数据

ARA	ASSET	ATO	ROA	CROWTH	LEW	SHARE	ST
0.19231	19.85605	0.0052	0.08771	-0.95073	0.44588	26.89	0
0.22012	20.91086	0.0056	0.01682	-0.94266	0.398686	39.62	0
0.325292	19.35262	0.0166	0.42468	-0.93744	0.303348	26.46	0
0.025729	21.43893	0.0028	0.018152	-0.853	0.75825	60.16	0
0.533591	21.61334	0.2552	0.004147	-0.8167	0.726875	54.24	1
0.061275	21.04117	0.1248	0.051081	-0.81029	0.40175	57.14	0
0.441472	20.51676	0.0785	0.060003	-0.80149	0.422824	29	0
0.213081	20.61706	0.0606	0.029295	-0.75594	0.559263	29.82	0
0.416293	20.51604	0.4747	0.090226	-0.72622	0.569279	36.15	1
0.010404	21.3777	0.0643	0.061089	-0.67999	0.375268	49.87	0
0.634684	20.2088	0.112	0.032006	-0.67366	0.490132	27.27	0
0.501477	20.57185	0.0674	0.051879	-0.64986	0.242655	30.58	0
0.06831	20.5835	0.1187	0.111056	-0.63264	0.380344	52.5	0
0.042897	20.03443	0.1039	0.024356	-0.59398	0.638925	52.29	1
0.05264	21.86493	0.1337	0.030484	-0.59201	0.448451	37.56	0
0.088087	20.24541	0.1623	0.10132	-0.57935	0.211571	45.38	0
0.29588	22.07105	0.2342	0.005125	-0.53764	0.223573	40.9	1
0.190728	19.46522	0.1685	0.102029	-0.51267	0.282113	36.08	0

21.3 数据认知

本案例涉及的数据简单展示如下:

```
> a=read.csv("第21章.csv",header=T)>a[c(1:5),]
       ARA        ASSET      ATO      ROA        GROWTH     LEV        SHARE  ST
1  0.19230963  19.85605  0.0052  0.087709802  -0.9507273  0.4458801  26.89  0
2  0.22011996  20.91086  0.0056  0.016820383  -0.9426563  0.3986864  39.62  0
3  0.32529169  19.35262  0.0166  0.042468332  -0.9374404  0.3033481  26.46  0
4  0.02572868  21.43893  0.0028  0.018151630  -0.8529953  0.7582502  60.16  0
5  0.53359089  21.61334  0.2552  0.004146607  -0.8167039  0.7268753  54.24  1
```

其中值得注意的是最后一列 ST,这是因变量,取值为 0 或者 1。

简单的描述分析结果如下:

```
> N=sapply(a,length)
> MU=sapply(a,mean)
> SD=sapply(a,sd)
> MIN=sapply(a,min)
> MED=sapply(a,median)
> MAX=sapply(a,max)
> result=cbind(N,MU,SD,MIN,MED,MAX)
> result
```

	N	MU	SD	MIN	MED	MAX
ARA	684	0.09504945	0.09228931	0.00000000	0.06832718	0.6346842
ASSET	684	20.77785347	0.83352322	18.66070036	20.70050279	24.0176107
ATO	684	0.51977383	0.36282648	0.00280000	0.43340000	3.1513000
ROA	684	0.05587011	0.03859391	0.00008170	0.05125798	0.3111300
GROWTH	684	0.11525745	0.30702005	-0.95072732	0.10228264	0.9985565
LEV	684	0.40606356	0.16576397	0.01843107	0.40673974	0.9803218
SHARE	684	46.03451754	17.68437717	4.16000000	44.95500000	88.5800000
ST	684	0.05263158	0.22346029	0.00000000	0.00000000	1.0000000

由于最后一行 ST 是一个取值为 0—1 的变量,因此讨论其最大最小值没有特别大的意义。但是,讨论 ST 的均值还是很有意义的,因为这反映了样本中 ST 企业所占的比例。在 $n=684$ 个样本中 ST 企业占了 5.3%。

一般企业平均的应收账款比例为 9.5%(ARA 均值)或者 6.8%(ARA 中位数),这似乎是一个不大的水平。但是,值得注意的是,ARA 最大值高达 63.5%,这是一个很夸张的比例。

从 ASSET 的结果看,样本中的平均资产规模(以中位数计)为 $\exp(20.70)=9.77$ 亿元。

此外还可以看到,企业的平均资产周转率为 ATO = 52.0%,一般的销售成长速度为 GROWTH = 11.5%,债务资产比平均保持在 LEV = 40.6%,平均盈利水平为 ROA = 5.6%。最后值得注意的是，第一大股东一般持股比例都很高，平均水平为 SHARE＝46.0%。

这些描述分析固然有用，但是有一个缺点，那就是都是单变量的，缺乏对比。例如，如果能够对每一个自变量对比其在 ST 组（即 $Y=1$）与非 ST 组（即 $Y=0$）的差异，会获得很多有益信息。要达此目的，一种做法是分组计算各种统计量，然后再做成对比较。毋庸置疑，这是一个不错的办法。但本案例介绍一种统计图形方法，该方法（或者图）叫作盒状图或箱线图（Box Plot）。以自变量 ARA 为例，在 R 环境下，可以简单实现如下：

```
>boxplot(ARA~ST,xlab="ST Status",ylab="ARA",data=a)
```

具体结果如图 21.2 所示。

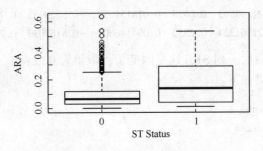

图 21.2　ARA 与 ST 的关系

接下来解释如何理解该盒状图。根据横坐标的指示，第一个盒子对应的是 ST＝0（即非 ST 组），第二个对应的是 ST＝1（即 ST 组）。以 ST＝1 组为例，可以看到盒子的中间有一根横线和一个加号"＋"，其中横线的纵坐标代表的是 ST＝1 组的 ARA 中位数（见纵轴标示），而加号对应的纵轴位置代表了 ARA 均值。因此，对本组而言，ARA 均值略高于 ARA 中位数。均值和中位数两个指标在一定程度上反映了该组数据 ARA 的中心位置。那么它的变异性如何判断呢？注意盒子的上沿，它所对应的纵坐标是 ARA 的第 1 个四分位数，而该盒子的下沿对应的是第 3 个四分位数，因此，盒子的厚度（上沿到下沿的距离）就是 ARA 的第 1、3 个四分位数的间距。按照四分位数的定义，我们知道有 50% 的数据被覆盖在此范围以内。如果数据的变异性小，那么其第 1、3 个四分位数的间距应该偏小，相应地，盒子厚度也会小；相反，如果数据的变异性大，那么其第 1、3 个四分位数的间距应该偏大，相应地，盒子厚度就大。因此，在一定程度上，盒子的厚度就反映了 ARA 的变异性的大小。最后值得注意的是，在盒子的上下沿以外还延伸出去两条垂直直线，在直线的顶端，各有一个小小的横杠，该横杠的纵坐标对应的分别是 ST＝1 组的 ARA 的最大最小值。对比 ST＝0 组和 ST＝1 组，不难发现 ST＝1 组的均值要比 ST＝0 组的高（注意"＋"的位置）。类似地，不难发现 ST＝1 组的中位数要比 ST＝0 组的高（注意横线的位置）。最后还可以注意到，ST＝1 组的变异性要比 ST＝0 组的高（注意盒子的厚度）。所有这一切都表明，ARA 这个指标在 ST＝0 组和 ST＝1 组之间的规律是不一样的。因此，可以合理地预期该指标对于判断预测企业 ST 有重要作用。由此可见，盒状图是一种非常有用的描述分析工具，它不仅能够展示数据的中心位置（均值、中位数），还能够同时展示数据的变异性（四分位间距）。因此，有必要对其他各个自变量也做类似分析。

21.4 模型分析

（1）建立模型

```
> glm1 = glm(ST ~ ARA+ASSET+ATO+GROWTH+LEV+ROA+SHARE, family = binomial(link = logit),
data = a)
> summary(glm1)
Call：
glm(formula = ST ~ ARA+ASSET+ATO+GROWTH+LEV+ROA+SHARE,
family = binomial(link = logit), data = a)
```

Deviance Residuals：

Min	1Q	Median	3Q	Max
−1.4165	−0.3354	−0.2536	−0.1958	3.0778

Coefficients：

	Estimate	Std. Error	z value	Pr(>|z|)	
(Intercept)	−8.86924	4.63586	−1.913	0.05573	.
ARA	4.87974	1.49245	3.270	0.00108	**
ASSET	0.24660	0.22409	1.100	0.27115	
ATO	−0.50738	0.65744	−0.772	0.44026	
GROWTH	−0.83335	0.56706	−1.470	0.14167	
LEV	2.35415	1.20138	1.960	0.05005	.
ROA	−0.63661	6.22354	−0.102	0.91853	
SHARE	−0.01111	0.01115	−0.997	0.31891	

```
---
Signif. codes：0 '***' 0.001 '**' 0.01 '*' 0.05 '.' 0.1 ' ' 1

(Dispersion parameter for binomial family taken to be 1)

    Null deviance：282.07  on 683  degrees of freedom
    Residual deviance：251.51  on 676  degrees of freedom
    AIC：267.51

Number of Fisher Scoring iterations：6
```

（2）模型预测

```
>pred = predict(glm1, a)
>prob = exp(pred)/(1+exp(pred))
>yhat = 1 * (prob>0.0526)
> table(a $ST, yhat)
yhat
```

		0	1
	0	463	185
	1	11	25

21.5 分析报告

（1）背景与目标

特别处理（ST）是我国股市特有的一项旨在保护投资者利益的政策。具体地说，当上市公司出现财务状况或其他状况异常，导致投资者难以判断公司前景，投资者利益可能受到损害时，交易所要对该公司股票交易实行特别处理。

表 21.2 中汇总了 2001~2007 年间被 ST 的公司个数。

表 21.2 每年 ST 公司个数

被 ST 年度	样 本 数	ST 样本数	ST 样本数/样本数
2001	624	21	3.37%
2002	738	41	5.56%
2003	819	52	6.35%
2004	882	37	4.20%
2005	922	31	3.36%
2006	1 010	59	5.84%
2007	2 044	46	4.41%
总计	6 039	287	4.75%

从表 21.2 可以看到，随着时间推移，上市企业越来越多，被 ST 的企业的数量也呈现整体上升趋势，但是相对百分比保持在 5% 左右。

由于被特别处理的企业面临退市的风险，因此投资者需要对这类企业多加小心。所以，投资者有必要关心什么样的企业更有可能被 ST，它们有什么共同特征，通过正常的财务报表分析能否察觉。

目标：通过分析上市公司的公开财务报表信息，预测其未来两年内被 ST 的可能性，并以此警示投资风险。

（2）指标设计

1）ARA（X_1）。

该指标是应收账款与总资产的比例，它反映的是盈利质量。对于一个企业来说，其资产中应收账款所占的比重应该是越低越好。比重越低说明该企业的盈利质量越好；相反，比重越高说明该企业的盈利质量越差。

2）ASSET（X_2）。

该指标是对数变换后的资产规模，用于反映公司规模。什么叫作"公司规模"是一个很复杂的问题，几乎不大可能有一致的答案。

3）ATO（X_3）。

该指标是资产周转率。

244

4) ROA(X_4)。

该指标是资产收益率,可以看作对企业盈利能力的反映。

5) GROWTH(X_5)。

该指标是销售收入增长率。按照定义,它是一个企业在一定时期内(如一年以内)的销售总额除以前一个时期的销售总额而得,反映的是企业的增长速度。

6) LEV(X_6)。

该指标是债务资产比率,也叫作杠杆比率。它是一个企业债务在其总资产中所占的比率,反映的是企业的总资产中来自债权人的比率。

7) SHARE(X_7)。

该指标是企业第一大股东的持股比率,反映的是该企业的股权结构。如果企业的第一大股东持股比例很高(如大于70%),说明该企业一股独大,其持有者对企业的方方面面具有绝对权威;如果企业的第一大股东持股比例很低(如小于10%),说明该企业股权分散。

(3)描述分析

对因变量以及自变量描述性分析结果见表21.3。表21.3最后一行ST,在$n=684$个样本中ST企业占了5.3%。一般企业平均的应收账款比例(ARA)为9.5%(以均值计)或者6.8%(以中位数计),这似乎是一个不大的水平,但是值得注意的是其最大值高达63.5%,这是一个很夸张的比例。从ASSET的结果看,样本中的平均资产规模(以中位数计)为$\exp(20.70)=9.77$亿元。此外还可以看到,企业的平均资产周转率为ATO=52.0%,一般的销售成长速度为GROWTH=11.5%,债务资产比平均保持在LEV=40.6%,平均盈利水平为ROA=5.6%。最后值得注意的是,第一大股东一般持股比例都很高,平均水平为SHARE=46.0%。

表21.3 变量1的描述性分析

变量名称	样本量	均值	标准差	最大值	中位数	最小值
ARA	684	0.095	0.092	0.635	0.068	0.000
ASSET	684	20.780	0.834	24.020	20.700	18.660
ATO	684	0.520	0.363	3.151	0.433	0.003
GROWTH	684	0.115	0.307	0.999	0.102	−0.951
LEV	684	0.406	0.166	0.980	0.407	0.018
ROA	684	0.056	0.039	0.311	0.051	0.000
SHARE	684	46.030	17.680	88.580	44.960	4.160
ST	684	0.053	0.223	1.000	1.000	0.000

将各个自变量按照ST状态分组做箱线图对比,其中发现变量ARA的组间差异最大,如图21.2所示。

图21.2反映,非ST组(即ST=0)的ARA中位数明显低于ST组(即ST=1),或者说明,ST企业常常伴随着较高的ARA水平(以中位数计,注意横线的位置),即较差的盈利质量。因此,我们可以合理地预期该指标对于判断预测企业ST有重要作用。

(4)模型分析

通过方差分析对各个因素同ST状态之间的关系做逻辑回归模型,参数估计见表21.4。

从表中可以看到只有两个自变量是显著的：一个是 ARA，它的极大似然估计为 4.88，是正值，这说明 ARA 的取值越高（即应收账款比率越高），该企业被特别处理的可能性越大；类似地，LEV 的估计量也是显著的（p 值为 0.05），其极大似然估计量为 2.35，是正值，这说明 LEV 的取值越高（即债务水平越高），该企业被特别处理的可能性越大。对于其他所有变量，基于现有数据，无法下确定性结论。

表 21.4　各参数估计及检验结果

因　素　名　称	参　数　估　计	标　准　误　差	卡方统计量	p 值
截距项	-8.869	4.636	3.66	0.055 7
ARA	4.880	1.493	10.69	0.001 1
ASSET	0.247	0.224	1.21	0.271 1
ATO	-0.507	0.658	0.60	0.440 3
ROA	-0.637	6.224	0.01	0.918 5
GROWTH	-0.833	0.567	2.16	0.141 7
LEV	2.354	1.201	3.84	0.050 1
SHARE	-0.011	0.011	0.99	0.318 9

基于上述模型，可以对每个企业的 ST 概率予以测算。然后以某阈值为界，将其预测为 ST 企业（即 ST=1）或者非 ST 企业（即 ST=0）。如果以 50%为界，则发现除了一个样本之外，所有样本都会被预测为 ST=0。因此总体预测精度优良，错判概率 MCR 为 5.26%，但 TPR 很差，只有 2.8%，对于实际工作没有任何价值。因此，重新考虑加权后的错判概率 WMCR，相应地将阈值设为 5.26%，产生的总体错判概率为 MCR=28.7%，但是，TPR 大大提高为 TPR=69.4%，同时 FPR 仍然可以得到一定的控制（FPR=28.5%）。因此，5.26%是一个比较好的阈值，可以推荐。

（5）总结与建议

本案例分析上市企业的公开财务报表信息，建立了对企业未来 ST 状态具有一定预测能力的逻辑回归模型。分析表明企业的盈利质量（以 ARA 计）是影响企业未来 ST 可能性的最重要的因素，值得关注。

第22章 为什么销售会减少——验证性分析

22.1 业务理解

箱包的销售额之前一直保持着稳定的增长，然而6月却下降了。无论从市场环境还是从产品本身来看，箱包销售额还有继续增长的空间。因此，箱包销售额下降就成了该公司的一个大问题，于是开发部就委托数据分析的负责人来探明原因并制定对策，希望以后能够确保和5月相同的销售额。

在业务理解阶段，重要的是从大而广的视角出发来考虑各种可能性。例如，可以尝试做出如下假设，导致销售额减少的原因可能是：

1）在商业宣传上存在问题。

2）每月以不同的主题开展的促销活动存在问题。

提出假设后，接下来就应该尽量用简单的方法来大致验证一下。通过咨询市场部和开发部，得到了以下信息：

1）由于预算的缘故，和5月相比，6月并没有开展那么多的商业宣传活动。

2）促销活动的内容和5月相比几乎没有变动。

这里提出以下假设：

1）和5月相比，6月的销售额减少了。 （事实）

2）6月的商业宣传活动相比5月减少了。 （事实）

3）新用户的数量也减少了。 （假设）

22.2 指标设计

确定了要分析的主题后，就需要探讨一下分析所需的数据。

要想解决问题，需要知道箱包销售额的构成。为此，以下数据是必不可少的：

1）DAU（Daily Active User，每天至少来访1次的用户数据）；

2）DPU（Daily Payment User，每天至少消费1元的用户数据）；

3）Install（记录每个用户首次购买箱包的时间的数据）。

读入上述3部分数据的R代码及结果如下：

```
>dau<-read.csv("section3-dau.csv",header=T,stringsAsFactors=F)
> head(dau)
    log_date    product    user_id
1   2017/5/1    箱包        116
2   2017/5/1    箱包        13491
```

```
3    2017/5/1    箱包    7006
4    2017/5/1    箱包     117
5    2017/5/1    箱包    13492
6    2017/5/1    箱包    9651
>dpu<-read. csv("section3-dpu. csv",header=T,stringsAsFactors=F)


> head(dpu)
     log_date    product    user_id    payment
1    2017/5/1    箱包      351       1333
2    2017/5/1    箱包     12796       81
3    2017/5/1    箱包      364       571
4    2017/5/1    箱包     13212       648
5    2017/5/1    箱包     13212      1142
6    2017/5/1    箱包     13212       571
> install <- read. csv("section3-install. csv",header=T,stringsAsFactors= F)


> head(install)
     install_date    product    user_id
1    2017/5/1        箱包      116
2    2017/5/1        箱包      13491
3    2017/5/1        箱包      7006
4    2017/5/1        箱包      117
5    2017/5/1        箱包      13492
6    2017/5/1        箱包      9651
```

把初始数据加工整理成可供分析的专家数据，这一过程称为"指标设计"。为了配合各种分析方法，需要将数据加工成可供这些分析方法使用的形式。每种分析方法所需的数据格式可能都不一样，这就需要根据所使用的分析方法来确定如何加工数据。一些数据分析方法对于噪声数据比较敏感，所以需要将噪声数据去除。

分析的目的是判断"销售额减少是否受到了新用户因素的影响"。为此，需要对数据进行如下加工。

（1）合并 DAU 和 Install

为了得到某一天首次购买箱包的人数，需要将具有相同用户 ID 的用户信息和 Install 数据合并，公共属性为"user_id","product"。

```
>dau. install <- merge(dau,install,by=c("user_id","product"))
>dau. install <- merge(dau,install,by=c("user_id","product"))
> head(dau. install)
         user_id    product    log_date    install_date
1    2017/5/1    箱包      351       1333
2    2017/5/1    箱包     12796       81
3    2017/5/1    箱包      364       571
4    2017/5/1    箱包     13212       648
```

5	2017/5/1	箱包	13212	1142
6	2017/5/1	箱包	13212	571

（2）将上述数据再与 DPU 合并

为了得到在某一天有消费行为的用户数量，把用户 ID 和消费日期作为公共属性，将 DAU 和 DPU 的数据合并。此时，由于 DPU 中未包含没有消费行为的用户数据，因此最终的数据中不仅保留了各数据相结合的记录，也保留了没有和 DPU 数据相结合的记录（payment 为空）。

```
>dau. install. payment<-merge( dau. install,dpu,by = ( "log_date" ,
           "product" ,"user_id" ) ,all. x = T)
>dau. install. payment<-merge( dau. install,dpu,by = c( "log_date" ,
           "product" ,"user_id" ) ,all. x = T)
> head( dau. install. payment)
```

	log_date	product	user_id	install_date	payment
1	2017/5/1	箱包	1	2017/4/15	NA
2	2017/5/1	箱包	3	2017/4/15	NA
3	2017/5/1	箱包	6	2017/4/15	NA
4	2017/5/1	箱包	11	2017/4/15	NA
5	2017/5/1	箱包	17	2017/4/15	NA
6	2017/5/1	箱包	18	2017/4/15	NA

去掉没有消费行为的用户，R 代码实现如下：

```
> head( na. omit( dau. install. payment) )
```

	log_date	product	user_id	install_date	payment
7	2017/5/1	箱包	19	2017/4/15	162
81	2017/5/1	箱包	351	2017/4/18	1333
84	2017/5/1	箱包	364	2017/4/18	571
186	2017/5/1	箱包	1359	2017/4/23	81
271	2017/5/1	箱包	3547	2017/4/27	571
797	2017/5/1	箱包	9757	2017/5/20	1333

将未消费用户的消费额设置为零 R 代码：

```
>dau. install. payment $payment[ is. na( dau. install.
     payment $payment) ]<-0
```

（3）按月统计

在本例中，为了观察 5 月和 6 月数据的差别，数据将会按照月份来统计，也就是按月统计用户信息。

```
# 增加一列表示月份
>dau. install. payment $log_month <-substr( dau. install. payment $log_date,1,7)
>dau. install. payment $install_month <- substr( dau. install. payment $install_date,1,7)
> library( plyr)
> mau. payment <-ddply( dau. install. payment,. ( log_month,user_id,
     install_month) ,# 分组
```

```
            summarize,# 汇总命令
            payment=sum(payment) # payment 的总和
            )
> mau.payment <-ddply(dau.install.payment,.(log_month,user_id,
            install_month),# 分组
            summarize,# 汇总命令
            ayment=sum(payment) # payment 的总和
            )
> head(mau.payment)
     log_month   user_id   install_month   payment
  1  2017/5/        1        2017/4/           0
  2  2017/5/        2        2017/4/           0
  3  2017/5/        3        2017/4/         14994
  4  2017/5/        4        2017/4/           0
  5  2017/5/        6        2017/4/           0
  6  2017/5/        7        2017/4/           0
```

（4）在按月统计的数据中区分新用户和已有用户

为了确认新用户的数量是否减少了，可以比较某个用户的首次使用月份和访问月份是否相同，如果相同则是新用户，否则便是已有用户。

```
# 识别新用户和已有用户
> mau.payment $user. typ <-ifelse(mau. payment $install_month == mau.
        payment $log_month,"install","existing")
> mau. payment. summary<-ddply(mau. payment,
        . (log_month,user. type),# 分组+
        summarize,# 汇总命令
        total. payment=sum(payment) # payment 的总和
        )
# 识别新用户和已有用户
> mau. payment $user. typ <-ifelse(mau. payment $install_month == mau. p
    ayment $log_month,"新用户","老用户")
> mau. payment. summary <-ddply(mau. payment,
        . (log_month,user. type),# 分组+
        summarize,# 汇总命令
        total. payment=sum(payment) # payment 的总和
        )
> head(mau. payment)
     log_month   user_id   install_month   payment   user. type
  1  2017/5/        1        2017/4/           0       老用户
  2  2017/5/        2        2017/4/           0       老用户
  3  2017/5/        3        2017/4/         14994     老用户
  4  2017/5/        4        2017/4/           0       老用户
  5  2017/5/        6        2017/4/           0       老用户
  6  2017/5/        7        2017/4/           0       老用户
```

```
> head(mau. payment. summary)
```

	log_month	user. type	total. payment
1	2017/5/	老用户	189363
2	2017/5/	新用户	38360
3	2017/6/	老用户	135871
4	2017/6/	新用户	71214

22.3 数据认知

现在已经完成了指标设计，并将数据整理成适合数据分析的专家数据了。通常有经验的分析师会反复输出、确认整理好的数据指标，在观察各种数据指标的过程中找出问题的原因。描述性分析是将数据转换为数据图后再做分析。

（1）箱包销售额比较（5月/6月）

```
> library(ggplot2)
> library(scales)
>ggplot(mau. payment. summary, aes(x = log_month, y = total. payment, fill = user. type)) +
        geom_bar(stat = "identity") +
        scale_y_continuous(label = comma)
```

从图 22.1 中来看，老用户带来的销售额几乎没有变化，而新用户带来的销售额却下降了，由此导致 6 月销售额整体下降。也就是说，在初步分析中得到的结果很顺利地验证了之前提出的假设。

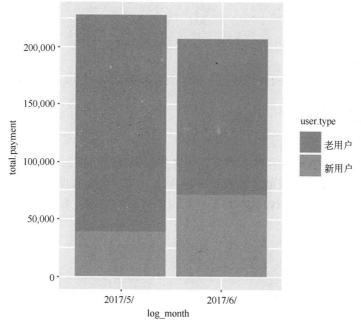

图 22.1 箱包销售额比较（5月/6月）

（2）新用户 5 月和 6 月的支付情况

下面来具体看一下哪个消费层次的消费额减少了。这里做一个只有新用户数据的柱状图，将新用户 5 月和 6 月的支付情况可视化。在图 22.2 中，横轴表示该月的总计消费额，一个柱子的宽度代表 1000 元，纵轴表示该消费额相应的用户数。

```
>ggplot（mau.payment[mau.payment$payment> 0 & mau.payment$user.
    type == "install",],aes(x=payment,fill=log_month))+
    geom_histogram(position="dodge",binwidth=2000)
```

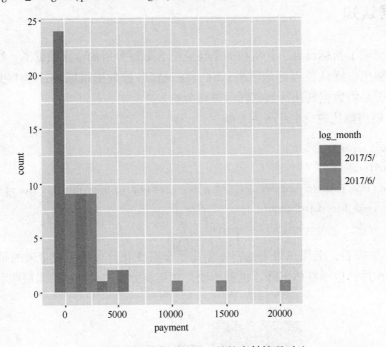

图 22.2　新用户 5 月和 6 月的支付情况对比

在图 22.2 中可以看出，和 5 月相比，6 月消费额在 2000 元以下的用户数量减少了。

22.4　结论与建议

和 5 月相比，6 月销售额下降了，本案例将其作为问题，探讨了问题出现的原因。在商业数据分析中，很重要的一点就是在数据分析之前，尽可能地多听取相关部门的意见，充分了解事实，在此基础上，再和相关负责人共同讨论可能的原因，并用数据进行验证。

第23章 什么样的顾客会选择离开
——探索性分析

23.1 业务理解

在新产品发布时，用户数大量增加，其中大部分是产品发布前就已经注册的用户。然而，几周后的一次严重的程序问题导致了用户流失。又过了一个月，由于投放的广告发挥了作用，用户数量再次增加，而后这些新的用户又逐渐流失。虽然用户数在短期内经常反复地上下波动，但从按月统计的数据来看，在产品发布后的半年时间里，用户数保持了上升的势头，而这之后的8个月时间，用户数也一直维持之前的水平。

然而，从6月开始，用户数开始大量减少。因为箱包是公司具有代表性的成功应用，所以这次用户数减少的问题也备受关注。

广告部的负责人表示："和5月相比，商业推广活动无论是从内容上还是从数量上来看都没有发生变化。"

企划部的负责人也表示："每月开展的游戏活动并没有什么大的差异。"

因此，产品部的部长向数据分析部门下达了指示："调查清楚用户数量减少的原因，并尽全力改善这种状况。"

一般来说，无论是什么课题，数据分析师进行业务理解首先需要做的就是明确问题现状和预期。我们面临的现状是"和5月相比，6月的用户数减少了"，目标是查清用户数减少的原因，并确保以后的用户数和5月的用户数持平。那么，下一步要做的就是通过数据分析查清原因，并明确所需要解决的问题。

在发现问题的阶段，重要的是从大而广的视角出发来考虑各种可能性。例如，可以尝试做出如下假设：

1）商业推广上存在问题，流失的用户数超过了新增的用户数。

2）每月不同主题的促销活动开始变得很无聊，用户都不感兴趣。

3）按用户的性别或者年龄段等属性来划分用户群，可能是其中某个用户群出现了问题。

做出上述假设后，应尽可能地在短时间内大致验证一下。通过咨询市场部和开发部，得到了下述信息：

1）同5月相比，商业推广的力度大体没变，新增用户数也大致保持在相同的水平。

2）开展的各种促销活动同5月相比几乎没有变化。

因此，只剩下第3条假设"可能是其中某个用户群出现了问题"没能得到验证了，也就是说，并没有发现现有问题是由第1条或第2条假设造成的。再进一步深挖假设的内容，可以知道用户群通常是按照性别、年龄段等来划分的。于是，首先可以考虑是否有某个属性的用户群数量减少了，然后通过和上月的数据加以比较，确认用户数量减少了的用户属性，并思考如何恢复用户数量。

23.2　指标设计

为了解决这个问题，需要调查一下箱包的销售额构成。在第 22 章，针对销售额减少的问题，我们猜测原因可能是商业宣传活动减少了，并在随后的数据分析中验证了上述猜测是否正确，这种分析方式称为"验证型数据分析"。而在本章中，我们只知道"存在问题"，却无法轻易找到原因，也就是说，本例中无法事先猜测问题出现的原因，而是需要通过数据挖掘来探索原因所在，这种方式称为"探索型数据分析"。从其他行业的数据分析师处也了解到，不管什么企业，对"探索型数据分析"和"验证型数据分析"的需求大约各占一半。

为了能够通过数据明确问题，需要下面的数据。

（1）8~9 月份 DAU（Daily Active User，每天至少来访 1 次的用户数据）

```
>dau <- read. csv("section4-dau.csv",header=T)
> head(dau)
log_date        product   user_id
1 2017/8/1        箱包      33754
2 2017/8/1        箱包      28598
3 2017/8/1        箱包      30306
4 2017/8/1        箱包        117
5 2017/8/1        箱包       6605
6 2017/8/1        箱包        346
```

（2）user. info（用户属性数据）

```
> user. info <- read. csv("section4-user_info.csv",header=T)
> head(user. info)
    install_date  product   user_id  gender  generation   type
1    2017/4/15     箱包        1       男        40       塑纺面
2    2017/4/15     箱包        2       男        10       皮革
3    2017/4/15     箱包        3       女        40       塑纺面
4    2017/4/15     箱包        4       男        10       皮革
5    2017/4/15     箱包        5       男        40       塑纺面
6    2017/4/15     箱包        6       男        40       塑纺面
```

（3）把 DAU 数据和 user. info 数据合并

通过合并，在 user. info 的属性数据中追加了 DAU 中各个用户的访问日期信息。这样一来，用户是否使用了该应用的信息和用户自身的属性信息都被归纳到了同一个数据表中。

```
>dau. user. info<-merge(dau,user. info,by=c("user_id","product"))
> head(dau. user. info)
    user_id   product   log_date    install_date  gender   generation   type
1      1       箱包     2017/9/6      2017/4/15      男         40       塑纺面
```

2	1	箱包	2017/9/5	2017/4/15	男	40	塑纺面
3	1	箱包	2017/9/28	2017/4/15	男	40	塑纺面
4	1	箱包	2017/9/12	2017/4/15	男	40	塑纺面
5	1	箱包	2017/9/11	2017/4/15	男	40	塑纺面
6	1	箱包	2017/9/8	2017/4/15	男	40	塑纺面

由于原始数据质量比较高,基本能满足本案例的分析,所以,数据指标就直接取自原始数据属性。

23.3 数据认知

(1)用户群分析(按性别统计)

```
>dau. user. info $log_month <- substr( dau. user. info $log_date,1,7)
> table( dau. user. info[ ,c( "log_month","gender" )])
                gender
log_month      男      女
2017/8/      46842   47343
2017/9/      38148   38027
```

比较 2017 年 8 月和 9 月男女用户的数量,可以看出虽然整体上用户数量在下降,但用户的男女构成比例大体没有变化,由此可以判断性别属性对用户数量下降的影响很小。

(2)用户群分析(按年龄段统计)

```
> table( dau. user. info[ ,c( "log_month","generation" )])
                    generation
log_month     10      20      30      40      50
2017/8/     18785   33671   28072   8828    4829
2017/9/     15391   27229   22226   7494    3835
```

通过比较 2017 年 8 月和 9 月的数据,可以看到无论是哪个年龄段,在整体用户数量中所占的比例都没有发生大的变化,也没有发现哪个年龄段的用户数大量减少了。这里需要再进一步细分,看看是否某个性别下的某个年龄段的用户数量减少了,也就是说,将性别和年龄段属性组合起来进行交叉列表统计。像这样将交叉列表统计的分析轴组合起来的方法称为"n 重交叉列表统计"。这里将性别和年龄段组合起来,形成 2 重交叉列表统计。

(3)用户群分析(性别×年龄段)

```
> library( reshape2)
>dcast( dau. user. info,log_month~gender+generation,
        value. var = "user_id",length)
>dcast( dau. user. info,log_month~gender+generation,
        value. var = "user_id",length)
```

log_month	男_10	男_20	男_30	男_40	男_50	女_10	女_20	女_30	女_40	女_50
1	2017/8/	9694	16490	13855	4231	2572	9091	17181	14217	4597	2257
2	2017/9/	8075	13613	10768	3638	2054	7316	13616	11458	3856	1781

通过将性别和年龄段进行交叉组合，形成了 20~29 岁女性、30~39 岁女性等新的分析轴。通过观察统计数据，发现各个用户群的用户数量整体都下降了，但每个用户群所占的比例大体没变，也没有发现哪个用户群的数量急剧下降。

（4）用户购买箱包类型的差异

```
> table( dau. user. info[ , c( "log_month" , "type" ) ] )
                type
log_month   皮革    塑纺面
  2017/8/   46974   47211
  2017/9/   29647   46528
```

结果是购买塑纺面类型箱包的用户数略有下降，而购买皮革类型箱包的用户数却大量减少了，因此这个用户群的分析很可能就是解决该问题的关键。

为了更详细地看到上述数值的差异，可以生成以天为单位的时间序列图（图 23.1），据此来确认用户数的变化程度。

```
> library( ggplot2) > library( scales)
> limits <- c( 0, max( dau. user. info. summary $dau) )
>ggplot( dau. user. info. summary, aes( x = log_date, y = dau, col = type, lty = type, shape = type) ) +
    geom_line( lwd = 1) +
    geom_point( size = 4) +
    scale_y_continuous( label = comma, limits = limits)
```

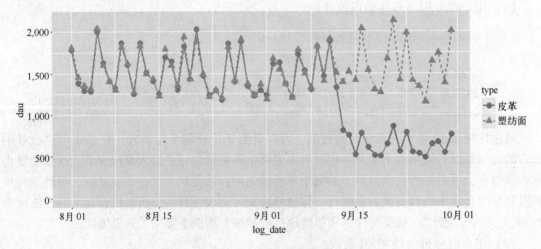

图 23.1　购买不同类型箱包的用户数变迁

图 23.1 的横轴表示访问日期，纵轴表示访问次数，两条曲线分别表示购买塑纺面类型箱包和购买皮革类型箱包的用户访问次数随时间的变化情况。

可以看出，购买塑纺面类型箱包的用户数和之前大体相同，而购买皮革类型箱包的用户数从 9 月的第 2 周开始急剧减少。

23.4 结论与建议

虽说本例是一种探索型数据分析，但经常回顾事先提出的假设，确认数据分析的出发点，对提升工作效率也依然非常重要。在数据分析中，如果对数据进行深度考查，往往会没有止境，导致在不必要的分析上花费很多时间。为了防止这种情况的发生，重要的是在数据分析之前建立假设，并每次参照这个假设进行分析，那么看看本例中事先建立的假设：

1）购买箱包的用户数量相比 8 月份减少了。　　　　　　（事实）

2）某些用户群的用户数量减少了。　　　　　　　　　　（假设）

3）针对该用户群制定相应的措施，使用户数量回到和上月相同的水平。（解决方案）

根据上述假设，将数据分析的结果总结如下：

1）购买箱包的用户数量相比 8 月份减少了。　　　　　　（事实）

2）购买皮革类型箱包的用户数量显著减少了。　　　　　（事实）

3）弄清楚购买皮革类型箱包的用户数减少的问题，并制定相应的改善策略，使用户数量回到和上月相同的水平。（确信度较高的解决方案）

根据分析的结果，开发部门确认后，9 月 12 日对皮革类型箱包进行了一次设计升级。于是，我们将用户数减少的箱包类型数据导出，并再度咨询他们的意见，发现这些购买了皮革类型箱包的用户的共同点是都购买了塑纺面类型箱包。

第 24 章 哪种广告的效果更好——假设检验

24.1 业务理解

公司每月都会开展箱包的促销活动，虽然这种促销活动是一种销售比率很高的重要经营策略，然而公司的经营层却指出"虽然促销活动的销售额较高，但购买率却比较低"。实际上，通过和其他产品的促销活动相比较，发现箱包的促销活动的购买率确实偏低。

因此，希望能够通过数据分析找出购买率偏低的原因，改善这种状况。

首先，整理一下问题的现状和预期。现状是：和其他商品的促销活动相比，箱包的促销活动的购买率偏低。

针对这个问题，我们的预期是：弄清楚购买率偏低的原因，并确保和其他商品的促销活动有相同的购买率。

为了明确现状和预期之间的差距，我们需要从大的视角出发来思考箱包和其他商品有何不同，并尝试做出假设。

（1）箱包促销活动的内容有问题

1）销售的箱包并不是用户需要的。

2）促销打折的力度不够，对用户没有太大吸引力。

（2）广告的外观展示有问题

针对第 1 个假设，咨询了箱包的策划部门，并从那里得到了如下反馈：

1）箱包促销活动中出售的游戏装备或许能够用得上。

2）和其他商品一样，打五折促销，这从用户的立场来看是很划算的。

之后，我们统计了在促销期间出售的箱包情况，发现这些箱包是当时最常使用的商品，用户对箱包是有需求的。也就是说，上述第 1 个假设中的问题基本不大。

再来考虑第 2 个假设。为了获得和第 2 个假设相关的信息，我们咨询了负责箱包销售的市场营销部门，并从那里得到了如下反馈：

1）箱包大促销的广告都是由各个商品的设计师负责的，所以广告的质量也是参差不齐。

2）箱包的广告的点击率一直比较低，见表 24.1。

表 24.1 促销活动广告的点击率比较

产　品	购　买　率
箱包	7.3%
口红	12.4%
眼镜	13.8%

这次的问题恐怕就是第 2 个假设造成的。因此，这次将提升广告的点击率作为数据分析的主题。

24.2 数据建模

解决方案：用点击率高的广告替换目前所使用的广告。

为了完成上述方案，需要找到哪种广告更容易被点击。但是，在箱包销售中，之前每月开展的"大促销"活动的广告一直都没有变更过，因此缺少可供分析的数据。

于是，我们准备了两个不同的广告，通过收集数据来比较哪个广告更容易被用户点击。

（1）如果采用前后比较的方法，则无法排除外部因素的干扰

如果要比较两个广告哪个更好，该怎么做呢？首先想到的是前后比较的方法。如图 24.1a 所示，在前一段时间内投放广告 A，在后一段时间内投放广告 B，并比较前后两个时间段广告投放的效果。

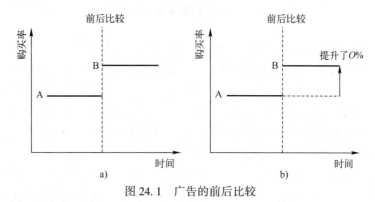

图 24.1　广告的前后比较

在这种情况下，广告 A 和广告 B 的比较如图 24.1b 所示，其思路是"如果继续投放广告 A，购买率应该是这样，然后拿这个值和广告 B 的值进行比较"。

然而，这种做法真是正确的吗？

比如，在投放广告 A 和广告 B 的时间里：

1）投放广告 B 的时候是购买率比较容易提升的时候。

2）投放广告 B 的时候，某个宣传活动获得了巨大成功。

3）投放广告 B 的时候，在 TVCM 的放映或者电视节目中介绍了箱包。

4）投放广告 A 的时候……

如上所述，本来我们只是希望比较广告 A 和广告 B 这二者的效果，然而中间却出现了各种外部因素的干扰。如果是外部因素导致的购买率提升，那么就有可能像图 24.2 一样，即使继续投放广告 A，购买率也会提升。这样的话就很难知道前后购买率差异的原因到底是

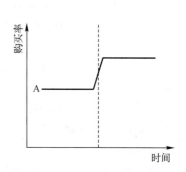

图 24.2　即使继续投放广告 A，购买率也能提升

什么了。

（2）采用 A/B 测试的方法排除外部因素干扰

针对这种情况，一种便利的验证方法是 A/B 测试。A/B 测试能够在多个选项中找出那个能够带来最佳结果的选项。例如，如图 24.3 所示，只要同时投放广告 A 和广告 B，就可以排除之前所说的外部因素的干扰。

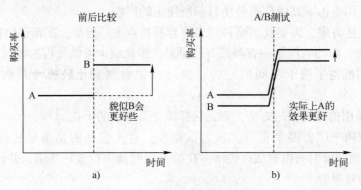

图 24.3　前后比较和 A/B 测试的不同

A/B 测试虽然在引入时需要较高的开发成本，但是实施成本却相对较低，而且也方便收集统计数据，因而在互联网业界被广泛使用，此外在部分广告业和制造业中也会被采用。例如，某个厂家生产了 A 和 B 两种产品并同时出售，通过收集销售数据来验证哪个产品更容易被目标用户群体接受。虽然在这种情况下进行 A/B 测试的成本较高，但由于能够针对同一时期的同一目标用户群体进行因果关系分析，因此有着广泛的应用。

（3）A/B 测试中的用户分组必须遵循随机的原则

在进行 A/B 测试时，首先需要将用户分到 A 组或 B 组中，然后给 A 组的用户投放广告 A，给 B 组的用户投放广告 B，再比较两组用户的购买率。其中需要注意的是如何进行分组，比如按照如下方法来分组如何？

A 组：男性

B 组：女性

按照这样的分法，或许可以排除诸如时间因素、各种活动、TVCM 等的影响，但是男性用户和女性用户本身对箱包的消费倾向就有可能存在差异。另外，虽说可以排除 TVCM 的影响，但是由于男女用户在观看电视节目的时间和喜好等方面存在差异，因此这些都有可能对最终的结果产生影响。

总之，需要保证分组后的两组不能有类似于"男女"这种条件性的差异。进行 A/B 测试最初的目的就是要排除广告以外的因素的影响，单纯比较广告内容方面的差异。

（4）利用统计学上的假设检验来过滤

不光是在 A/B 测试中，平时当需要判断两组之间是否存在差异时，都可以用到统计学上的"假设检验"。

即使考虑到用户数（样本数）较少导致的偏差，也依然可以说两组间存在差异吗？

要确认这一点，这就需要用到假设检验的方法。在用户数（样本数）较多的情况下，大多数的结果都是"存在显著性差异"。

那么，"用户数较少导致的偏差"指的是什么呢？比如，两组都只有5人，本来两组间不存在购买率的差异，但现在其中一组的某个用户偶然做出了下述行为：

1）常从来不买，但这次却偶然买了。

2）常经常购买，但这次却偶然没有购买。

那么该用户的这种偶然的行为就会给两组带来差异。在用户数较少的情况下，某一个用户的偶然行为都可能对结果造成较大的影响。但当用户数增多时，这种影响就会逐渐消失。因此，使用假设检验时，人数越多，越容易得出"存在显著性差异"的结论。

然而，即使"存在显著性差异"，这种差异在商业领域也未必有意义。尤其是在大数据盛行的现在，由于数据量的增大，假设检验中"用户数较少导致的偏差"已经很小了，因此很难再断言"不做假设检验就不知道是否存在显著性差异"的那些差异是否还有意义。

尽管如此，万一出现了"看上去像是有差异，而实际上不是显著性差异"的情况还是很麻烦的，因此需要通过假设检验来过滤出显著性差异。这里并不是说只要"通过假设检验找出差异"就可以了，而是要"先通过假设检验找出有统计意义的差异，再探讨这个差异在商业活动中是否有意义"。

24.3 模型分析

（1）搜集数据

确定了模型之后，接着就要考虑如何收集数据了。现在还没有任何可用的数据，所以需要和箱包的开发人员协商，请他们输出如下日志，以方便我们进行 A/B 测试：

1）ab_test_imp（关于广告曝光次数的信息）。

2）ab_test_goal（关于广告点击次数的信息）。

为了方便 A/B 测试的分析，需要将上述两份日志合并起来，生成一个新的标志位来标识该条记录是否被点击，具体代码如下：

```
# 数据的读入
> ab. test. imp <-read. csv("section5-ab_test_imp. csv",header=T)
> ab. test. goal <- read. csv("section5-ab_test_goal. csv",header=T)
# 合并 ab. test. imp 和 ab. test. goal
> ab. test. imp <- merge(ab. test. imp,ab. test. goal,by="transaction_id",all. x=T,suffixes=c("",
". g"))
# 增加点击标志位
> ab. test. imp $is. goal <-ifelse(is. na(ab. test. imp $user_id. g),0,1)
> x<-ab. test. imp[1:10,c(1,2,5,6,12)]
>colnames(x)<-c("事务 ID","曝光日期","测试用例","用户 ID","是否被点击")
> x
```

	事务 ID	曝光日期	测试用例	用户 ID	是否被点击
1	1	2017/10/2	A	49017	0
2	2	2017/10/2	B	49018	0
3	3	2017/10/2	A	44338	0

4	4	2017/10/2	A	44339	0
5	5	2017/10/2	A	28598	0
6	6	2017/10/2	B	30306	0
7	7	2017/10/2	B	3123	0
8	8	2017/10/2	A	32087	0
9	9	2017/10/2	B	49771	0
10	10	2017/10/2	A	10160	0

（2）A 和 B 的点击率是否存在显著性差异

1）统计 A 和 B 的点击率，以确认哪个广告更好。

```
> library(plyr)
>ddply(ab. test. imp,. (test_case),summarize,
       cvr=sum(is. goal)/length(user_id))
```

测试用例		点击率
1	A	0. 08025559
2	B	0. 11546015

结果表明，A 的点击率大约是 8%，B 的点击率大约是 12%。

2）差异检验。

```
#进行卡方检验
>chisq. test(ab. test. imp $test_case,ab. test. imp $is. goal)
       Pearson' s Chi-squared test with Yates' continuity correction

    data： ab. test. imp $test_case and ab. test. imp $is. goal
    X-squared=308. 38,df=1,p-value<2. 2e-16
```

p 值小于 2.2×10^{-16}，是一个非常小的值。p 值越接近 0 表明差异性就越大，通常来说，当 p 值小于 0. 05 时，称为"存在显著性差异"。至于为什么是 0. 05，请读者参阅专业书籍。在本例中，可以说将两种广告分为 A 和 B 并同时投放后，所得到的点击率存在显著性差异。

3）点击率随时间的变化。

在时间序列图中，如果广告 B 的效果始终比广告 A 好，那就没有问题，但是如果只有在某个时间段内广告 B 的效果更好，那就需要考虑是否存在其他原因了。将广告的点击率变化反应在散点图上，如图 24.4 所示。

```
# 算出每天每个测试样例的点击率
>ab. test. imp. summary <-
    ddply(ab. test. imp,. (log_date,test_case),summarize,
          imp=length(user_id),
          cv=sum(is. goal),
          cvr=sum(is. goal)/length(user_id))
# 算出每个测试样例总的点击率
>ab. test. imp. summary <-
    ddply(ab. test. imp. summary,. (test_case),transform,
```

```
                           cvr. avg = sum ( cv ) / sum ( imp ) )
>head ( ab. test. imp. summary )
```

	曝光时间	测试用例	曝光次数	点击次数	点击率	平均点击率
1	2017/10/1	A	1358	98	0.07216495	0.08025559
2	2017/10/10	A	1364	114	0.08357771	0.08025559
3	2017/10/11	A	1520	68	0.04473684	0.08025559
4	2017/10/12	A	1496	57	0.03810160	0.08025559
5	2017/10/13	A	1173	115	0.09803922	0.08025559
6	2017/10/14	A	1832	94	0.05131004	0.08025559

```
#作成每个测试样例点击率的时序图
>library ( ggplot2 )
>library ( scales )
>ab. test. imp. summary $log_date <- as. Date ( ab. test. imp. summary $log_date )
>limits <- c ( 0, max ( ab. test. imp. summary $cvr ) )
>ggplot ( ab. test. imp. summary, aes ( x = log_date, y = cvr, col = test_case, lty = test_case, shape = test_
case ) ) +
geom_line ( lwd = 1 ) +
geom_point ( size = 4 ) +
geom_line ( aes ( y = cvr. avg, col = test_case ) ) +
scale_y_continuous ( label = percent, limits = limits )
```

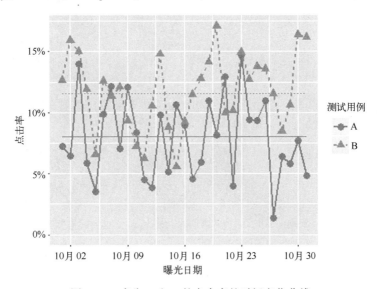

图 24.4　广告 A 和 B 的点击率的时间变化曲线

由图 24.4 可知，广告 B 的点击率在大多数时间里都优于广告 A，所以，总的来说，广告 B 的效果始终比广告 A 的效果要好。

也就是说，正是因为改变了所投放的广告，所以点击率也随之发生了变化。

24.4 结论与建议

围绕箱包大促销活动中购买率比其他产品低的问题，通过咨询相关部门，明确了造成这个问题的原因是广告的点击率较低，使用 A/B 测试对广告投放相关进行了分析。

结果显示，广告 B 比广告 A 更容易被点击，因此此次箱包促销广告使用 B，而且今后可以按照该流程，继续使用 A/B 测试来寻找最合适的广告。

第 25 章 如何获得更多的用户——多元回归分析

25.1 业务理解

在互联网上投放广告，单价比较便宜，并且能够吸引到稳定的新用户。虽然互联网广告可以根据投入的成本预估效果，但相对于电视、杂志等传统媒体来说，它的受众量是有限的，因此要想使用户达到一定数量，一般还要在传统媒体上投放广告。和互联网广告相比，传统媒体的广告成本要高得多。另外，根据广告投放媒体的属性不同，广告效果 CPI（Cost per Install，获得一个新用户所需要的成本）的变动也很大。

我们面临的现状是广告效果 CPI 参差不齐。针对这一现状，在互联网广告方面，选择 3 家公司保持合作，而在传统媒体的电视和杂志上投放广告时，选择了一家广告公司进行合作。该公司建议，与有合作关系的广告公司应避免连续 3 个月不投放广告的情况。

本案例的任务是，如何确定在与有合作关系的广告公司分配投放比例，以达到"用较少的费用获得更多的用户"的目的。那么，基于现有的数据，需要弄清楚广告和获得用户数量之间的因果关系。

根据图 25.1 所示的传统媒体广告 CPI 的变化可知，本案例的问题是每月广告 CPI 的波动较大，在 190~310 元之间。另一方面，互联网每获得一个用户的成本大约在 20 元，传统媒体每获得一个用户的成本大约在 200 元。

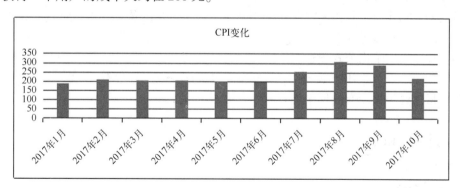

图 25.1 传统媒体广告 CPI 的变化

如果仅从数字看，读者可能会觉得月平均 CPI 的差距并不大。但由于每获得一个用户的成本很高，因此要尽可能地缩小 100 元的差距，如果可能的话，尽量保持在 200 元左右。

进一步将问题细化：在传统媒体上的广告投放分配比例存在问题，导致每月在电视和杂志上投放的比例有所不同。

通过和广告部确认，我们了解到，虽然无法指定投放广告的电视或杂志的数量，但可以

告诉广告公司分别投放在电视和杂志上的比率,因此:

1)基于过去的数据,明确在电视和杂志上投放广告的广告费用和各自所获得的用户数之间的关系。

2)基于上述关系,确定以何种比例在电视和杂志上投放广告。

至此,问题得到了细化,并确定了分析步骤。那么,如何对电视和杂志的广告费与各自所获得的用户数之间的关系进行建模呢?

25.2 数据建模

在前面章节中,我们了解了"探索性分析"和"假设检验"可以用于分析数据间的关联。表25.1列出了通过这两种方法能够找到因果关系。

表 25.1 因果关系

原因	结果
大降价	销量大
派发的传单多	来店的顾客多
来店的顾客多	销售额大

通过因果关系,可以判断诸如降价和销量之间是否存在关系。但是这样的分析仍然不能回答一些更具体的问题,例如,"价格下降多少能够带来多大的销量增加"。在商业领域,通常的做法是在充分考虑成本的前提下预估一个结果,再采取相应的对策。也就是说,先确定结果,再反过来考虑相应对策的成本,此时就需要用到"回归分析",模型原理见第9章。

通过交叉列表统计,得知广告费花得越多,相应的新增用户就会越多。接下来考虑用线性回归对这种关系建模。具体来说,就是当知道了各个费用的预算之后,是否能够预估出由此可能带来的新用户数量。

回归直线可以用下面公式表达:

$$新用户数 = \beta_0 + \beta_1 \times 电视广告费 + \beta_2 \times 杂志广告费$$

回归分析就是根据现有数据来估计 β_0、β_1 和 β_2 的值。

25.3 模型分析

(1)搜集数据

由于互联网广告的效果可以直接测定,因此哪个网站的广告有什么样的效果,其CPI很明显。然而,关于电视和杂志广告,我们只能获取"总体的用户数增加了"这类粗略信息。因此,排除了互联网广告所带来的新用户数,将剩下的新用户数和花费在电视以及杂志上的广告费作为分析数据。

```
>ad. data<-read. csv(". /ad_result. csv",header=T,stringsAsFactors=F)
>colnames(ad. data)<-c("月份","电视广告费","杂志广告费","新用户数")
>ad. data
```

	月份	电视广告费	杂志广告费	新用户数
1	2013-01	6358	5955	53948
2	2013-02	8176	6069	57300
3	2013-03	6853	5862	52057
4	2013-04	5271	5247	44044
5	2013-05	6473	6365	54063
6	2013-06	7682	6555	58097
7	2013-07	5666	5546	47407
8	2013-08	6659	6066	53333
9	2013-09	6066	5646	49918
10	2013-10	10090	6545	59963

（2）数据相关性确认

首先，需要确认广告和新用户数是否存在线性关系。如果二者线性关系不那么强，就不能断言用户数的增加是由广告带来的。将数据之间的关系的强弱称为"相关性"，为此，考查数据散点图（图25.2）。

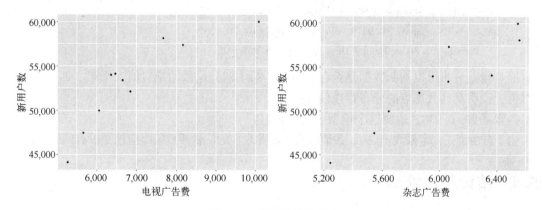

图 25.2 数据相关性考查

（3）多元回归分析

```
>fit<-lm(新用户数~.,data=ad.data[,c("新用户数","电视广告费","杂志广告费")])
>fit
Call：
lm(formula=新用户数~.,data=ad.data[,c("新用户数","电视广告费",
    "杂志广告费")])


Coefficients：
(Intercept)   电视广告费   杂志广告费
  188.174      1.361        7.250
```

即：新用户数=188.174+1.361×电视广告费+7.250×杂志广告费。

```
>summary(fit)
Call：
```

lm(formula=新用户数~.,data=ad.data[,c("新用户数","电视广告费",
   "杂志广告费")])

Residuals:（残差分布）

Min	1Q	Median	3Q	Max
-1406.87	-984.49	-12.11	432.82	1985.84

Coefficients:

	Estimate Std.	Error	t value	Pr(>|t|)	
（Intercept）	188.1743	7719.1308	0.024	0.98123	
电视广告费	1.3609	0.5174	2.630	0.03390	*
杂志广告费	7.2498	1.6926	4.283	0.00364	**

--
Signif. codes:
0 ' *** ' 0.001 ' ** ' 0.01 ' * ' 0.05 '.' 0.1 ' ' 1

Residual standard error: 1387 on 7 degrees of freedom
Multiple R-squared: 0.9379, Adjusted R-squared: 0.9202
F-statistic: 52.86 on 2 and 7 DF, p-value: 5.967e-05

通过残差分布可以判断数据是否存在异常，第 1 四分位数的绝对值大于第 3 四分位数的绝对值，说明某些数据点的分布存在偏差。

判定系数=0.938，表明这个模型拟合得很好。

由于自由度正判定系数=0.92，数值较高，因此现在的广告投放策略应该是没有问题的。

25.4 结论与建议

本案例围绕以下问题进行了分析：

1）通过各种媒体广告所获得的新用户数不尽相同。（事实）

2）每月获得的新用户数与在电视和杂志上的广告投放比例相关。（假设）

3）确定广告和新用户增加的关系。

4）基于这种关系，确定最佳的广告分配比例。

基于上述问题的设定，使用多元回归分析推导出：

新用户数=188.174+1.361×电视广告费+7.250×杂志广告费

因此，如果按照下述比例来分配广告费用：

电视广告:1200 万　　　杂志广告:800 万

根据回归公式计算得到约 7621 个新增用户。

对于那些成本较高的广告投放，事前使用回归分析能够预测出每种策略该占多大比重是很有意义的。

第 26 章 航空公司顾客价值分析——聚类

26.1 业务理解

航空市场竞争的加剧和航空业的发展，要求国内航空公司必须利用大量数据中隐含的知识才能抓住时机，提升核心竞争力。客户是企业至关重要的成功因素和利润来源。将数据挖掘技术应用于客户关系管理，能够为企业提供经营和决策的量化依据，使企业更有效地利用有限的资源，拓展利润上升空间。本案例从数据挖掘技术角度出发，就数据挖掘技术在航空公司客户价值分析中的应用进行了研究，并在此基础上完成"客户细分"和"客户价值评估"两个具体目标。通过分析航空公司客户价值的主要内容以及预测客户价值的关键性指标，获得能够综合反映老客户忠诚度和价值度的指标，从而为航空公司的客户关系管理提供一些参考和帮助。

分析的目标：
1）借助航空公司客户数据，对客户分类。
2）对不同客户类别进行特征分析，比较不同类别客户的客户价值。
3）对不同价值的客户类别提供个性化服务，制定相应的营销策略。

26.2 指标设计

传统的识别客户价值应用最广泛的模型主要通过 3 个指标：最近消费时间间隔（Recency）、消费频率（Frequency）和消费金额（Monetary）来进行客户细分，识别出价值高的客户，简称 RFM 模型。

在 RFM 模型中，消费金额表示在一段时间内，客户购买产品的总金额，但是不适用于航空公司的数据处理。因此这里用客户在一段时间内的累计飞行里程 M 和客户在一定时间内乘坐舱位的折扣系数 C 代表消费金额，再在模型中增加客户关系长度 L，即用 LRFMC 模型（图 26.1）。

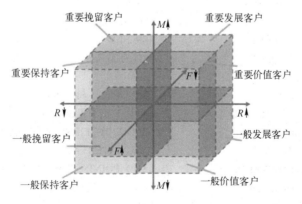

图 26.1 LRFMC 模型

图 26.1 中，属性分箱是依据属性的平均值进行划分，其中大于平均值的表示为↑，小于平均值的表示为↓。

因此，本次数据分析的主要步骤如图 26.2 所示。

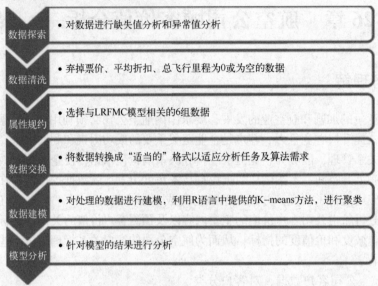

图 26.2　数据分析的主要步骤

（1）数据获取

```
#读取航空数据
flight<-read.csv(file=file.choose())
#查看数据结构及概览
>dim(flight)
[1] 62988    44
>names(flight)
```

[1] "MEMBER_NO"	"FFP_DATE"
[3] "FIRST_FLIGHT_DATE"	"GENDER"
[5] "FFP_TIER"	"WORK_CITY"
[7] "WORK_PROVINCE"	"WORK_COUNTRY"
[9] "AGE"	"LOAD_TIME"
[11] "FLIGHT_COUNT"	"BP_SUM"
[13] "EP_SUM_YR_1"	"EP_SUM_YR_2"
[15] "SUM_YR_1"	"SUM_YR_2"
[17] "SEG_KM_SUM"	"WEIGHTED_SEG_KM"
[19] "LAST_FLIGHT_DATE"	"AVG_FLIGHT_COUNT"
[21] "AVG_BP_SUM"	"BEGIN_TO_FIRST"
[23] "LAST_TO_END"	"AVG_INTERVAL"
[25] "MAX_INTERVAL"	"ADD_POINTS_SUM_YR_1"
[27] "ADD_POINTS_SUM_YR_2"	"EXCHANGE_COUNT"
[29] "avg_discount"	"P1Y_Flight_Count"
[31] "L1Y_Flight_Count"	"P1Y_BP_SUM"

[33] "L1Y_BP_SUM"	"EP_SUM"
[35] "ADD_Point_SUM"	"Eli_Add_Point_Sum"
[37] "L1Y_ELi_Add_Points"	"Points_Sum"
[39] "L1Y_Points_Sum"	"Ration_L1Y_Flight_Count"
[41] "Ration_P1Y_Flight_Count"	"Ration_P1Y_BPS"
[43] "Ration_L1Y_BPS"	"Point_NotFlight"

该数据集包含了 62988 条会员记录，涉及会员号、入会时间、首次登机时间、性别等 44 个字段。这么多字段中，真正能使用到的字段只有 FFP_DATE（入会时间）、LOAD_TIME（观测窗口结束时间，可理解为当前时间）、FLIGHT_COUNT（乘机次数）、SUM_YR_1（票价收入 1）、SUM_YR_2（票价收入 2）、SEG_KM_SUM（飞行里程数）、LAST_FLIGHT_DATE（最后一次乘机时间）和 avg_discount（舱位等级对应的平均折扣系数）。表 26.1 为部分数据，表 26.2 为客户信息属性说明。

表 26.1　航空数据集

MEMBER_NO	FFP_DATE	FIRST_FLIGI	GEN-DE	FFP_TIER	WORK_CITY	WORK_PR-OVIN	WORK	AGE	LOAD_TIME	FIGH-T_CO-UNT	BP_SUM
289047040	2013/03/16	2013/04/28	男	6			US	56	2014/03/31	14	147158
289053451	2012/06/26	2013/05/16	男	6	乌鲁木齐	新疆	CN	50	2014/03/31	65	112582
289022508	2009/12/08	2010/02/05	男	5	北京	北京	CN	34	2014/03/31	33	77475
28904181	2009/12/10	2009/12/19	男	4	S. P. S	CORT-ES	HN	45	2014/03/31	6	76027
289026513	2011/08/25	2011/08/25	男	6	乌鲁木齐	新疆	CN	47	2014/03/31	22	70142
289027500	2013/06/01	2013/03/01	男	5	北京	北京	CN	36	2014/03/31	26	63498
289058898	2010/12/17	2010/12/27	男	4	ARCADIA	CA	US	35	2014/03/31	5	62810
289037374	2009/10/12	2009/10/21	男	4	广州	广东	CN	34	2014/03/3	4	60484
389036013	2013/06/02	2013/06/02	女	6	广州	广东	CN	54	2014/03/31	25	59357
289046087	2007/01/26	2013/04/24	男	6		天津	CN	47	2014/03/31	36	55562
289062045	2006/12/26	2013/04/17	女	5	长春市	吉林省	CN	55	2014/03/31	49	54255
289022276	2011/08/15	2011/08/20	男	6	沈阳	辽宁	CN	41	2014/03/31	51	53926

表 26.2　客户信息属性说明

序号	属 性 中 文	属 性 英 文	备　　注
1	会员卡号	MEMBER_NO	
2	入会时间	FFP_DATE	办理会员卡的开始时间
3	第一次飞行日期	FIRST_FLIGHT_DATE	
4	性别	GENDER	
5	会员卡级别	FFP_TIER	
6	工作地城市	WORK_CITY	
7	工作地所在省份	WORK_PROVINCE	

(续)

序号	属性中文	属性英文	备注
8	工作地所在国家	WORK_COUNTER	
9	年龄	age	
10	观测窗口的结束时间	LOAD_TIME	选取样本的时间宽度，距离现在最近的时间
11	飞行次数	FLIGHT_COUNT	频数
12	观测窗口总基本积分	BP_SUM	航空公里的里程相当于积分，积累一定分数可以兑换奖品和免费里程
13	第一年精英资格积分	EP_SUM_YR_1	
14	第二年精英资格积分	EP_SUM_YR_2	
15	第一年总票价	SUM_YR_1	
16	第二年总票价	SUM_YR_2	
17	观测窗口总飞行公里数	SEG_KM_SUM	
18	观测窗口总加权飞行公里数（∑舱位折扣×航段距离）	WEIGHTED_SEG_KM	
19	末次飞行日期	LAST_FLIGHT_DATE	最后一次飞行时间
20	观测窗口季度平均飞行次数	AVG_FLIGHT_COUNT	
21	观测窗口季度平均基本积分累积	AVG_BP_SUM	
22	观察窗口内第一次乘机时间至MAX（观察窗口始端，入会时间）时长	BEGIN_TO_FIRST	
23	最后一次乘机时间至观察窗口末端时长	LAST_TO_END	
24	平均乘机时间间隔	AVG_INTERVAL	
25	观察窗口内最大乘机间隔	MAX_INTERVAL	
26	观测窗口中第1年其他积分（合作伙伴、促销、外航转入等）	ADD_POINTS_SUM_YR_1	
27	观测窗口中第2年其他积分（合作伙伴、促销、外航转入等）	ADD_POINTS_SUM_YR_2	
28	积分兑换次数	EXCHANGE_COUNT	
29	平均折扣率	avg_discount	
30	第1年乘机次数	P1Y_Flight_Count	
31	第2年乘机次数	L1Y_Flight_Count	
32	第1年里程积分	P1Y_BP_SUM	
33	第2年里程积分	L1Y_BP_SUM	
34	观测窗口总精英积分	EP_SUM	
35	观测窗口中其他积分（合作伙伴、促销外）	ADD_Point_SUM	
36	非乘机积分总和	Eli_Add_Point_Sum	
37	第2年非乘机积分总和	L1Y_ELi_Add_Points	
38	总累计积分	Points_Sum	
39	第2年观测窗口总累计积分	L1Y_Points_Sum	

272

序号	属 性 中 文	属 性 英 文	备　　注
40	第2年的乘机次数比率	Ration_L1y_Flight_Count	
41	第1年的乘机次数比率	Ration_P1Y_Flght_Count	
42	第1年里程积分占最近两年积分比例	Ration_P1Y_BPS	
43	第2年里程积分占最近两年积分比例	Ration_L1Y_BPS	
44	非乘机的积分变动次数	Point_NotFlight	

（2）数据探索

数据探索主要是对数据进行缺失值与异常值的分析。通过分析发现原始数据中存在票价为空值，票价最小值为0，折扣率最小值为0、总飞行公里数大于0的记录。

下面来看一下这些数据的分布情况：

```
>vars<-c(' FP_DATE ',' LOAD_TIME ',' FLIGHT_COUNT ',' SUM_YR_1 ',' SUM_YR_2 ',' SEG_
KM_ SUM ',' LAST_FLIGHT_DATE ',' avg_discount ')
>flight2<-flight[ ,vars]
>summary(flight2)
       FFP_DATE        LOAD_TIME        FLIGHT_COUNT       SUM_YR_1
 2011/1/13 :  184   2014/3/31:62988   Min.   :  2.00   Min.   :     0
 2013/1/1  :  165                     1st Qu.:  3.00   1st Qu.:  1003
 2013/3/1  :  100                     Median :  7.00   Median :  2800
 2010/11/17:   99                     Mean   : 11.84   Mean   :  5355
 2011/1/14 :   95                     3rd Qu.: 15.00   3rd Qu.:  6574
 2012/9/19 :   88                     Max.   :213.00   Max.   :239560
 (Other)   :62257                                      NA's   :   551
    SUM_YR_2          SEG_KM_SUM         LAST_FLIGHT_DATE  avg_discount
 Min.   :     0   Min.   :   368   2014/3/31:  959   Min.   :0.0000
 1st Qu.:   780   1st Qu.:  4747   2014/3/30:  933   1st Qu.:0.6120
 Median :  2773   Median :  9994   2014/3/28:  924   Median :0.7119
 Mean   :  5604   Mean   : 17124   2014/3/29:  779   Mean   :0.7216
 3rd Qu.:  6846   3rd Qu.: 21271   2014/3/27:  767   3rd Qu.:0.8095
 Max.   :234188   Max.   :580717   2014/3/26:  728   Max.   :1.5000
 NA's   :  138                     (Other)  :57898
```

可以发现数据中存在异常，如票价收入为空或0，舱位等级对应的平均折扣系数为0。这样的异常可能是由于客户没有实际登机造成的，故考虑将这样的数据剔除。具体操作如下：

```
>attach(flight2)
>clear_flight<-flight2[ -which(SUM_YR_1 == 0 | SUM_YR_2 == 0 | is. na(SUM_YR_1) == 1 |
is. na(SUM_YR_2) == 1 | avg_discount == 0), ]    #剔除异常数据
>str(clear_flight)                    #查看数据字段类型
'data.frame':   41516 obs. of  8 variables:
 $ FFP_DATE        : Factor w/ 3068 levels "2004/11/1","2004/11/10",..: 498 923 913
1473 1703 1279 590 2095 2519 2183 ...
 $ LOAD_TIME       : Factor w/ 1 level "2014/3/31": 1 1 1 1 1 1 1 1 1 1 ...
 $ FLIGHT_COUNT    : int  210 140 135 23 152 92 101 73 56 64 ...
 $ SUM_YR_1        : num  239560 171483 163618 116350 124560 ...
 $ SUM_YR_2        : int  234188 167434 164982 125500 130702 76946 114469 114971 874
01 60267 ...
 $ SEG_KM_SUM      : int  580717 293678 283712 281336 309928 294585 287042 287230 32
1489 375074 ...
 $ LAST_FLIGHT_DATE: Factor w/ 731 levels "2012/10/1","2012/10/10",..: 725 718 714 3
86 720 645 725 722 719 709 ...
 $ avg_discount    : num  0.962 1.252 1.255 1.091 0.971 ...
```

发现三个关于时间的字段均为因子型数据，需要将其转换为日期格式，用于下面计算时间差：

```
>clear_flight $ FFP_DATE<-as. Date( clear_flight $ FFP_DATE)
>clear_flight $ LOAD_TIME<-as. Date( clear_flight $ LOAD_TIME)
>clear_flight $ LAST_FLIGHT_DATE<-
          as. Date( clear_flight $ LAST_FLIGHT_DATE)
```

（3）数据变换

数据清洗完后，需要计算上面提到的 LRFMC 五个指标，具体脚本如下：

```
#L:入会至当前时间的间隔；
#R:最近登机时间距当前的间隔；
>clear_flight<-transform( clear_flight, L = difftime( LOAD_TIME, FFP_DATE, units=' days' )/30, R =
difftime( LOAD_TIME, LAST_FLIGHT_DATE, units=' days' )/30)
>str( clear_flight)
'data.frame':    41516 obs. of 10 variables:
 $ FFP_DATE        : Date, format: "2006-11-02" "2007-02-19" ...
 $ LOAD_TIME       : Date, format: "2014-03-31" "2014-03-31" ...
 $ FLIGHT_COUNT    : int  210 140 135 23 152 92 101 73 56 64 ...
 $ SUM_YR_1        : num  239560 171483 163618 116350 124560 ...
 $ SUM_YR_2        : int  234188 167434 164982 125500 130702 76946 114469 114971 874
01 60267 ...
 $ SEG_KM_SUM      : int  580717 293678 283712 281336 309928 294585 287042 287230 32
1489 375074 ...
 $ LAST_FLIGHT_DATE: Date, format: "2014-03-31" "2014-03-25" ...
 $ avg_discount    : num  0.962 1.252 1.255 1.091 0.971 ...
 $ L               :Class difftime  atomic [1:41516] 90.2 86.6 87.2 68.2 60.5 ...
 .. ..- attr(*, "units")= chr "days"
 $ R               :Class difftime  atomic [1:41516] 0 0.2 0.333 3.167 0.133 ...
 .. ..- attr(*, "units")= chr "days"
```

发现 L 和 R 这两个指标并不是数值型数据，而是 difftime 型，故需要将其转换为数值型。

```
>clear_flight $ L<-as. numeric( clear_flight $ L)
>clear_flight $ R<-as. numeric( clear_flight $ R)
#查看数据结构
>summary( clear_flight)
      FFP_DATE            LOAD_TIME           FLIGHT_COUNT         SUM_YR_1
 Min.   :2004-11-01  Min.   :2014-03-31  Min.   :  2.00   Min.   :    108
 1st Qu.:2008-02-07  1st Qu.:2014-03-31  1st Qu.:  6.00   1st Qu.:   1869
 Median :2010-07-15  Median :2014-03-31  Median : 11.00   Median :   4176
 Mean   :2010-01-10  Mean   :2014-03-31  Mean   : 15.72   Mean   :   7083
 3rd Qu.:2012-02-15  3rd Qu.:2014-03-31  3rd Qu.: 20.00   3rd Qu.:   8798
 Max.   :2013-03-31  Max.   :2014-03-31  Max.   :213.00   Max.   :239560

     SUM_YR_2          SEG_KM_SUM       LAST_FLIGHT_DATE      avg_discount
 Min.   :   153   Min.   :   368   Min.   :2013-04-01   Min.   :0.1360
 1st Qu.:  1908   1st Qu.:  7987   1st Qu.:2013-10-24   1st Qu.:0.6274
 Median :  4371   Median : 15168   Median :2014-01-22   Median :0.7155
 Mean   :  7573   Mean   : 22516   Mean   :2013-12-20   Mean   :0.7301
 3rd Qu.:  9314   3rd Qu.: 28338   3rd Qu.:2014-03-12   3rd Qu.:0.8052
 Max.   :234188   Max.   :580717   Max.   :2014-03-31   Max.   :1.5000
                                    NA's   :341

       L                 R
 Min.   : 12.17   Min.   : 0.0000
 1st Qu.: 25.83   1st Qu.: 0.6333
 Median : 45.17   Median : 2.2667
 Mean   : 51.35   Mean   : 3.3410
 3rd Qu.: 74.80   3rd Qu.: 5.2667
 Max.   :114.57   Max.   :12.1333
                  NA's   :341
```

发现缺失值，这里仍然将其剔除。

```
>clear_flight<-clear_flight[-which(is.na(clear_flight$LAST_FLIGHT_DATE)==1),]
```

目前5个指标值都有了，下面就需要根据每个客户的5个值对其进行分群，传统的方法是计算综合得分，然后排序一刀切，选出高价值、潜在价值和低价值客户。这里所使用的方法是K-means聚类算法，避免了人为的一刀切。由于K-means聚类算法是基于距离计算类与类之间的差别，然而这5个指标明显存在量纲上的差异，故需要标准化处理。

```
#数据标准化处理
>standard<-data.frame(scale(x=clear_flight[,c('L','R','FLIGHT_COUNT','SEG_KM_SUM',
'avg_discount')]))
>names(standard)<-c('L','R','F','M','C')
```

26.3 数据模型

标准化数据之后，就可以使用K-means聚类算法将客户进行聚类，问题是该聚为几类呢？根据传统的RFM模型，将价值标签分为8类。

不妨这里将客户分类8个群体，即：

```
#K-means聚类,设置聚类个数为8
>set.seed(1234)
>clust<-kmeans(x=standard,centers=8)
#查看8个类中各指标均值情况
>centers<-clust$centers
>centers
```

	L	R	F	M	C
1	0.2647184	-0.7346585	1.36904801	1.30248668	0.03573065
2	-0.7785732	1.5884954	-0.58264244	-0.53960048	-0.11832298
3	-0.6956241	-0.4464573	-0.18171291	-0.21943727	0.31019053
4	1.0003230	1.2619646	-0.52903752	-0.49020094	-0.09681257
5	0.2868936	-0.1410021	0.04850732	0.03993607	3.22544891
6	1.1551929	-0.5138489	-0.10084733	-0.11837744	-0.12860852
7	0.7025212	-0.8830359	3.74830630	3.74794435	0.58184246
8	-0.6573486	-0.2861584	-0.41933571	-0.36053614	-0.95050810

```
#查看8个类中的会员量
>table(clust$cluster)
```

1	2	3	4	5	6	7	8
4812	6067	9133	4043	1499	7749	1141	6731

26.4 模型分析

从数据中很难快速地找出不同价值的客户，下面通过绘制雷达图（图26.3）来反映聚类结果。

```
#绘制雷达图
>library(fmsb)
>max<-apply(centers,2,max)
>min<-apply(centers,2,min)
>df=data.frame(rbind(max,min,centers))
>radarchart(df=df,seg=5,plty=1,vlcex=0.7)
```

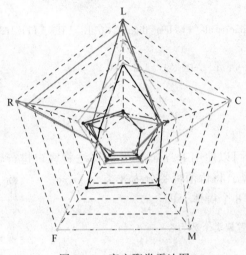

图26.3　客户聚类雷达图

从图26.3可知，点划线是价值最高的，F和M值对应最高，C值次高，属于第7组人群；价值次高的是双点划线人群，即第5组，该人群特征是C值最大；以此类推，粗实线人群的价值最低，雷达图所围成的面积最小。还有一种办法能够最快地识别出价值由高到低的8类人群，即对8个人群各指标均值求和排序即可，因为数据都是标准化的，不受量纲影响，可直接求和排序。

```
>order(apply(centers,1,sum),decreasing=TRUE)
[1] 7 5 1 4 6 2 3 8
```

结果显示第7组人群最佳，其次是第5组人群，最差的是第8组人群。通过对比 centers 结果，能够很好地反映8组人群的价值高低（表26.3）。

表26.3　客户群价值排序

客　户　群	排　　名	排 名 含 义
客户群2	1	重要保持客户
客户群3	2	重要发展客户
客户群1	3	重要挽留客户
客户群4	4	一般客户
客户群5	5	低价值客户

276

（1）重要保持客户

这类客户的平均折扣率（C）较高（一般所乘航班的舱位等级较高），最近乘坐过本公司航班（R 低），乘坐的次数（F）或里程（M）较高。他们是航空公司高价值客户，是最为理想的客户类型，对航空公司的贡献最大，所占比例却最小。航空公司应优先将资源投放到他们身上，对他们进行差异化管理和一对一营销，提高这类客户的忠诚度与满意度，尽可能延长这类客户的高水平消费。

（2）重要发展客户

这类客户的平均折扣率（C）较高，最近乘坐过本公司航班（R 低），乘坐的次数（F）或里程（M）较低。这类客户入会时间（L）短，他们是航空公司潜在价值客户。虽然这类客户当前价值并不高，但却有很大的发展潜力。航空公司要努力促使这类客户增加在本公司的乘机消费和。提高客户价值，加强这类客户的满意度，提高他们转向竞争对手的转移成本，使他们逐渐成为公司的忠诚客户。

（3）重要挽留客户

这类客户过去所乘航班的平均折扣率（C）较高，乘坐的次数（F）或里程（M）较高，但是较长时间已经没有乘坐过本公司航班（R 高）或乘坐频率变小，他们客户价值的不确定性变高。由于这类客户衰退的原因各不相同，所以，掌握客户的最近信息、维持与客户互动就显得格外重要。航空公司应该根据这些客户的最新消费时间、消费次数的变化情况，推测客户消费的异动趋势，采取一定的营销手段，延长客户的生命周期。

（4）一般客户和低价值客户

这类客户所乘航班的平均折扣率（C）低，较长时间没有乘坐过本公司航班（R 高），乘坐的次数（F）或里程（M）低，入会时间（L）短。他们是航空公司的一般客户或低价值客户，可能是在航空公司打折促销时，才会乘坐本公司航班。

其中，前三类客户分别可归入客户生命周期管理的发展期、稳定期和衰退期三个阶段。

本模型采用历史数据进行建模，随着时间的变化，分析数据的观测窗口也在变换。因此，对于新增客户详细信息，考虑业务的实际情况，该模型建议一个月运行一次，对其新增客户信息通过聚类中心进行判断，同时对本次新增客户的特征进行分析。如果增量数据的实际情况与判断结果差异大，需要业务部门重点关注，查看变化大的原因以及确认模型的稳定性。如果模型稳定性变化大，需要重新训练模型进行调整。

26.5 结论与建议

根据对各个客户群进行特征分析，采取下面的一些营销策略，为航空公司的价值客户管理提供帮助。

（1）会员的升级与保级

航空公司的会员可以分为白金卡会员、金卡会员、银卡会员和普通卡会员，其中非普通卡会员可以统称为航空公司的精英会员。虽然各个航空公司都有自己的特点和规定，但会员制的管理方法是大同小异的。成为精英会员一般都是要求在一定时间内（如一年）累积一定的飞行里程或航段，达到这种要求后就会在有效期内（通常为两年）成为精英会员，并享受相应的高级服务。有效期快结束时，根据相关评价方法确定客户是否有资格继续作为精英会员，然后对该客户进行相应的升级和降级。

然而，由于许多客户并没有意识到或根本不了解会员升级或保级的时间要求，经常在评价期过后才发现自己其实只差一点就可以实现升级或保级，却错过了机会，使之前的里程累积白白损失。同时，这种认知还可能导致客户的不满，干脆放弃在本公司消费。

因此，航空公司可以在对会员升级或保级进行评价的时间点之前，对那些接近但尚未达到要求的较高消费客户进行适当的提醒，甚至采取一些促销手段，激励他们提供消费达到相应标准。这样既可以获得利益，同时也提高了客户的满意度，增加了公司的精英会员。

（2）首次兑换

航空公司常旅客计划中，最能吸引客户的内容就是客户可以通过消费积累的里程来兑换免票或免费升级舱。各个航空公司都有一个首次兑换的标准，也就是当客户的里程或航段积累到一定程度时才可以实现第一次兑换，这个标准会高于正常的里程兑换标准。但是很多公司的里程累积随着时间会进行一定的削减，如有的公司会在年末对该年的累积的里程折半处理，这样会导致许多不了解情况的会员白白损失自己好不容易积累的里程，甚至总是难以实现首次兑换，同样，也会引起客户的不满和流失。可以采取的措施是从数据库中提取出接近但尚未达到首次兑换标准的会员，对他们进行提醒和促销，使他们提供消费达到相应标准。一旦实现了首次兑换，客户在本公司进行再次消费兑换就比在其他公司进行兑换容易得多，在一定程度上提高了转移的成本。另外，在一些特殊时间点（如里程折半的时间）之前可以给客户提醒，这样可以增加客户的满意度。

（3）交叉营销

通过发行联名卡等非航空类企业的合作，使客户在其他企业的消费过程中获得本公司的积分，增强与公司的联系，提高他们的忠诚度。例如，可以查看重要客户在非航空类合作公司的里程累积情况，找出他们习惯的里程积累方式（是否经常在合作公司消费，更喜欢消费哪些类型合作伙伴的产品），对他们进行相应的促销。

客户识别期和发展期为客户关系打下基石，但这两个时期带来的客户关系是短暂的、不稳定的。企业要获得长期的利润，必须有稳定的、高质量的客户。保持客户对企业的稳定是至关重要的，不仅因为争取一个新客户的成本远远高于维持老客户的成本，更重要的是客户流失会造成公司利益的直接损失。因此，在这一时期，航空公司应该努力维护客户关系水平，使之处于较高的水准，最大化生命周期内公司与客户互动价值。对这一阶段的客户，主要应该通过提高优质的服务产品和提高服务水平来提高客户的满意度。通过对常旅客的数据挖掘、客户细分，可以获得重要保持客户的名单。这类客户一般所乘航班的平均折扣率（C）较高，最近乘坐过本公司航班（R 低），乘坐的次数（F）和里程（M）也较高。他们是航空公司的价值客户，是最为理想的客户群，对航空公司的贡献最大，所占比例却比较小。航空公司应该优先将资源投放到他们身上，对他们进行差异化管理和一对一营销，提高这类客户的忠诚度与满意度，尽可能延长这类客户的高水平消费。

第 27 章　窃电用户行为分析——决策树

27.1　业务理解

据统计，全国每年因窃电造成的损失 200 多亿，被查获的窃电案件不足总窃电案件的 30%。如深圳龙岗工业区一家只有两条生产线的小塑料包装厂，一年窃电折价 30~40 万元之多，严重扰乱了供电秩序（图 27.1）。

图 27.1　窃电稽查

传统的防窃漏电方法主要通过定期巡检、定期校验电表、用户举报窃电等手段来发现窃电或计量装置故障，但这种方法对人的依赖性太强，抓窃查漏的目的不明确。目前很多供电局主要通过营销稽查人员、用电检查人员和计量工作人员利用计量异常、负荷异常、终端报警、主站报警、线损异常等信息，建立数据分析模型，来实时监测窃漏电情况和计量装置的故障。根据报警事件发生前后客户计量点有关的电流、电压、负荷数据情况等，建立基于指标加权的用电异常分析模型，实现检查客户是否存在窃电、违章用电及计量装置故障等。

以上防窃漏电的诊断方法，虽然能获得用电异常的某些信息，但由于终端误报或漏报过多，无法达到真正快速精确定位窃漏电嫌疑用户的目的，往往令稽查人员无所适从。而且在采用这种方法建模时，模型各输入指标权重的确定需要用专家的知识和经验，具有很大的主观性，存在明显的缺陷，所以，实施效果往往不尽人意。

随着智能电表的不断普及，更加细粒度的用户用电数据得以采集，但仍然面临"采而不存、存而不用"的困境，在数据通信、存储、分析等各方面的手段和方法不够完善，对数据的存储和分析效率有待提高，对数据的价值挖掘有待拓展。深入分析用户的用电行为对分时电价设计、用户级负荷预测、需求响应潜力评估、窃电识别、用户肖像描绘等具有重要的意义。

分析目标：

1）归纳出窃漏电用户的关键特征，构建窃漏电用户识别模型。

2）利用实时检测数据，调用窃电用户识别模型实现实时诊断。

27.2　指标设计

窃漏电用户在电力计量自动化系统的监控大用户中只占小部分，同时某些大用户也不可能存在窃漏电行为，如银行、税务、学校等非居民类别，故在数据预处理时有必要将这类用户删除。系统中的用电负荷不能直接体现出用户窃漏电行为，终端报警存在很多误报和漏报的情况，故需要进行数据探索和分析，总结窃漏电用户的行为规律，再从数据中提炼出描述窃漏电用户的特征指标。最后结合历史窃漏电用户信息，整理出识别模型的专家样本数据集，再进一步构建分类模型，实现窃漏电用户的自动识别。具体过程如图 27.2 所示。

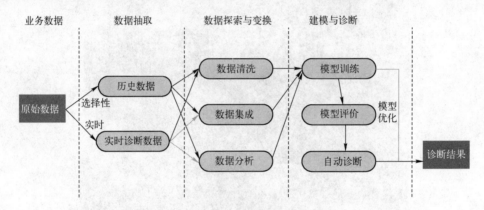

图 27.2　窃漏电用户的自动识别过程

与窃漏电相关的原始数据主要有用电负荷数据（表 27.1，采集时间间隔为 15 min）、终端报警数据（表 27.2，其中与窃电相关的报警能较好地识别窃漏电行为）、违约窃电处罚信息（表 27.3，里面记录了用户用电类别和窃电时间）和用户档案资料，故进行窃漏电诊断建模时需要从营销系统和计量自动化系统中抽取以上数据。

表 27.1　某企业大用户的用电负荷数据

用户编号	时间	总有功功率/kW	B 相有功功率/kW	C 相有功功率/kW	A 相电流/A	B 相电流/A	C 相电流/A	A 相电压/V	B 相电压/V	C 相电压/V
0319001000045110001	2012/10/11	2001	0	302.3	30.3	0	331	10302	0	10302
0319001000045110001	2012/10/10	199.8	0	300.6	31.1	0	32	10302	0	10302
0319001000045110001	2010/9/3	191.3	0	288.4	31.5	0	30.9	10302	0	10302
0319001000045110001	2010/9/6	201	0	311	32	0	31.8	10302	0	10302
0319001000045110001	2010/5/13	200	0	310.3	32.7	0	30	10302	0	10302

用户编号	时间	总有功功率/kW	B相有功功率/kW	C相有功功率/kW	A相电流/A	B相电流/A	C相电流/A	A相电压/V	B相电压/V	C相电压/V
03190010000451100001	2010/5/12	193.4	0	300.6	31.6	0	29.7	10302	0	10302
03190010000451100001	2010/2/15	193.4	0	310	31.6	0	29.1	10302	0	10302
03190010000451100001	2010/9/16	193.4	0	299.6	31.6	0	30.9	10302	0	10302
03190010000451100001	2010/9/17	193.4	0	298.4	31.6	0	30.6	10302	0	10302
03190010000451100001	2011/9/15	193.4	0	303	32.4	0	30.9	10302	0	10302
03190010000451100001	2010/8/11	193.4	0	304	31.6	0	31	10302	0	10302
03190010000451100001	2010/9/16	193.4	0	300	31.6	0	32	10302	0	10302
03190010000451100001	2010/9/17	193.4	0	301	32	0	30.9	10302	0	10302
03190010000451100001	2010/7/20	193.4	0	300.3	31.6	0	32.4	10302	0	10302
03190010000451100001	2010/7/21	176.8	0	300.3	31.6	0	30.9	10302	0	10302
03190010000451100001	2010/7/22	176.9	0	300.3	33.1	0	30.9	10302	0	10302
03190010000451100001	2010/7/25	181.2	0	300.3	31.6	0	31.4	10302	0	10302
03190010000451100001	2010/11/4	180.5	0	300.3	31.6	0	30.9	10302	0	10302
03190010000451100001	2010/11/1	187.2	0	300.3	31.6	0	30.9	10302	0	10302
03190010000451100001	2011/1/9	177.1	0	300.3	29.8	0	30.9	10302	0	10302
03190010000451100008	2010/7/15	177.1	0	300.3	31.6	0	31.1	10302	0	10302

表 27.2 某企业大用户的终端报警数据

用户类别 ID	时间	用户编号	报警编号	报警名称
21261001	2012/10/11	03190010000451100001	130	电压断相
21261001	2012/10/10	03190010000451100001	143	A 相电流过负荷
21261001	2010/9/3	03190010000451100001	152	电流不平衡
21261001	2010/9/6	03190010000451100001	145	C 相电流过负荷
21261001	2010/5/13	03190010000451100001	152	电流不平衡
21261001	2010/5/12	03190010000451100001	131	电压缺相
21261001	2010/2/15	03190010000451100001	152	电流不平衡
21261001	2010/9/16	03190010000451100001	145	C 相电流过负荷
21261001	2010/9/17	03190010000451100001	143	A 相电流过负荷
21261001	2010/9/15	03190010000451100001	145	C 相电流过负荷
21261001	2010/8/11	03190010000451100001	131	电压断相
21261001	2010/9/16	03190010000451100001	145	C 相电流过负荷
21261001	2010/9/17	03190010000451100001	152	电流不平衡
21261001	2010/7/20	03190010000451100001	131	电压断相
21261001	2010/7/21	03190010000451100001	145	C 相电流过负荷

用户类别 ID	时间	用户编号	报警编号	报警名称
21261001	2010/7/22	0319001000045110001	131	电压缺相
21261001	2010/7/25	0319001000045110001	145	C 相电流过负荷
21261001	2010/11/4	0319001000045110001	152	电流不平衡
21261001	2010/11/1	0319001000045110001	143	A 相电流过负荷
21261001	2011/1/9	0319001000045110001	145	C 相电流过负荷
21261001	2010/7/15	0319001000045110008	131	电压缺相
21261001	2010/10/24	0319001000045110008	152	电流不平衡
21261001	2010/2/28	0319001000045110008	131	电压断相
21261001	2010/3/1	0319001000045110008	143	A 相电流过负荷

表 27.3　某企业大用户违约、窃电处理通知书

用户基本信息	用户名称	×××		用户编号	0319001000045110001		
	用电地址	×××		用电类别	大企业	包装容量	1515 kV·A
	计量方式	高供高计	电流互感器变比	100/5	电流互感器变比	10 kV/100 V	
现场情况	我局用电检查人员根据群众举报，于 2017 年 10 月 2 日到你户进行检查，发现……						
违约窃电行为	故障使供电企业用电计量装置不准或失效						
计算方法及依据	××××						
	合计电费：1243 元			大写金额：壹仟贰佰肆拾叁圆零角零分			

从营销系统抽取的数据指标包括：

1）用户基本信息，即用户名称、用户编号、用电地址、用电类别、报装容量、计量方式、电流互感器变比、电压互感器变比。

2）违约、窃电处理记录。

3）计量方法及依据。

从计量自动化系统采集的数据指标包括：

1）实时负荷，即时间点、计量点、总有功功率、A/B/C 相有功功率、A/B/C 相电流、A/B/C 相电压、A/B/C 相功率因数。

2）终端报警。

为了尽可能全面覆盖各种窃漏电方式，建模样本要包含不同用电类别的所有窃漏电用户及部分正常用户。窃漏电用户的窃漏电开始时间和结束时间是表征其窃漏电的关键时间点，在这些时间节点上，用电负荷和终端报警等数据也会有一定的特征变化，故样本数据抽取时，务必要包含关键时间节点前后一定范围的数据，并通过用户的负荷数据计算出当天的用电量，公式如下：

$$f_l = 0.25 \sum_{m_i \in l\,\text{天}} m_i \tag{27.1}$$

式中，f_l 为第 l 天的用电量；m_i 为第 l 天每隔 15 min 的总有功功率，对其累加求和得到当天

的用电量。

基于上述公式，本案例抽取某市5年来所有的窃漏电用户有关数据和不同用电类别正常用电用户共208个用户的有关数据，时间为2010年1月1日至2015年12月31日，同时包含每天是否窃漏电情况的标识。

27.3 数据认知

描述性分析是对数据进行初步研究，发现数据的内在规律特征，有助于选择合适的数据变换技术。本案例采用分布分析和周期分析等方法对电量数据进行探索分析。

（1）分布分析

对2010年1月1日至2015年12月31日共5年所有的窃漏用户进行分布分析，统计出各个用电类别的窃漏电用户分布情况。从图27.3可以发现，非居民类别不存在窃漏电情况（因为非居民类别窃漏电用户数=非居民类别用户数），故在接下来的分析中不考虑非居民类别的用电数据。

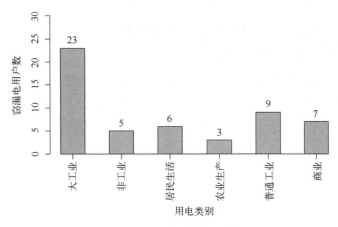

图 27.3　用电类别窃漏电情况

（2）周期分析

随机抽取一个正常用电和一个窃漏电用户，采用周期性分析对用电量进行探索。

正常用电电量特征和非正常用电电量特征对比如图27.4所示。这里可以明显看出非正常用电电量有下降趋势。

（3）缺失值处理

在原始计量数据，特别是用户电量抽取过程中，发现存在缺失现象。若将这些值抛弃，会影响供出电量的计算结果，最终导致日线损率数据误差很大。为了达到较好的建模效果，需要对缺失值处理插补。本案例采用拉格朗日插值法对缺失值进行插补。

拉格朗日插值法是以法国18世纪数学家约瑟

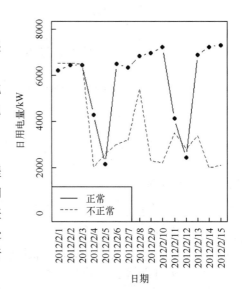

图 27.4　正常与不正常用电用户电量趋势图

夫·拉格朗日命名的一种多项式插值方法。许多实际问题中都用函数来表示某种内在联系或规律，而不少函数都只能通过实验和观测来了解。如对实践中的某个物理量进行观测，在若干个不同的地方得到相应的观测值，拉格朗日插值法可以找到一个多项式，其恰好在各个观测的点取到观测到的值。从数学上来说，拉格朗日插值法可以给出一个恰好穿过二维平面上若干个已知点的多项式函数。

对于给定的 $n+1$ 个点 (x_0, y_0)，(x_1, y_1)，$\cdots$，(x_n, y_n)，对应于它们的次数不超过 n 的拉格朗日多项式 L 只有一个。如果计入次数更高的多项式，则有无穷个，因为所有与 L 相差 $\lambda(x-x_0)(x-x_1)\cdots(x-x_n)$ 的多项式都满足条件。

拉格朗日插值多项式为

$$L(x) = \sum_{i=0}^{n} y_i l_i(x) \qquad (27.2)$$

其中每个 $l_i(x)$ 为拉格朗日基本多项式（或称插值基函数），其表达式为

$$l_i(x) = \prod_{n} \frac{x - x_j}{x_i - x_j} \qquad (27.3)$$

拉格朗日基本多项式 $l_i(x)$ 的特点是在 x_j 上取值为 1，在其他的点 $x_i(i \neq j)$ 上取值为 0。

利用拉格朗日插值法处理缺失值代码如下：

```
setwd("F:/研究方向/R语言/教程/书/R语言数据分析与数据挖掘/chapter27/示例程序/data")
library(XLConnect)
missing_data<-XLConnect::readWorksheetFromFile(file=". /data/ missing_data. xls",sheet=1,header=F)
lagrange<-function(x,xi,yi){
    n<-length(xi)
    lage<-0
    for(i in 1:n){
        li<-1
        for(j in 1:n){
            if(i! =j)
                li<-li * (x-xi[j])/(xi[i]-xi[j])
        }
        lage<-li * yi[i]+lage
    }
    return(lage)
}


missdata=missing_data

for(k in 1:3)
{
    x=which(is. na(missing_data[ ,k]))
    x1=c(0,x)
    x2=c(x,nrow(missing_data))
```

284

```
x12 = x2 - x1 - 1
xx1 <- x12[1:(length(x12)-1)]
xx2 <- x12[2:(length(x12))]

j = 1
for(m in x)
{
    if(xx1[j] >= 5)
        xi <- (m-5):(m-1)
    else
        xi <- (m-xx1[j]):(m-1)

    if(xx2[j] >= 5)
        xi <- c(xi,(m+1):(m+5))
    else
        xi <- c(xi,(m+1):(m+xx2[j]))

    yi = missing_data[xi,k]
    missdata[m,k] = lagrange(m,xi,yi)
    print(c(m,missdata[m,k]))
    j = j+1
}
}
```

27.4 复杂指标设计

通过计量系统采集的电量、负荷虽然在一定程度上能反映用户窃漏电行为的某些规律，但要作为构建模型的专家样本，特征不明显，需要进行重新构造。基于数据变换得到新的评价指标来表征窃漏电行为所具有的规律，其评价指标体系如图27.5所示。

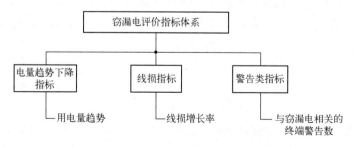

图 27.5　窃漏电评价指标体系

（1）电量趋势下降指标

由图27.4分析发现，正常用户的用电量较为平稳，窃漏电用户的用电量先呈现下降趋势，然后趋于平缓，针对此情形可以考虑前后几天作为统计窗口期，考虑期间的下降趋势，利用电量做直线拟合得到的斜率作为衡量，如果斜率随时间不断下降，那该用户的窃漏电可能性就很大。如图 27.6 所示，第一幅图展示了每天的用电量，其他图表示随时间推移在各自统计窗口以其用电量做直线拟合的斜率，可以看出斜率随时间变化逐步下降。

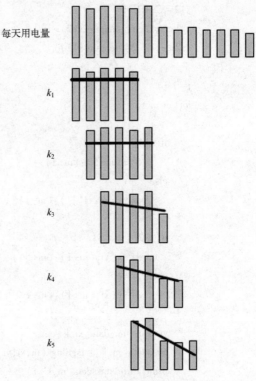

图 27.6　电量趋势下降示意图

对统计当天设定前后 5 天为统计窗口期，计算这 11 天内的电量趋势下降情况，首先计算这 11 天中每一天的电量趋势，其中第 i 天的用电量趋势是考虑前后 5 天期间的用电量斜率，即

$$k_i = \frac{\sum\limits_{l=i-5}^{i+5}(f_l - \bar{f})(l - \bar{l})}{\sum\limits_{l=i-5}^{i+5}(l - \bar{l})^2} \qquad (27.4)$$

式中，$\bar{f} = \dfrac{1}{11}\sum\limits_{l=i-5}^{i+5}f_l$；$\bar{l} = \dfrac{1}{11}\sum\limits_{l=i-5}^{i+5}l$；$k_i$ 为第 i 天的电量趋势；f_l 为第 l 天的用电量。

若用电量趋势为不断下降，则认为具有一定的窃漏电嫌疑，故计算 11 天内，当天比前一天用电量趋势为递减的天数，即

$$D(i) = \begin{cases} 1, & k_i < k_{i-1} \\ 0, & k_i \geq k_{i-1} \end{cases} \qquad (27.5)$$

则这 11 天内的用电量趋势下降指标为

$$T = \sum_{n=i-4}^{i+5} D(n) \qquad (27.6)$$

（2）线损指标

线损指标是衡量供电线路的损失比例，同时可结合线户拓扑关系（图 27.7）计算出用户所属线路在当天的线损率。一条线路上同时供给多个用户，若第 l 天的线路供电量为 s_l，线路上各用户的总用电量为 $\sum\limits_{m}f_l^m$，线路的线损公式为

$$t_l = \frac{s_l - \sum\limits_{m}f_l^m}{s_l} \times 100\% \qquad (27.7)$$

线路的线损率可作为用户线损率的参考值，若用户发生窃漏电，则当天的线损率会上升，但由于用户每天的用电量存在波动，单纯以当天线损率上升了作为窃漏电特征则会误差过大，所以考虑前后几天的线损率平均值，判断其增长率是否大于 1%，若是则具有窃漏电可能性。

对统计当天设定前后 5 天的统计窗口期，分别计算第 i 天与第 $i+5$ 天之间共 6 天的线损率平均值 V_i^1 和第 i 天与第 $i-5$ 天之间共 6 天的线损率平均值 V_i^2，故定义线损指标为

$$E(i)=\begin{cases} 1, & \dfrac{V_i^1-V_i^2}{V_i^2}>1\% \\[3mm] 0, & \dfrac{V_i^1-V_i^2}{V_i^2}\leqslant1\% \end{cases}$$

(27.8)

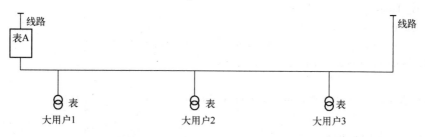

图 27.7　线路与大客户的拓扑关系图

计算线损指标代码如下：

```
data_loss<-read. csv("线损 . csv")
data_loss $ x<-(data_loss[ ,3]-data_loss[ ,4])/data_loss[ ,3]
V=data_loss $ x
n=nrow(data_loss)
Vb<-rep(0,n)
Vf<-rep(0,n)
E<-rep(0,n)
for(i in 1:n) {
  { if(i<=5) {
      Vb[i]<-mean(V[i:(i+5)])
      Vf[i]<-mean(V[1:i])
    }
    if(i>5&i<n-5) {
      Vb[i]<-mean(V[i:(i+5)])
      Vf[i]<-mean(V[(i-5):i])
    }
    if(i>=n-5) {
      Vb[i]<-mean(V[i:n])
      Vf[i]<-mean(V[(i-5):i])
    }
  }


  {
    if(((Vb[i]-Vf[i])/Vf[i])>0. 01) {E[i]<-1}
    if(((Vb[i]-Vf[i])/Vf[i])<=0. 01) {E[i]<-0}
  }
}
```

（3）警告类指标

与窃漏电相关的终端报警主要有电压缺相、电压断相、电流反极性等，计算发生与窃漏电相关的终端报警的次数总和，作为警告类指标。

计算警告指标代码如下：

```
data_alarm<-read.csv("警告.csv")
data<-read.csv("用户.csv")
data_alarm$ID_date<-(paste(data_alarm[,1],data_alarm[,2]))
data$ID_date<-paste(data[,1],data[,2])

D<-data.frame(matrix(0,nrow(data),nrow(data_alarm)))

for(i in (1:nrow(data)))
{
  for(k in (1:nrow(data_alarm)))
  {
    if(data$ID_date[i]==data_alarm$ID_date[k])
      {D[i,k]<-1}
    else
      {D[i,k]<-0}
  }
}

D$sum<-apply(D,1,sum)
data$alarm_ind<-D$sum
data<-data[,c(1,2,6)]
```

27.5　数据建模

（1）构建专家样本

对 2010 年 1 月 1 日至 2015 年 12 月 31 日所有窃漏电用户及正常用户的电量、警告及线损数据和该用户在当天是否窃漏电的标识，按窃漏电评价指标进行处理并选取 291 个样本数据，得到专家样本库。

```
#读取专家样本库
>train<-read.csv("trainData.csv",header=TRUE)
>head(train)
```

	time	userid	ele_ind	loss_ind	alarm_ind	class
1	2014 年 9 月 6 日	9900667154	4	1	1	1
2	2014 年 9 月 20 日	9900639431	4	0	4	1
3	2014 年 9 月 17 日	9900585516	2	1	1	1
4	2014 年 9 月 14 日	9900531154	9	0	0	0
5	2014 年 9 月 13 日	9900461501	2	0	0	0
6	2014 年 9 月 22 日	9900412593	5	0	2	1

（2）构建窃漏电用户识别模型

在专家样本准备完成后，需要划分测试样本和训练样本，随机选取20%作为测试样本，剩下的作为训练样本。窃漏电用户识别可以通过构建分类预测模型来实现，比较常用的分类预测模型有神经网络和CART决策树，各个模型都有各自的优点，故采用两种方法构建窃漏电用户识别，并从中选择最优的分类模型。构建神经网络和CART决策树模型时输入项包括用电量趋势下降指标、线损指标和警告指标，输出为窃漏电标识。模型原理见第12章。

核心代码如下：

```
#测试样本和训练样本划分
Data=read.csv("model.csv")
colnames(Data)<-c("time","userid","ele_ind","loss_ind","alarm_ind","class")
set.seed(1234)
ind<-sample(2,nrow(Data),replace=TRUE,prob=c(0.8,0.2))
trainData<-Data[ind==1,]
testData<-Data[ind==2,]
write.csv(trainData,"./tmp/trainData.csv",row.names=FALSE)
write.csv(testData,"./tmp/testData.csv",row.names=FALSE)
#神经网络模型
>trainData=read.csv("trainData.csv")
>trainData<-transform(trainData,class=as.factor(class))
>library(nnet)                    #? 神经网络包
#建模
>nnet.model<-nnet(class~ele_ind+loss_ind+alarm_ind,trainData,size=10,decay=0.05)
#模型查看
>summary(nnet.model)
a 3-10-1 network with 51 weights
options were-entropy fitting   decay=0.05
  b->h1 i1->h1 i2->h1 i3->h1
  0.43   -0.24   -0.93   -0.02
  b->h2 i1->h2 i2->h2 i3->h2
  -1.32   0.04   2.00   0.24
  b->h3 i1->h3 i2->h3 i3->h3
  3.42   0.05   1.89   -1.77
  b->h4 i1->h4 i2->h4 i3->h4
  -0.89   0.28   1.68   -0.03
  b->h5 i1->h5 i2->h5 i3->h5
  0.42   -0.31   -0.89   0.01
  b->h6 i1->h6 i2->h6 i3->h6
  0.57   -0.04   -0.96   -0.25
  b->h7 i1->h7 i2->h7 i3->h7
  0.39   -0.31   -0.83   0.02
  b->h8 i1->h8 i2->h8 i3->h8
  0.53   -0.04   -0.99   -0.23
```

```
b->h9 i1->h9 i2->h9 i3->h9
0.35   -0.29   -0.73   0.00
b->h10 i1->h10 i2->h10 i3->h10
4.37   -1.07   0.70   -0.73
b->o h1->o h2->o h3->o h4->o h5->o h6->o h7->o h8->o h9->o h10->o
0.72  -1.24  3.11  -3.15  2.57  -1.23  -1.28  -1.16  -1.31  -1.02  -3.71
```

#计算混淆矩阵

```
>confusion = table( trainData $ class,predict( nnet. model,trainData,type = "class"))
>confusion
      0   1
0   201   4
1    15  20
```

#CART 决策树模型

```
>trainData = read. csv("trainData. csv")
>trainData<-transform( trainData,class = as. factor( class))
>library( tree)                    #CART 决策树包
```

#建模

```
>tree. model<-tree( class ~ ele_ind+loss_ind+alarm_ind,trainData)
```

#模型查看

```
>summary( tree. model)
    Classification tree：
    tree( formula = class ~ ele_ind + loss_ind + alarm_ind,data = trainData)
    Number of terminal nodes： 11
    Residual mean deviance： 0. 3757 = 86. 04 / 229
    Misclassification error rate： 0. 08333 = 20 / 240
```

#绘制 CART 决策树(图 27.8)

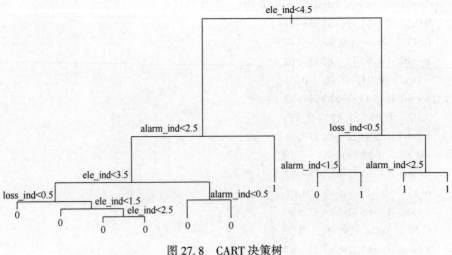

图 27. 8 CART 决策树

```
>plot( tree. model)
>text( tree. model)
```

```
#计算混淆矩阵
>confusion = table( trainData $ class, predict( tree. model, trainData, type = "class" ) )
>confusion
        0    1
  0   193   12
  1     8   27
```

27.6 模型分析

对于训练样本，神经网络和 CART 决策树的分类准确率相差不大，均达到90%以上。需要进一步评估模型分类性能，故利用测试样本对两个模型进行评价，评价方法采用 ROC 曲线进行评估。

图 27.9 和图 27.10 分别为神经网络和 CART 决策树对应的 ROC 曲线。脚本如下：

```
>testData = read. csv( "testData. csv" )
>load( "tree. model. RData" )
>load( "nnet. model. RData" )
>library( ROCR )              #ROCR
>nnet. pred<-prediction( predict( nnet. model, testData ),
        testData $ class )
>nnet. perf<-performance( nnet. pred, "tpr", "fpr" )
>plot( nnet. perf )              #神经网络 ROC 曲线
>tree. pred<-prediction( predict( tree. model, testData ) [ , 2 ],
        testData $ class )
>tree. perf<-performance( tree. pred, "tpr", "fpr" )
>plot( tree. perf )              # CART 决策树 ROC 曲线
```

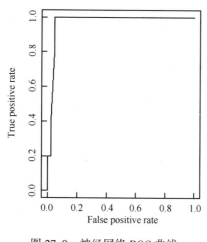

图 27.9　神经网络 ROC 曲线

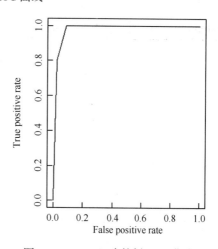

图 27.10　CART 决策树 ROC 曲线

经过对比发现，神经网络 ROC 曲线比 CART 决策树 ROC 曲线更加靠近左上角，神经网络 ROC 曲线下面积更大，说明神经网络分类模型性能较好，能应用于窃漏电用户识别。

27.7 结论与建议

在线监测用户用电负荷及终端报警数据，经过数据变换，得到模型输入数据，利用建好的窃漏电用户识别模型计算用户的窃漏电诊断结果，实现窃漏电用户实时诊断，并与实际稽查结果做对比，见表 27.4，可以发现正确识别出窃漏电用户有 10 个，错误地判别用户为窃漏电用户 1 个，诊断结果没有发现窃漏电用户有 4 个，整体来看窃漏电诊断的准确率是比较高的。

表 27.4 窃漏电诊断结果与实际稽查结果对比

客 户 编 号	客 户 名 称	窃电开始日期	结 果
7110100608	某塑胶制品厂	2014.6.2	正确诊断
9900508537	某经济合作社	2014.8.20	正确诊断
9900531988	某模具有限公司	2014.8.21	正确诊断
8210101409	某科技有限公司	2014.8.10	正确诊断
8910100571	某股份经济合作社	2014.2.23	漏判
8210100795	某表壳加工厂	2014.6.1	正确诊断
9900287332	某电子有限公司	2014.5.15	漏判
6710100757	某镇某经济联合社	2014.2.21	漏判
9900378363	某装饰材料有限公司	2014.7.6	误判
9900145275	某实为投资有限公司	2014.11.3	正确诊断
8410101508	某玩具厂有限公司	2014.9.1	正确诊断
9900150075	某镇某经济联合社	2014.4.14	漏判
8110106555	某电子有限公司	2014.5.19	正确诊断
7410101282	某投资有限公司	2014.2.8	正确诊断
8410101060	某电子有限公司	2014.5.4	正确诊断

292

参 考 文 献

[1] Ross Ihaka. The R project：A brief histiry and thoughts about the future［R］. Auckland：The University of Auckland.

[2] R 语言官网 . https://www. r-project. org.

[3] GitHub 主页 . https://gitnub. com.

[4] StackOverflow 主页 . http://stackoverflow. com.

[5] 统计之都 . http://cos. name/.

[6] Gadley Wickham 介绍 . http://cos. name/2015/09/hadley-wickham-the-man-who-revolutionized-r/.

[9] 开发小游戏 . http://blog. fens. me/r-game-2048/.

[10] 黄文,土止林 . 数据挖掘：R 语言实战［M］. 北京：电子工业出版社,2014.

[11] Montgomery D C,Peck E A,Vining G G . 线性回归分析导论［M］. 王辰勇,译 . 5 版 . 北京：机械工业出版社,2015.

[12] 里斯 . 数学统计和数据分析［M］. 田金方,译 . 北京：机械工业出版社,2011.

[13] 薛毅,陈立萍 . 统计建模与 R 语言［M］. 北京：清华大学出版社,2007.

[14] Zhao Y C. R 语言与数据挖掘——最佳实践和经典案例［M］. 陈健,黄琰,译 . 北京：机械工业出版社,2015.

[15] Winston Chang . R 数据可视化手册［M］. 肖楠,邓一硕,魏太云,译 . 北京：人民邮电出版社,2014.

[16] 初识 R 语言 . http://mp. weixin. qq. com/s? __biz = MzA5MjEyMTYwMg = =&mid = 265023 6942&idx = 1&sn = f351a6c569a19bebfde773b32ceb1799&mpshare = 1&scene = 23&srcid = 0806na363z39xXrgKbMTSN6z#rd.

[17] Robert I. Kabacoff . R 语言实战［M］. 高涛,等,译 . 北京：人民邮电出版社,2013.

[18] Norman Mailoff . R 语言编程艺术［M］. 陈堰平,等,译 . 北京：机械工业出版社,2013.

[19] Julie Steele,Noah Lliinsky. 数据可视化之美［M］. 祝洪凯,李妹芳,译 . 北京：机械工业出版社,2011.

[20] R 资源列表 NCEAS. http://www. nceas. ucsb. edu/scicomp/software/r.

[21] R Graphical Manual. http://bm2. genes. nig. ac. jp/RGM2/index. php.

[22] R 语言中文论坛 . http://rbbs. biosino. org/Rbbs/forums/list. page.

[23] R 语言基本教程 . http://www. yiibai. com/r/r_web_data. html.

[24] 张良均,等 . R 语言数据分析与数据挖掘实战［M］. 北京：机械工业出版社,2016.

[25] Luis Torgo. 数据挖掘与 R 语言［M］. 李洪成,陈道轮,吴立明,译 . 北京：机械工业出版社,2012.

[26] 游皓麟 . R 语言预测实战［M］. 北京：电子工业出版社,2016.

[27] Winston Cbang. R 数据可视化手册［M］. 肖楠,等,译 . 北京：人民邮电出版社,2015.

[28] 狗熊会精品案例 . https://455817. kuaizhan. com/.

[29] 张旭东 . 从 1 开始——数据分析师成长之路［M］. 北京：电子工业出版社,2017.

[30] 酒卷隆治,里洋平 . 数据分析实战［M］. 肖峰,译 . 北京：人民邮电出版社,2017.

[31] 王汉生 . 应用商务统计分析［M］. 北京：北京大学出版社,2011.

[32] 麒麟 . 数据可视化——"科学与艺术的结合"［J/OL］. 360 大数据,［2017-07-10］. http://baijiahao. baidu. com/s? id=1572497785245199&wfr=spider&for=pc.

[33] 王汉生 . 数据思维［M］. 北京：中国人民大学出版社,2017.

附　　录

附录A　R语言中常用数据处理函数

提示：碰到不懂的函数可以输入"？函数名"，前提条件是需要先安装包，使用命令"istall. packages("包名")"或菜单安装，再载入包，除了几个基本包外，其他的包需要用"library(包名)"载入。

R语言中常用数据处理函数见表A.1~表A.16。

表 A.1　数据导入导出

函　　数	作　　用	说　　明
c	在窗口直接输入数据	base
scan	在窗口直接输入数据	base
data. entry	编辑数据	base
fix	编辑数据	base
read. table	读入 txt 格式文件	base
read. csv	读入 EXCELcsv 格式文件	base
read. xport	读入 SAS 文件（但先转换为 xport 文件）	foreign
read. spss	读入 SPSS 文件	foreign
read. dta	读入 stata 文件（. dta）	foreign
read. epiinfo	读入 Epi info 数据库（. rec）	foreign
write	把数据按 txt、csv 等格式输出	base
sink	输出数据到指定格式	base

表 A.2　R 语言中的帮助函数

函　　数	功　　能
help("foo")或? foo	查看函数 foo 的帮助（引号可以省略）
?? foo	以 foo 为关键词搜索本地帮助文档
example("foo")	函数 foo 的使用示例（引号可以省略）
apropos("foo", mode = "function")	列出名称中含有 foo 的所有可用函数
data()	列出当前已加载包中所含的所有可用示例数据集

表 A.3 用于管理 R 工作空间的函数

函　　数	功　　能
getwd( )	显示当前的工作目录
setwd("mydirectory")	修改当前的工作目录为 mydirectory
ls( )	列出当前工作空间中的对象
rm(objectlist)	移除(删除)一个或多个对象
q( )	退出 R 语言。将会询问是否保存工作空间

表 A.4 用于保存图形输出的函数

函　　数	输　　出	函　　数	输　　出
pdf("filename.pdf")	PDF 文件	jpeg("filename.jpg")	JPEG 文件
win.metafile("filename.wmf")	Windows 图元文件	bmp("filename.bmp")	BMP 文件
png("filename.png")	PNG 文件	postscript("filename.ps")	PostScript 文件

表 A.5 字符串操作函数

函　　数	作　　用	举　　例
nchar( )	求字符串长度	nchar("R 语言")/3
paste( )	字符串合并	paste("12","ab",sep=",")/"12ab"
strsplit( )	字符创分割	strsplit("17 年 2","年")/"17" "2"
substr( )	替换字符串	chartr(old,new,string)
str_trim( )	去掉字符串的空格和 TAB	

表 A.6 base 包基本函数

函　　数	作　　用	说　　明
apropos	寻找所有匹配的函数,类似于 find( )	
Options(digits=)	设定小数位	
Memory.limit	调整 R 进程内存限制	
Update.packages	升级 R 包	
Reomove.packages	卸载 R 包	
Sink( )	将 R 语言中结果输出到文件	
Edit( )或 fix( )	使用电子表格输入,编辑数据	
X[! is.na(x)]	删除缺失值	
Object( )	返回对象类型	
Append( )	在向量后追加元素	
Pi	3.1415926⋯	R 语言内置常数
Letters	26 个小写字母	R 语言内置常数
LETTERS	26 个大写字母	R 语言内置常数
Month.name	12 个月的名称	
Month.abb	12 个月的名称缩写	
Any( )	返回至少一个为真的逻辑值	
Identical( )	检验两个对象是否完全精确相等	
Which( )	返回符合表达式的位置	
Unique( )	去掉重复元素	
Duplicated( )	返回是否重复的逻辑词	

函　　数	作　　用	说　　明
Colors( )	返回 R 语言的所有颜色的参数	
Sys. Date	返回系统当前日期	有关时间函数
Ops. Date		有关时间函数
as. Date	转换为时间格式	有关时间函数
format. Date		有关时间函数
difftime	计算两个时间的时间间隔	有关时间函数
Months	提取月份	有关时间函数
Weekdays	提取星期	有关时间函数
Sys. time	返回系统当前日期和时间	有关时间函数
julian	返回从某个启示时间开始到现在的天数	有关时间函数
proc. time( )	返回程序在 R 语言中运行所需时间	有关时间函数
Strsplit( )	对字符向量进行切割	
Sys. getlocale(" LC_TIME")	获得当地时区	有关时间函数
Sys. setlocale(" LC_TIME" , " C")	设置当地时区	有关时间函数
Objects( )	查看当前工作变量	

表 A. 7　作图函数

函　　数	作　　用	说　　明
plot	画散点图或线图（最一般的作图函数，里面有很多参数可以设置）	
curve	绘制函数的曲线	Graphics
lines	添加曲线	Graphics
image	作平面图	
contour	添加等高线	
persp	作三维图	
abline	添加斜线 参数：h=，添加水平线 　　　　V=，添加垂直线 　　　　a、b，添加截距为 a、斜率为 b 的斜线	
text	在图上添加示例说明	Graphics
Pie	饼图	Graphics
boxplot	箱线图	Graphics
hist	直方图	Graphics
barplot	条形图	Graphics
pairs	矩阵式散点图	Graphics
spm	矩阵式散点图（但更多功能）	car
gpairs	矩阵式散点图（但更多功能）	YaleToolkit
splom	矩阵式散点图（但更多功能）	lattice

表 A. 8　数据对象类型和数据格式函数的函数

类　　型	类　　别	转　　换
character（字符型）	is. character( )	as. character( )
complex（复数）	is. complex( )	as. complex( )

类　　型	类　　别	转　　换
double（双重型）	is. double( )	as. double( )
integer（整数）	is. integer( )	as. integer( )
logical（逻辑）	is. logical( )	as. logical( )
NA（空值）	is. na( )	as. na( )
numeric（数值型）	is. numeric( )	as. numeric( )
类　　型	生　　成	转　　换
向量	c 等	as. vector( )
矩阵	matrix	as. matrix( )
数据框	data. frame	as. data. frame( )
列表	list	as. list( )
因子	factor	as. factor( )

表 A. 9　常见分布函数

分 布 名 称	R 语言中表达式	分 布 名 称	R 语言中表达式
Beta	beta(a,b)	Logistic	logis( )
Binomial	binom(n,p)	Negative binomial	nbinom( )
Cauchy	cauchy( )	Normal	norm( )
Chi-square	chisq(df)	Multivariate normal	mvnorm( )
Exponential	exp(lamda)	Poisson	pois( )
F	f(df1 ,df2)	T	t( )
Gamma	gamma( )	Uniform	unif( )
Geometric	geom( )	Weibull	weibull( )
Hypergeometric	hyper( )	Wilcoxon	wilcox( )

表 A. 10　数学运算函数

函　　数	用　　途	函　　数	用　　途
sum( )	求和	eigen( )	求特征值和特征向量
cumsum	累计求和	solve( )	求逆矩阵
max( )	求最大值	chol( )	Choleski 分解
min( )	求最小值	svd( )	奇异值分解
range( )	求极差（全矩）	qr( )	QR 分解
mean( )	求均值	det( )	求行列式
median	求中位数	dim( )	返回行列数
var( )	求方差	t( )	矩阵转置
sd( )	求标准差	apply( )	对矩阵应用函数
fivenum	对向量求五分位数	integrate( )	求积分
IQR	求 Q1、Q3 间距	deriv	求导数
mad	求绝对离差中位数	Deriv3	求导数
quantile	求样本分位数	D	求导数
is. matrix( )	辨别是否矩阵	Diff	求滞后差分
diag( )	返回对角元素或生成对角矩阵	Ceiling( )	返回不小于各个分量值的最小整数

表 A. 11　整理函数

分 布 名 称	用 途	分 布 名 称	用 途
Floor( )	返回不大于分量值的最大整数	Pmax( )	返回两组平行向量的极大值
Roud( )	四舍五入	Pmin( )	返回两组平行向量的极小值
Head( )	查看矩阵前几行	Apply	分组统计
Tail( )	查看矩阵后几行	Tapply	分组统计
Aperm( )	转换数组的纬度	aggregate	分组统计

表 A. 12　线性回归

函 数	作 用	说 明
lm	做线性回归	stats
summary( )	返回回归系数 t、F 检验等	stats
glm	广义线性回归（Probit Logit Passion 回归以及 WLS 估计等）	stats
maxLik	极大似然估计（线性和非线性）	maxLik
predict	求回归预测（对绝对部分模型都适用）	stats
coef	求回归结果系数	stats
cor	求变量间 Person 相关系数和 Spearman 秩相关系数	stats
resid	返回回归残差	stats
fitted	返回拟合值	stats
scale	对数据进行标准化	stats
lm. ridge	岭回归	MASS
plsr	偏最小二乘法	pls
pcr	主成分回归	pls
bptest	Breusch–Pagan 异方差检验	lmtest
bartlett. test	做变量间方差齐性检验	stats
dwtest	做 DW 检验	lmtest
AIC	返回模型的 AIC 值	stats
var. test	非参数方差齐性检验	stats
vif	求方差膨胀因子	car
apropos（"test"）	返回统计常用检验	stats
confint （ ）	计算回归模型参数的置信区间	stats

表 A. 13　非线性优化和非线性回归

函 数	作 用	说 明
optimize	做一元非线性优化	stats
optim	做多元非线性优化	stats
constrOptim	约束下的非线性优化	stats
nls	非线性（加权）最小二乘估计	stats

函　数	作　用	说　明
maxLik	非线性极大似然估计	maxLik
logLik	求回归模型对数似然值	stats
expand. grid	求格点	stats
nls2	类似于 nls，但增加了 brute-force 算法	nls2
selfstart	生成自动初始值函数	stats
getInitial	从自动生成初始值函数提取初始值	stats
glm	family=binomial（link="probit"）（两元 probit 模型） family=binomial（link="logit"）（两元 logit 模型） family=passion　　（泊松回归）	
mlogit	多元 logit 模型	mlogit
polr	有序多元因变量模型	MASS（VR）
stepAIC	利用 AIC 准则做逐步回归	MASS
tobit	做 tobit 模型	AER

表 A. 14　时间序列常用函数

函　数	作　用	说　明
exp( )	求以 e 为底的指数	stats
log( )	log( )求自然对数，log10( )求常对数，log2( )以 2 为底对数	stats
mean( )	求向量均值	stats
var( )	求向量方差	stats
sd( )	求向量标准差	stats
skewness	求向量偏度	e1071
kurtosis	求向量峰度	e1071

表 A. 15　ARMA 相关函数

函　数	作　用	说　明
ts	转换为时间序列格式	stats
ts. plot	作时序图	stats
diff. ts	时序差分	stats
as. Date	把非时间向量转为时间向量	stats
acf	求自相关函数和作偏自相关函数图	stats
pacf	求偏自相关函数和作偏自相关函数图	stats
Box. test	做序列自相关 B-P 和 L-B 检验	stats
ar	求自回归模型（包括 ar. ols、ar. mle、ar. yw、ar. burg）	stats
arima	求 ARMA、ARIMA 模型	stats
ARIMA	引用 arima 函数，并增加了残差自相关 L-B 检验	FinTS

函　　数	作　　用	说　　明
arma	使用条件最小二乘法估计，可任意设定滞后阶数（lag）	tseries
predict	做预测	stats
tsdiag	时间序列诊断检验	stats
adf. test	ADF 检验	tseries
urdfTest	ADF 检验（推荐使用）	fUnitRoots
kpss. test	KPSS 平稳性检验	tseries
pp. test	Phillips–Perron 单位根检验	tseries
Arima. sim	模拟生成给定 ARIMA 模型的数据	stats
FitAR	估计 AR 模型及特定阶的 AR 模型	FitAR

表 A. 16　RODBC 中的函数

函　　数	描　　述
odbcConnect(dsn , uid = " " , pwd = " ")	建立一个到 ODBC 数据库的连接
sqlFetch(channel , sqltable)	读取 ODBC 数据库中的某个表到一个数据框中
sqlQuery(channel , query)	向 ODBC 数据库提交一个查询并返回结果
sqlSave(channel , mydf , tablename = sqtable , append = FALSE)	将数据框写入或更新(append = TRUE) 到 ODBC 数据库的某个表中
sqlDrop(channel , sqtable)	删除 ODBC 数据库中的某个表
close(channel)	关闭连接

附录 B　大数据原理

大数据时代，计算模式也发生了转变，从"流程"核心转变为"数据"核心，反映了当下 IT 产业的变革，数据成为人工智能的基础，也成为智能化的基础，数据比流程更重要。

（1）价值原理

非互联网时期的产品，功能一定是它的价值，今天互联网的产品，数据一定是它的价值。例如大数据的真正价值在于创造，在于填补无数个还未实现过的空白。有人把数据比喻为蕴藏能量的煤矿，煤炭按照性质有焦煤、无烟煤、肥煤、贫煤等分类，而露天煤矿、深山煤矿的挖掘成本又不一样。与此类似，大数据并不在"大"，而在于"有用"，价值含量、挖掘成本比数量更为重要。

数据能告诉我们每一个用户的消费倾向，他们想要什么，喜欢什么，每个人的需求有哪些区别，哪些又可以被集合到一起来进行分类。大数据是数据数量上的增加，以至于我们能够实现从量变到质变的过程。举例来说，这里有一张照片，照片里的人在骑马，这张照片每一分钟，每一秒都要拍一张，但随着处理速度越来越快，从 1 分钟一张到 1 秒钟 1 张，突然到 1 秒钟 10 张后，就产生了电影。当数量的增长实现质变时，就从照片变成了一部电影。

美国有一家创新企业 Decide.com，它可以帮助人们做购买决策，告诉消费者什么时候买什么产品，什么时候买最便宜，预测产品的价格趋势，这家公司背后的驱动力就是大数据。他们在全球各大网站上搜集数以十亿计的数据，然后帮助数以十万计的用户省钱，为他们的采购找到最好的时间，降低交易成本，为终端的消费者带去更多价值。

在这类模式下，尽管一些零售商的利润会进一步受挤压，但从商业本质上来讲，可以把钱更多地放回到消费者的口袋里，让购物变得更理性，这是依靠大数据催生出的一项全新产业。这家为数以十万计的用户省钱的公司，在几个星期前，被 eBay 以高价收购。

再举一个例子，SWIFT 是全球最大的支付平台，在该平台上的每一笔交易都可以进行大数据分析，他们可以预测一个经济体的健康性和增长性。比如，该公司现在为全球性用户提供经济指数，这又是一个大数据服务。个性化服务的关键是数据。

说明：信息总量的变化导致了信息形态的变化，量变引发了质变，从功能为价值转变为数据为价值，说明数据为"王"的时代出现了。数据被解释是信息，信息综合化是知识，所以说数据解释、信息综合化能产生价值。

（2）全样本原理

需要全部数据样本而不是抽样，我们不知道的事情可能比知道的事情更重要，但如果数据足够多，它会让人能够看得见、摸得着规律。数据这么大、这么多，所以人们觉得有足够的能力把握未来，对不确定状态进行判断，从而做出自己的决定。这些东西听起来是非常原始的，但是实际上背后的思维方式，和我们今天所讲的大数据是非常像的。

举例：在大数据时代，无论是商家还是信息的搜集者，会比我们自己更清楚下一步想干什么。现在的数据还没有被真正挖掘，如果真正被挖掘，则通过信用卡消费的记录，可以成功预测未来 5 年内的情况。统计学里最基本的一个概念就是，全部样本才能找出规律。为什么能够找出行为规律？一个更深层的概念是人和人是一样的，如果是一个人特例出来，可能很有个性，但当人口样本数量足够大时，就会发现其实每个人都是一模一样的。

说明：从抽样中得到的结论总是有水分的，而全部样本中得到的结论水分就很少，大数据越大，真实性也就越大，因为大数据包含了全部的信息。

（3）容错原理

对小数据而言，最基本最重要的要求就是减少错误，保证质量。因为收集的信息量比较少，所以必须确保记下来的数据尽量精确。收集信息的有限意味着细微的错误会被放大，甚至有可能影响整个结果的准确性。然而，在大数据时代，允许不精确性的出现已经成为一个新的亮点，而非缺点。因为放松了容错的标准，人们掌握的数据也多了起来，还可以利用这些数据做更多新的事情。这样就不是大量数据优于少量数据那么简单了，而是大量数据创造了更好的结果。

谷歌的翻译更好并不是因为它拥有一个更好的算法机制，是因为谷歌翻译增加了各种各样的数据。2006 年，谷歌发布的上万亿的语料库，就是来自于互联网的一些废弃内容，谷歌将其作为"训练集"，可以正确地推算出英语词汇搭配在一起的可能性。谷歌的这个语料库是一个质的突破，使用庞大的数据库使得自然语言处理这一方向取得了飞跃式的发展。同时，我们需要与各种各样的混乱做斗争。混乱，简单地说就是随着数据量的增加，错误率也会相应增加。所以，如果采集的数据量增加 1000 倍，其中采集的部分数据就可能是错误的，而且随着数据量的增加，错误率可能也会继续增加。在整合来源不同的各类信息的时候，因为它们通常不完全一致，所以也会加大混乱程度。虽然我们能够下足够多的功夫避免这些错误，但在很多情况下，与致力于避免错误相比，对错误的包容会带给我们更多好处。如果将传统的思维模式——精确性运用于数据化、网络化的 21 世纪，就会错过重要的信息，执迷于精确性是信息缺乏时代的产物。当我们掌握了大量新型数据时，精确性就不那么重要了，不依赖精确性，我们同样可以掌握事情的发展趋势。大数据不仅让我们不再期待精确性，也让我们无法实现精确性。

大数据标志着人类在寻求量化和认识世界的道路上前进了一大步，过去不可计量、存储、分析和共享的很多东西都被数据化了，拥有大量的数据和更多不那么精确的数据为我们理解世界打开了一扇新的大门。大数据能提高生产效率和销售效率，原因是大数据能够让我们知道市场的需要以及人的消费需要。大数据让企业的决策更科学，使他们由关注精确度转变为关注容错能力的提高。

说明：相比依赖于小数据和精确性的时代，大数据因为更强调数据的完整性和混杂性，能够帮助我们进一步接近事实的真相。"部分"和"确切"的吸引力是可以理解的，但是，当我们的视野局限在可以分析和能够确定的数据上时，我们对世界的整体理解就可能产生错误和偏差，即不仅失去了尽力收集一切数据的动力，也失去了从各个不同角度来观察事物的权利。所以，局限于狭隘的小数据中，我们自豪于对精确性的追求，但是，就算我们可以分析细节中的细节，也依然会错过事物的全貌。大数据思维使得确定与不确定交织在一起，过去那种一元思维结果，已被二元思维结果取代。过去寻求精确度，现在寻求高效率；过去寻找确定性，现在寻找概率性，对不精确的数据结果已能容忍。只要大数据分析指出可能性，就会有相应的结果，从而为企业快速决策、快速动作、抢占先机提高了效率。

（4）相关原理

社会需要放弃它对因果关系的渴求，而仅需关注相关关系，也就是说，只需要知道是什么，而不需要知道为什么。这就推翻了自古以来的惯例，而我们做决定和理解现实的最基本方式也将受到挑战。

传统的因果思维是一定要找到一个原因，推出一个结果来。而大数据没有必要找到原因，不需要科学的手段来证明这个事件和那个事件之间有一个必然，以及先后关联发生的一个因果规律。它只需要知道，出现这种迹象的时候，按照一般的情况，这个数据统计的高概率显示它会有相应的结果，那么只要发现这种迹象的时候，就可以做一个决策，我该怎么做。这和以前的思维方式很不一样。

因此，我们也不需要建立这样一个假设，关于哪些词条可以表示流感在何时何地传播；不需要了解航空公司怎样给机票定价；不需要知道沃尔玛的顾客的烹饪喜好。取而代之的是，可以对大数据进行相关关系分析，从而知道哪些检索词条是最能显示流感的传播，飞机票的价格是否会飞涨，哪些食物是飓风期间待在家里的人最想吃的。我们用数据驱动的关于大数据的相关关系分析法，取代了基于假想的易出错的方法。

相关关系分析更准确、更快，而且不易受偏见的影响。在社会环境下寻找关联物只是大数据分析法采取的一种方式。同样有用的一种方式是，通过找出新种类数据之间的相互联系来解决日常需要。比如车的某个零部件出故障，因为一个东西要出故障，不会是瞬间的，而是慢慢地出问题的，通过收集所有的数据，可以预先捕捉到事物要出故障的信号，如发动机的嗡嗡声、引擎过热说明它们可能要出故障了，系统把这些异常情况与正常情况进行对比，就会知道什么地方出了毛病。通过尽早地发现异常，系统可以提醒我们在故障之前更换零件或者修复问题。在小数据时代，相关关系分析和因果分析都不容易，耗资巨大，要从建立假设开始，然后进行实验——这个假设要么被证实要么被推翻。但由于两者都始于假设，这些分析都有受偏见影响的可能，而且极易导致错误。

与此同时，用来做相关关系分析的数据很难得到，收集这些数据时也耗资巨大。现今，可用的数据如此之多，也就不存在这些难题了。通过找出可能相关的事物，在此基础上进行进一步的因果关系分析，如果存在因果关系，则再进一步找出原因。这种便捷的机制通过严格的实验降低了因果分析的成本。也可以从相互联系中找到一些重要的变量，这些变量可以用到验证因果关系的实验中。相关关系很有用，不仅仅是因为它能为我们提供新的视角，而且提供的视角都很清晰。

在小数据时代，我们会假想世界是怎么运作的，然后通过收集和分析数据来验证这种假想。在不久的将来，我们会在大数据的指导下探索世界，不再受限于各种假想。我们的研究始于数据，也因为数据，我们发现了以前不曾发现的联系。总之，除了纠结于数据的准确性、正确性和严格度之外，我们也应该容许一些不精确的存在。数据不可能是完全正确或完全错误的，当数据的规模以数量级增加时，这些混乱也就算不上问题了。事实上，它可能是有好处的，因为它可能提供一些我们无法想到的细节。我们用更快更便宜的方式找到数据的相关性，并且效果往往更好，而不必努力去寻找因果关系。当然，在某些情况下，我们依然要静心做因果关系研究和试验。但是，在日常很多情况下，我们知道"是什么"就够了，而不必非要弄清楚"为什么"。

在这个不确定的时代里面，等我们去找到准确的因果关系，再去办事的时候，这个事情早已经不值得办了。所以"大数据"时代的思维有点像回归了工业社会的这种机械思维——机械思维就是说按下那个按钮，一定会出现相应的结果。而农业社会往前推，不需要找到中间非常紧密的、明确的因果关系，而只需要找到相关关系，就可以了。社会因此放弃了寻找因果关系的传统偏好，开始挖掘相关关系的好处。

说明：过去寻找原因的信念正在被"更好"的相关性所取代。当世界由探求因果关系变成挖掘相关关系，我们怎样才能既不损坏建立在因果推理基础之上的社会繁荣和人类进步的基石，又取得实际的进步呢？这是值得思考的问题。转向相关性，不是不要因果关系，因果关系还是基础，科学的基石还是要的。只是在高速信息化的时代，为了得到即时信息，实时预测，在快速的大数据分析技术下，寻找到相关性信息，就可预测用户的行为，为企业快速决策提供提前量。

（5）预测原理

大数据不是要教机器像人一样思考，相反，它是把数学算法运用到海量的数据上来预测事情发生的可能性。正因为在大数据规律面前，每个人的行为都跟别人一样，没有本质变化，所以商家会比消费者更了解消费者的行为。

我们进入了一个用数据进行预测的时代，虽然我们可能无法解释其背后的原因。如果一个医生只要求病人遵从医嘱，却没法说明医学干预的合理性，情况会怎么样呢？实际上，这是依靠大数据取得病理分析的医生们一定会做的事情。

从一个人乱穿马路时行进的轨迹和速度来看他能及时穿过马路的可能性，都是大数据可以预测的范围。当然，如果一个人能及时穿过马路，那么他乱穿马路时，车子就只需要稍稍减速就好。但是这些预测系统之所以能够成功，关键在于它们是建立在海量数据的基础之上的。

此外，随着系统接收到的数据越来越多，通过记录找到的最好的预测与模式，可以对系统进行改进。它通常被视为人工智能的一部分，或者更确切地说，被视为一种机器学习。真正的革命并不在于分析数据的机器，而在于数据本身和我们如何运用数据。一旦把统计学和现在大规模的数据融合在一起，将会颠覆很多我们原来的思维。所以现在能够变成数据的东西越来越多，计算和处理数据的能力越来越强。

说明：互联网、移动互联网和云计算机保证了大数据实时预测的可能性，也为企业和用户提供了实时预测的信息，让企业和用户抢占先机。由于大数据的全样本性，人和人都是一样的，所以云计算机软件预测的效率和准确性大大提高。

（6）体验原理

互联网和大数据的发展，是一个从人找信息，到信息找人的过程。先是人找信息，人找人，信息找信息，现在是信息找人这样一个时代。信息找人的时代，就是说我们回到了一种最初的方式，广播模式是信息找人，听收音机、看电视，都是将信息推给我们的，但是有一个缺陷，不知道我们是谁，后来互联网反其道而行，提供搜索引擎技术，让我知道如何找到我所需要的信息，所以搜索引擎是一个很关键的技术。今天，后搜索引擎时代已经正式来到，后搜索引擎就是推荐引擎的诞生，用户体验成为一个趋势。

说明：从人找信息到用户体验，是交互时代一个转变，也是智能时代的要求。智能机器已不是冷冰冰的机器，而是具有一定智能的机器。用户体验预示着大数据时代可以让企业懂用户，机器懂用户，你需要什么信息，企业和机器提前知道，而且主动提供你需要的信息。

（7）智能原理

大数据时代不是说这个时代除了大数据什么都没有，哪怕是在互联网和 IT 领域，它也不是一切，只是说在时代特征里面加上这么一道很明显的特征，从而使我们对以前的生存状态，以及个人的生活状态的一种差异化的表达。

大数据让软件更智能。例如，具有"自动改正"功能的智能手机通过分析我们以前的输入，将个性化的新单词添加到手机词典里。在不久的将来，世界上许多现在单纯依靠人类判断力的领域都会被计算机系统所改变甚至取代。计算机系统可以发挥作用的领域远远不止这些，还有更多更复杂的任务。如亚马孙可以帮我们推荐想要的书，谷歌可以为关联网站排序，Facebook 知道我们的喜好，而 linkedIn 可以猜出我们认识谁。

当然，同样的技术也可以运用到疾病诊断、推荐治疗措施，甚至是识别潜在犯罪分子上。或者说，在你还不知道的情况下，体检公司、医院会提醒你赶紧去做检查，可能会得某些病，以及你在某种情况下会出现的可能变化。就像互联网通过给计算机添加通信功能而改变了世界，大数据也将改变我们生活中最重要的方面，因为它为我们的生活创造了前所未有的可量化的维度。

说明：人脑思维与机器思维有很大差别，但机器思维在速度上是取胜的，而且智能软件在很多领域已能代替人脑思维的操作工作。例如，云计算机已能处理超字节的大数据量，人们需要的所有信息都可得到显现，而且每个人互联网行为都可记录，这些记录的大数据经过云计算处理能产生深层次信息，经过大数据软件挖掘，企业需要的商务信息都能实时提供，为企业决策和营销、定制产品等提供了大数据支持。

附录 C 可视化数据挖掘 Rattle 包

作为优秀的统计软件包，R 语言也提供了强大的数据挖掘工具，但是这些工具分散在数以千计的 R 包之中，而且写脚本和编程往往也会成为快速解决问题的障碍。比如 Weka 是一个非常不错的挖掘包。目前 RWeka 提供了一个 R 和 Weka 的接口，可以通过 RWeka 来做数据挖掘，但是 RWeka 需要自己编代码，对于不熟悉 R 的读者可能有点难度。无法记住那么多函数和功能，于是就问 R 语言有没有一种类似于 SAS 之 EM 或 SPSS 之 Modeler 的界面化操作。很幸运，Graham 等人特地为"偷懒"的分析师写了 Rattle 包，通过该包就可以实现界面化操作的数据分析、数据挖掘流程。

在澳大利亚，至少有 15 个政府部门采用 Rattle 作为标准的数据挖掘工具（http://en. wikipedia. org/wiki/Rattle_GUI）。

Rattle 的最大优势在于提供一个图形交互界面，使用者就算不熟悉 R 语言的很多语法，也可以通过 load data、Explore、Model、Test 来完成整个数据挖掘的工作，不再纠结 load data（read. table（file,header = TRUE））、summary（data）、Logistic orrpart 等代码。另外，Rattle 有一个 Log 记录，任何在 Rattle 操作的行为所对应的 R Code 都很明确地一步一步记录下来。所以，如果想学习 R 的命令和函数，可以一边用 Rattle，一边通过 Log 来学习（图 C. 1）。

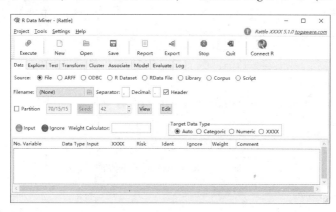

图 C. 1 Rattle 包的主界面

Rattle 的安装与启动：

```
install. packages（"cairoDevice"）
install. packages（"RGtk2"）
install. packages（"rattle"）
```

通过以上代码可以完成 rattle 包的安装。

在 Rstudio 命令控制台输入如下脚本载入 Rattle 包：

```
> library（rattle）
```

在 Rstudio 命令控制台输入如下脚本启动 Rattle：

```
> rattle（）
```

Rattle 的界面如图 C. 2 所示。

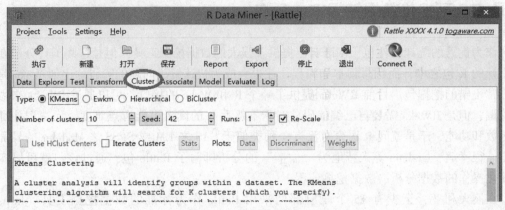

图 C. 2　Cluster 选项卡界面

Rattle 数据建模分散在三张选项卡中。聚类分析模型选项卡如图 C. 2 所示，关联规则挖掘模型选项卡如图 C. 3 所示，其他模型选项卡如图 C. 4 所示。

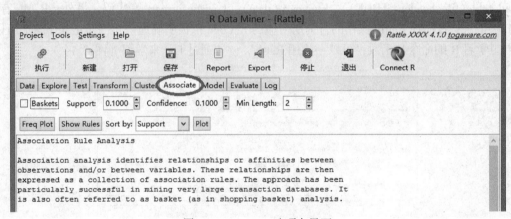

图 C. 3　Associate 选项卡界面

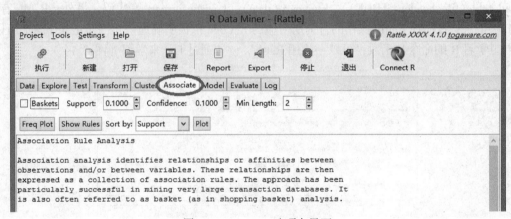

图 C. 4　Model 选项卡界面

在 Rattle 的 Model 选项卡中，第一行是模型类型，共有 6 种：决策树模型（Tree）、随机森林模型（Forest）、自适应选择模型（Boost）、支持向量机分类模型（SVM）、普通线性回归模型（Linear）和单隐藏层人工神经网络模型（Neural Net）（图 C.4）。模型类别并非由 R 软件固定决定，而主要取决于计算机中相关程序包，即读者需要创建何种类型的模型，应先下载并安装相应模型的构建程序包。

在确定了模型类型后，属性面板将会出现和模型有关的参数。例如，在图 C.4 中，关于决策树的参数中，可以看到，Min Split 表示决策树的最小节点数，其他参数见 C.4 节。在确定模型的类别以及模型相关参数后，单击【执行】按钮进行建模。

后　记

作为一个数据分析师，你随时都是在为人提供价值，在其中要经营好自己，做好以下三件事是必要的：

1）干好手头的工作。建立个人品牌口碑最重要，在各个岗位都能及时高质量地完成任务，未来就有更多的机会，职业圈子不大，当有人想找你的时候，总是先想到最靠谱的人。

2）建立作品库。可以写文章，也可以在 gitpub 或者 rpub 上建立自己的库，你的作品是你最好的简历，这个过程不但能让你自己及时总结，不断提高，也可以榜之别人，提供价值，在相互帮助中建立自己的人脉。

3）沟通交流。互联网时代，交流的方式越来越多，微信群或线下沙龙都有很多，作为听众可以多吸收其他同行同业的经验，作为分享者也可以梳理自己的思路，提高自己的能力。